U0210086

中国石油大学(北京)学术专著系列
水下作业与装备丛书

水下应急维修半物理仿真方法及系统应用

段梦兰　余　阳　孙成功　著

科学出版社

北　京

内 容 简 介

本书从半物理仿真系统设计、开发及测试等方面进行全面、深入的系统分析和研究，提出水下应急维修半物理仿真系统的系统结构、接口、软硬件平台、测试平台及测试标准体系等，对我国半物理仿真技术的研究具有重要的参考价值。

本书不但能作为半物理系统仿真和海洋工程交叉领域科研工作者的理论指导用书和计算机、自动化及海洋工程专业研究生的教学用书，而且还能作为半物理仿真设计开发者的指导手册。

图书在版编目(CIP)数据

水下应急维修半物理仿真方法及系统应用 / 段梦兰，余阳，孙成功著. —北京：科学出版社，2021.11

(中国石油大学(北京)学术专著系列)

(水下作业与装备丛书)

ISBN 978-7-03-065650-6

Ⅰ. ①水⋯ Ⅱ. ①段⋯ ②余⋯ ③孙⋯ Ⅲ. ①半物理仿真-应用-海上石油开采-水下建筑物-维修 Ⅳ. ①TE53

中国版本图书馆CIP数据核字(2020)第129817号

责任编辑：万群霞 赵微微 / 责任校对：王萌萌
责任印制：师艳茹 / 封面设计：蓝正设计

科学出版社 出版
北京东黄城根北街 16 号
邮政编码：100717
http://www.sciencep.com

北京通州皇家印刷厂 印刷
科学出版社发行 各地新华书店经销
*

2021 年 11 月第 一 版 开本：720 × 1000 1/16
2021 年 11 月第一次印刷 印张：22 1/2 彩插：4
字数：432 000

定价：178.00 元
(如有印装质量问题，我社负责调换)

丛 书 序

科技立则民族立，科技强则国家强。党的十九届五中全会提出了坚持创新在我国现代化建设全局中的核心地位，把科技自立自强作为国家发展的战略支撑。高校作为国家创新体系的重要组成部分，是基础研究的主力军和重大科技突破的生力军，肩负着科技报国、科技强国的历史使命。

中国石油大学(北京)作为高水平行业领军研究型大学，自成立起就坚持把科技创新作为学校发展的不竭动力，把服务国家战略需求作为最高追求。无论是建校之初为国找油、向科学进军的壮志豪情，还是师生在一次次石油会战中献智献力、艰辛探索的不懈奋斗；无论是跋涉大漠、戈壁、荒原，还是走向海外，挺进深海、深地，学校科技工作的每一个足印，都彰显着"国之所需，校之所重"的价值追求，一批能源领域国家重大工程和国之重器上都有我校的贡献。

当前，世界正经历百年未有之大变局，新一轮科技革命和产业变革蓬勃兴起，"双碳"目标下我国经济社会发展全面绿色转型，能源行业正朝着清洁化、低碳化、智能化、电气化等方向发展升级。面对新的战略机遇，作为深耕能源领域的行业特色型高校，中国石油大学(北京)必须牢记"国之大者"，精准对接国家战略目标和任务。一方面要"强优"，坚定不移地开展石油天然气关键核心技术攻坚，立足油气、做强油气；另一方面要"拓新"，在学科交叉、人才培养和科技创新等方面巩固提升、深化改革、战略突破，全力打造能源领域重要人才中心和创新高地。

为弘扬科学精神，积淀学术财富，学校专门建立学术专著出版基金，出版了一批学术价值高、富有创新性和先进性的学术著作，充分展现了学校科技工作者在相关领域前沿科学研究中的成就和水平，彰显了学校服务国家重大战略的实绩与贡献，在学术传承、学术交流和学术传播上发挥了重要作用。

科技成果需要传承，科技事业需要赓续。在奋进能源领域特色鲜明世界一流研究型大学的新征程中，我们谋划出版新一批学术专著，期待我校广大专家学者继续坚持"四个面向"，坚决扛起保障国家能源资源安全、服务建设科技强国的时代使命，努力把科研成果写在祖国大地上，为国家实现高水平科技自立自强，端稳能源的"饭碗"作出更大贡献，奋力谱写科技报国新篇章！

中国石油大学(北京)校长

2021 年 11 月 1 日

前　言

2010 年 7 月，国家科技重大专项"海洋深水工程重大装备及配套工程技术"的课题五"深水水下应急维修装备与技术"将"深水水下应急维修方法与半物理仿真系统研制"列为重要子课题，中国石油大学(北京)在海洋石油工程股份有限公司的支持下，组织了 60 多人的研发团队，历时 6 年(含 1 年规划期)，于 2015 年成功研制出国内外首套用于深水油气田开发的大型水下应急维修半物理仿真系统。2015 年 9 月，在北京举办的第 4 届国际水下技术学会(SUT)技术会议上，中外专家现场参观了该系统，深受震撼，其中巴西和韩国的专家回国后组织了本国相关工作的研究，并先后研制出了相应的系统。同年，国家科技重大专项"南大西洋两岸重点盆地油气勘探开发关键技术"的课题四"海上油气田关键工程技术"将"海洋工程模拟仿真系统"和"海工模式优选决策系统"列入子课题，研制基于大数据和人工智能的、以优选决策为目标的新型海洋工程半物理仿真决策模拟系统。2016 年，"基于深水功能舱的全智能新一代水下生产系统关键技术研究"获得国家重点研发计划支持(2016YFC0303700)，形成以固定式深海功能舱为设备集成中心和智能监控中心的新一代水下生产系统的总体概念方案。

本书在上述多个项目的支持下，历时 9 年，主要针对海洋石油开发事故应急处理，重点阐述水下应急维修半物理仿真系统研发的基础理论、研究方法及关键技术，体现了海洋工程、机械、计算机、自动化等多学科交叉的半物理仿真领域最新的创新性研究成果，具有较高的学术价值。

水下应急维修半物理仿真系统的研制成功为水下事故的应急处理决策和维修作业提供了有力支持，有效指导了深水水下事故维修设备及机具的设计开发，推动建立了海洋石油开采应急维修机制，提高了我国水下事故应急维修能力，建立起了我国深水水下工程演练与试验平台，建立健全了我国深水水下设施半物理仿真培训体系，进一步提高了我国水下油气田的建设能力，为我国海洋石油事业走向深海提供了技术及安全保障。

本书的研究工作是在海洋石油工程股份有限公司、中国石化石油勘探开发研究院和中国石化国际石油勘探开发有限公司的支持下，由中国石油大学（北京）安全与海洋工程学院、机械与储运工程学院、信息科学与工程学院、新能源与材料学院多学科团队协作完成的。借本书成稿之际，感谢参与相关工作的工业界同仁、全体老师和历届学生所做的杰出贡献，感谢中国石油大学（北京）出版基金的资助。

限于作者水平，本书难免存在不妥之处，敬请广大读者批评和指正。

作　者
2021 年 3 月

目　　录

第1章 概　述

相对于水面各种形式的浮式系统来讲，在深水油气资源开发中，使用水下系统可以避免建造昂贵的海上采油平台，节省大量建设投资，且受灾害天气影响较小，可靠性强。随着技术的不断成熟和发展，水下生产系统在深水工程中的应用越来越多[1]。典型的水下生产系统[2,3]如图 1.1 所示。随着国际深水油气资源的大规模勘探开采，水下工程技术[4-6]得到了很大的发展。但是，水下工程技术具有的高风险、高科技的特点，尤其是深水的复杂环境，使水下系统事故带来的后果更严重，对事故、故障的应急处理更复杂、更重要。2010 年，"深水地平线"平台爆炸导致的墨西哥湾漏油事故[7]，导致当地的海洋生态环境受到严重威胁，英国石油公司(BP)经过长期的努力，虽然尝试了各种办法，但很多预案都没能成功阻止原油泄漏。油田的所有者英国石油公司(BP)不仅面临美国政府的巨额罚款，而且公司股票大幅下跌，造成了异常严重的经济损失。因此，为了尽可能将水下生产系统设施发生故障后的影响降到最低，需要对水下设施应急维修系统开展深入研究，以保障深水油气资源的安全开发。

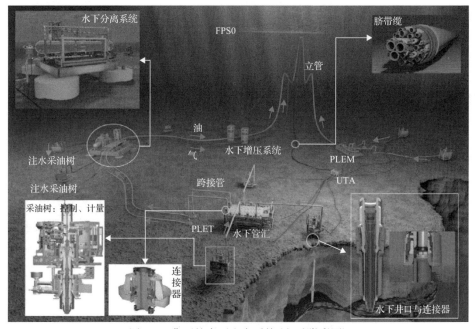

图 1.1　典型的水下生产系统(文后附彩图)

PLET：管道终端；PLEM：管汇终端；UTA：脐带缆终端；FPSO：浮式生产储油轮

水下设施应急维修系统中最核心的内容是水下作业装备[8,9]、工具[10]和水下作业技术与工艺。近年来，世界水下工程技术的研究开发重点已从常规有人潜水技术向大深度无人遥控潜水方向发展，水下机器人（remote operated vehicle，ROV）[11]、载人潜水器（human occupied vehicle，HOV）[12]、单人常压潜水装具（atmospheric diving suit，ADS）[13]等被广泛应用于深水海洋工程的勘探、开采、监测、检测和维修。目前，在大深度情况下，ROV 与自主式水下运载器、HOV 的联合作业已成为深海作业的一种重要手段。

在我国，经过多年的发展、建设和实践，已基本具备了研制各种不同类型 HOV 的能力；ROV 的研制和应用也取得了较大的进展，我国已经研制开发多种观察型或轻作业型 ROV；同时，也初步具备开发、研制常规潜水装具、装备及饱和潜水设备系统的能力。但是，国内的深水作业装备总体开发水平还比较低，没有系统地进行工程化应用，国产化、产业化程度均不高，还没有拥有系统的深水水下作业能力。国内目前研发的水下作业工具绝大多数属于潜水员人工操作类型，且深水水下作业工具的研发刚刚起步[14]。目前，深水水下作业装备和工具几乎被少数几个发达国家垄断，购买、使用、维护和维修费用昂贵，加之国外对我国实施技术封锁与保密措施，严重制约了我国深水油气田的开发，因此我国急需研发深水水下作业装备和工具。

针对海上油气田水下设施应急维修作业需求，需要开发由 HOV、ROV、ADS、饱和潜水等设备和水下作业工具系统组成的、最大工作水深为 1500m 的深水水下作业装备及相关作业工艺与技术，实现水下生产系统设施的安装更换与维修、紧急工况下水下阀门操作、海底管道巡检与维修及深水钻井支持与生产服务，将为海上油气田安全生产提供有力保障，并形成具有自主知识产权的深水水下工程维修技术及相关能力，填补我国深水工程作业技术的空白。

我国南海油气资源丰富，但深水油气勘探开发装备与技术还远远落后于国际先进水平。深水油气开发面临复杂的油气藏特性及恶劣的海洋环境条件，因此必须加强深水海洋工程装备和技术的攻关。随着海洋工程技术的发展和海上油田水深的增加，水下生产系统研发已经成为国际深水油气资源开发的重要趋势。水下设施应急维修系统是水下生产系统安全生产的重要保障，是深水水下工程必不可少的环节，也是深水油气资源开发体系不可或缺的重要组成部分。水下设施应急维修系统的研究将为我国深水油气资源的开发提供有力的支撑和保障，也必将为我国海洋工程企业走向国际提供技术和装备支持。

要设计开发新的工艺和设备，对已有案例的深入研究和分析必不可少，只有在此基础上，才能使所设计的新工艺更加合理，所开发的新设备更加高效。既要对国内外案例进行调研分析，包括对工艺、维修设备和工具的合理性和有效性进行分析，也要结合现有技术发展，对维修工艺进行改进，对新工艺所需维修设备和机具的性能进行研究。这些是其他研究任务顺利进行的前提条件，并保证其他各项任务的研究朝正确的方向进行。研发水下应急维修半物理仿真系统可以大幅提高相关资料与信息的管理效率，整体提升事故应对能力。

第 2 章　水下应急维修半物理仿真原理

2.1　水下应急维修半物理仿真系统总体架构

水下应急维修半物理仿真系统总体架构不仅确定了系统的组织架构和拓扑结构，还显示了系统需求和构成系统各元素之间的对应关系。在进行系统架构设计时，要遵循如下原则。

(1)最大化服用原则。服用包括构件的服用和设计模式的使用等多方面。

(2)复杂问题简单化原则。这也是中间件和多层技术的根本目标。

(3)灵活扩展性原则。具备灵活的可扩展性是指用户可以在架构上进行二次开发或更加具体的开发。

水下应急维修半物理仿真系统是面向超大规模复杂场景的分布式虚拟现实系统，体现在以下三个方面：①应急维修仿真系统虚拟场景并发访问数多，需要大量的硬件输入设备对场景进行操作；②客户端虚拟程序实时绘制的数据量大，在水下应急维修半物理仿真系统中，需要绘制大面积的三维海洋及各种设备；③水下应急维修半物理仿真系统的场景数据不仅包括基础地理数据(地形高程数据、海洋高程数据和影像数据)，还有大量的应用业务数据(二维几何模型、三维几何模型、音视频、图像、矢量图形和文字等)的超量聚合。因此，根据水下应急维修半物理仿真系统的需求分析，遵循项目建设的技术原则，充分考虑水下应急维修半物理仿真系统的可用性、实用性、可维护性、先进性、可扩展性和安全性等各方面，系统采用多层逻辑架构设计。系统的实际架构如图 2.1 所示。表 2.1 对水下应急维修半物理仿真系统的架构层次进行了说明。

2.2　水下应急维修半物理仿真系统硬件集成原理

水下应急维修半物理仿真系统是面向超大规模复杂场景的分布式虚拟现实系统[15]，在一台服务器上无法完成如此大的场景，因此在网络体系上要采用分布式的网络架构来实现分布式的场景图，在以上水下应急维修半物理仿真系统多层架构的基础上，网络、服务器及图形等设备之间通过千兆以太网连接。本书提出的水下应急维修半物理仿真系统硬件部署如图 2.2 所示。水下应急维修半物理仿真系统房间部署如图 2.3 所示。

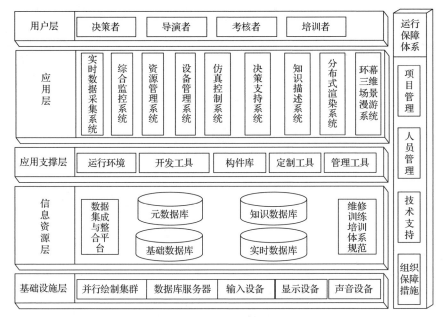

图 2.1　水下应急维修半物理仿真系统架构图

表 2.1　水下应急维修半物理仿真系统架构层次说明

序号	层次	描述
1	基础设施层	基础设施层位于整个系统最基础的位置,为信息系统提供网络传输、计算能力、存储空间等基本服务。基础设施层的主要建设内容包括并行绘制集群、数据库服务器等
2	信息资源层	信息资源层内容包括数据集成与整合平台、维修训练培训体系规范、元数据库、基础数据库、知识数据库和实时数据库。信息资源中数据提供给应用系统使用;通过数据抽取工具建立主题数据库和多维数据集,供分析服务使用。基础数据库存储具有全局性、基础性特征或者更新频度小、基本没有变动的数据,包括基本的设备模型库、工具模型库等。知识数据库对各业务应用系统提供支持,数据变化比较频繁,其中包括事先存储的维修任务等。实时数据库采集 ROV、ADS 等实时操作信息数据,并为各类生产应用系统提供数据支持。通过数据集成与整合平台为各种应用提供数据支持,提供生产实时数据采集、存储和统一访问功能
3	应用支撑层	应用支撑层建立在硬件网络层和系统软件层之上,直接向具体的应用软件系统提供服务,一方面它以基础的技术架构平台为基础,基于中间件系列产品建立支撑服务平台。另一方面又是对技术架构平台的扩展,应用支撑层封装了构建应用软件需要解决的如运行环境、开发工具、构件库等软件在内的公共和底层服务,并且提供可复用基础构件和业务构件,因此可以实现快速构建应用系统的目标
4	应用层	应用层实现虚拟维修系统应用,主要包括实时数据采集系统、综合监控系统、设备管理系统、资源管理系统、仿真控制系统、决策支持系统、分布式渲染系统、知识描述系统、环幕三维场景漫游系统
5	用户层	用户层分别为决策者、导演者、考核者和培训者提供一个访问各类信息资源的单一入口,它不同于普通的“门户网站”,其目的是共享各种系统和信息资源,并对其进行统一管理,实现信息的集中化访问,从而使用户能够与人、内容、应用和流程进行个性化的、安全的、单点式的互动交流
6	运行保障体系	运行保障体系主要包括建设、维护系统运行所需的项目管理、人员管理、技术支持及组织保障措施

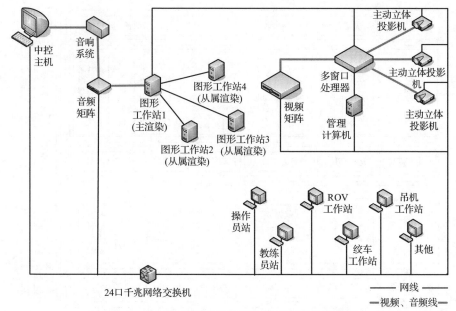

图 2.2 水下应急维修半物理仿真系统硬件部署图

24 口千兆网络交换机:进行与相连设备间的网络数据交换;图形工作站:分布式场景图绘制,并输出视频信号;主动立体投影机:采用主动立体投影方式进行视频输出;教练员站:教练员进行操作的工作站;操作员站:操作员进行培训考核的工作站

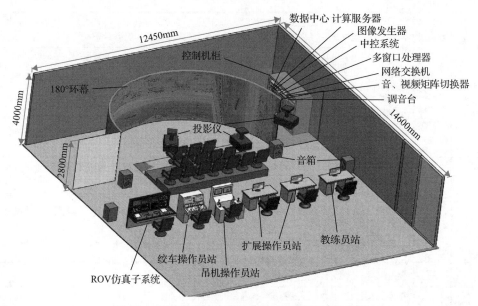

图 2.3 水下应急维修半物理仿真系统房间部署图

音箱:音频处理与输出;计算服务器:负责接收操作控制数据并进行水下动力学等物理仿真数据的实时计算,并将计算结果传递给视景仿真系统;数据中心:用于存储、查询和备份仿真训练中的数据

　　在以上系统部署的基础上,结合实际的要求:需要渲染的虚拟场景较大且要求输出分辨率较高,因此采用三通道并行渲染场景。同时为了达到更好的沉浸式感觉,采用 180°环绕式主动式的立体投影。

　　在投影幕的选择方面,可以采用 180°环幕和 3 折弧形环幕两种方案,其中 3 折弧形环幕播放系统用途广泛,便于拆装,灵活度好,但是屏幕间存在明显的折痕,不利于沉浸式的虚拟现实,并且折幕投影所需空间较大,房间尺寸不足以实施折幕投影方案。因此,水下应急维修半物理仿真系统采用三通道的 180°环幕,提出如图 2.4 所示的硬件架构设计方案。

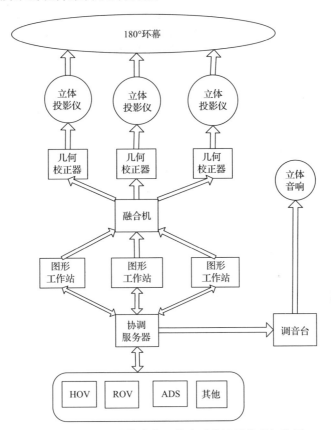

图 2.4　水下应急维修半物理仿真系统视景仿真架构图

融合机:将接收到的三通道立体投影信号进行边缘融合,并分三通道输出;几何校正器:将平面图像转化成环幕图像防止投影失真;协调服务器:用于组织和管理分布式场景图的整体架构,接收和处理交互设备发送的用户针对仿真场景的操控数据,同时根据图形工作站场景图渲染情况向音响设备输出同步音频信号

2.3　水下应急维修半物理仿真系统软件集成原理

　　在以上提出的硬件平台的基础上,为实现水下应急维修半物理仿真系统的需

求，系统还需由如图 2.5 所示的软件模块[16]组成。

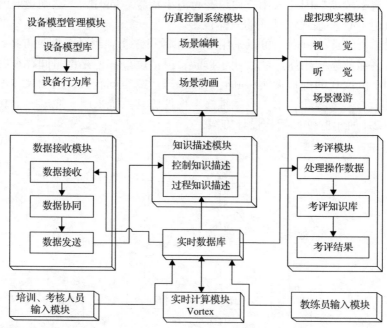

图 2.5　水下应急维修半物理仿真系统软件模块

1. 设备模型管理模块

设备模型库：存放由绘图软件生成的三维模型。

设备行为库：存放模型的基本动作，如一些不需要变化的粒子效果、物体固定的运动等。如果采用分布式场景图，要确定可分享的节点和静态的节点。

2. 仿真控制系统模块

场景编辑：根据知识描述模块传递的知识来选择加载模型、删除模型等功能（屏幕显示的场景区域的选择）。

场景动画：根据知识描述设置场景中模型的更新回调，来实现符合要求的动画效果。

3. 虚拟现实模块

视觉：使用虚拟现实软件渲染三维场景，以主动立体投影的方式在 180° 环幕上呈现出沉浸感很强的三维场景。

听觉：使用虚拟现实软件中自带的三维立体音效插件在立体音响上播放。

场景漫游：可以通过硬件设备对整个场景进行漫游。

4. 数据接收模块

数据接收：从实时数据库获得数据。

数据协同：保证相近时刻产生的数据接收时在时间上不会产生太大的误差。

数据发送：把协同后的数据发送到知识描述模块。

5. 知识描述模块

过程知识描述：虚拟仿真维修中的操作流程可以分解为若干操作步骤，而每一个操作步骤又可以分为若干个动作元素，这种自顶向下的方法是常用的过程知识描述方法。

控制知识描述：采用基于产生式规则的控制型知识描述方法，产生式是当前专家系统中重要的知识表达方法，用于表达具有因果关系的知识。其基本形式：前提→结论。相应的规则包括逻辑关系规则(操作→动画)、操作环节规则(判断操作属于哪一个训练过程)、操作有效性判别规则。

6. 教练员输入模块

教练员可以通过自然语言的形式确定维修过程每一个环节的操作，并制定评分标准，将这些信息存入实时数据库中。

7. 考评模块

处理操作数据：从数据库中读出数据转化为与考评知识库中知识规则相符的知识。

考评知识库：存放标准的操作规则知识。

考评结果：得到的结果发送到客户端显示。

8. 培训、考核人员输入模块

培训、考核人员输入模块包括 ROV、ADS 输入的接口，以及吊车和绞机输入的接口。

9. 实时计算模块 Vortex

实时计算模块 Vortex 实现刚体动力学、绳索系统及水动力学方面的实时计算。

2.4　水下应急维修半物理分布式仿真原理

分布式虚拟现实(distributed virtual reality，DVR)[17,18]又称为网络虚拟现实

（networked virtual reality，NVR），是虚拟现实技术与计算机网络技术相结合的产物。它通过计算机网络，使分散的用户参与到同一虚拟场景，并在其中进行自然的交互。目前，分布式虚拟现实技术已经广泛地应用于军事、医学、航空、制造业、教育、娱乐等领域[19-23]。

根据前述的软硬件集成原理，得到基于分布式虚拟现实技术的水下应急维修半物理仿真系统[24]，如图 2.6 所示。

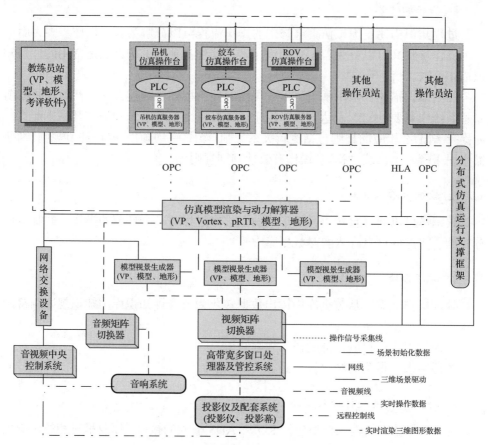

图 2.6　基于分布式虚拟现实技术的水下应急维修半物理仿真系统

VP：Vega Prime 软件；OPC：用于过程控制的对象连接与嵌入；HLA：高层体系结构；PLC：可编程逻辑控制器

2.4.1　分布式虚拟仿真

分布式虚拟现实系统涉及网络体系结构、通信和管理、软件体系结构、共享场景的时空一致性、视景的建模、管理和生成等，开发难度大，效率低。改善分布式虚拟现实系统开发环境，提高开发效率，成为分布式虚拟现实技术发展迫切需要解决的主要问题之一。

当前复杂的虚拟现实系统一般都把场景图作为其管理场景的方式，如 DIVE[25]、Blue-c[26]、Avocado[27]等。一些图形描述规范将场景图已经成为图形系统开发的一个重要组成部分，如虚拟实境标记语言（virtual reality markup language, VRML），SGI 公司的 Open Inventor 和 Java 3D 等把场景图作为其场景的基本管理功能。为了进一步提高场景图的性能尤其是在扩展性能上的提升，弱化场景图内部的耦合特征，当前场景图的一个发展方向是把场景图里能够独立出来的一些功能利用插件形式来完成。OSG（open scene graph）[28]提供了一个功能完善的传统场景图管理的内核，把包括文件格式读取、转换和复杂场景对象的绘制等功能作为插件的形式提供出来。北京航空航天大学的 DVESG（虚拟环境绘制引擎）[29]中的 SERA 也采用了类似的模型读取模块来读取外部的数据信息。另一个发展方向是把处理的过程明确分层，如 BOOGA[30]把整个系统分成三部分，即提供数据和数学处理模块的 Library 层，提供场景对象数据封装的 Framework 层和负责绘制功能的 Component 层，而 VRS 把系统分成负责场景对象数据的绘制对象、场景图节点和绘制引擎等部分。此外，有些场景图系统也逐渐把交互或者行为纳入场景图的管理范围内，为场景对象的交互处理进行了封装。以目前的发展趋势来说，场景图和整个图形绘制引擎的关系密切度越来越大，功能也逐渐有所交叉，这进一步体现了场景图在图形仿真系统中的重要地位。

随着虚拟现实技术的发展，多用户协同操作场景对象及场景对象的分布式管理等问题从高层应用而言，人们希望系统能够像管理传统场景图一样，对分布式场景对象进行有效的管理和操作，而不用考虑网络和分布式系统等限制。分布式场景图是一种适合复杂分布式虚拟环境系统使用的层次式场景图结构，如图 2.7 所示，图中三个方框表示三个不同的终端维护不同部分的场景图对象。目前，通常采用的一种方法是通过在场景操作时发送操作消息来完成。由于此类系统多为大型的商业甚至军事应用，缺乏相关资料。

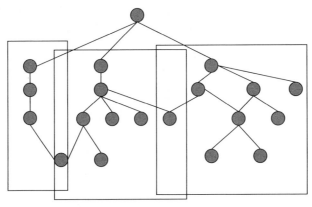

图 2.7　分布式场景图简单示意图

现有的一些系统利用成熟稳定的单机场景图，在其上构建消息通信模块和分布式操作逻辑来实现场景图的分布式扩充。比较典型的如 Blue-c 系统，其结构如图 2.8 所示，以 Performer 为每个终端上管理场景的核心模块，在其上层设计并实现了同步管理模块，用来在各终端之间完成场景图的更新、同步操作。Blue-c 系统的分布式环境为对等网络，而操作逻辑基于 P2P 协议。所以需要高带宽的可控网络，且需要为系统的健壮性做很多额外工作。Wolverine 系统和 Blue-c 系统不同，它自主开发了所有底层基础场景图和其上的分布式操作逻辑，并支持更多最新的绘制和编辑功能，如无缝串行化传输、动态纹理、视频源等。

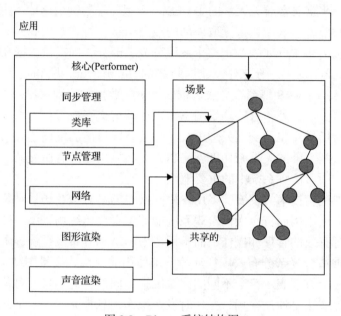

图 2.8　Blue-c 系统结构图

场景管理的策略与虚拟现实系统所采用的系统架构直接相关。目前虚拟现实系统中常用的架构可以分成以纯 P2P 为主要形式的纯分布对等架构和分布式服务器架构，即使在分布式服务器架构上，有些系统在场景管理上也采取和纯分布式对等架构一样的方式。目前场景管理主要有下面三种方式。

(1)中心维护场景管理。以客户端服务器为基础的场景管理模式，场景通过一台集中服务器来维护，所有的操作都发给服务器，由服务器对数据进行统一维护。这类系统客户端用户数受限，可扩展性差，较少采用。

(2)共享场景管理。以纯分布式对等架构为基本思想的系统架构没有服务器用来保存所有的场景，每个客户端上都有一个完整的场景，典型的代表系统就是以 SIMNET 为基础的系统。共享场景由各客户端独自维护，而且它们各自的场景是完全相同的，所以场景维护的难度不是很大，但是场景规模受客户端性能限制，而且每次更新都需要大量的数据交换，所以一般适合小规模的场景系统。

（3）分布式场景管理。随着虚拟现实系统的日益庞大，由某一台服务器或者单个客户端来容纳所有的场景已越来越困难，因此场景管理也趋于分布式，即每个客户端只容纳一部分场景信息。所有的客户端容纳的场景总和成为一个完整的场景。

包括 DIVE、Blue-c 等在内的大部分分布式虚拟场景系统的场景管理都采用分布式场景管理方式。因为这种方式每个客户端之间的场景不尽相同，采取的发送策略也不是像共享场景那样发送给所有的客户，还可以通过一些类似兴趣管理（如 NPSNET 系统的 Interest Manage，NetEffect 系统的 Need-to-Know Updating 和 DIVE 系统的 Lightweight Group 等）的机制来有目标地对场景信息进行更新。同时分布式场景管理可以通过迁移机制来保证服务的完整性。这些迁移机制大同小异，都是先保存当前场景所维护的信息，当迁移到新服务器上时再恢复其状态。然而分布式场景图维护的复杂度相比前面两种情况要大得多。

从当前场景图的研究现状可以看出，现有的场景图节点承载了过多的节点信息，造成系统的场景图结构复杂、数据量庞大、维护和更新困难等，严重影响了虚拟现实系统的流畅运行。

2.4.2　场景管理和资源管理

为满足对超大规模场景对象的管理和操作要求可将场景对象中如几何纹理等占用字节数较多或者具有公共属性的属性信息抽象成资源进行单独管理，并提供对资源的完整操作，从而构成一个如图 2.9 所示的完整且相对独立的资源管理模块，场景结构中节点信息大为简化，降低了场景管理的复杂度。

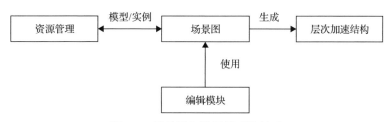

图 2.9　场景图与资源管理的关系

对资源赋予统一 ID，存储所有资源的 map 结构，通过对资源实行增删改、ID 查询和 map 结构判断等操作，实现对资源的管理。通过在资源数据与场景对象之间建立逻辑关联，资源的指针调用体现在场景图的节点属性数据中，因此利用场景管理和资源管理分离的管理形式，场景对象的管理更简单明确，同时也可以通过修改管理资源的可扩展标记性语言（extensible markup language, XML）数据文件对资源数据进行增删改等修改。

2.4.3　并行场景绘制

1. 并行场景绘制原理

场景图的概念为大型的虚拟现实应用提供了便利。20 世纪 90 年代，图形绘制的计算量越来越大，特别是在真实感图形学和其他领域之中。面对有需求的应用，如科学可视化、计算机辅助设计(computer aided design，CAD)/交通培训仿真及虚拟现实领域，会要求大大超出单处理器的处理可能，并行化处理成为建立高性能图形系统的关键手段之一[31]。当时通常的数据并行方法是按对象(对象并行)和按像素或屏幕空间(像素或图像并行)处理。这种模式将图形流水线划分为几何变换(位移、剪裁、光照等)和光栅化(纹理、可见决定)，如图 2.10 所示。如果绘制频率足够高，几何变换和光栅化都要完全并行处理。分类所体现的特征可以在绘制流水线间断的任意位置发生在几何变换时(sort-first)，几何变换和光栅化之间(sort-middle)，或者光栅化时(sort-last)。sort-first 意味着在屏幕空间参数确定前将初始的图元分布到各节点中去；sort-middle 意味着将屏幕空间相关的图元分布到各节点中去；sort-last 意味着分布像素，采样或者像素的片段。每种方法都会引出具有特点的经典的并行绘制算法和经典的系统。

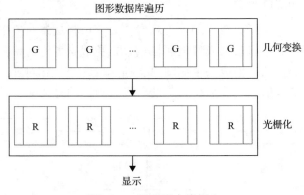

图 2.10　图形流水线概念

根据上述原理并行场景绘制的模式可以分为 sort-first 模式、sort-middle 模式和 sort-last 模式三类。

在 sort-first 模式下，屏幕的每一部分分配给一个处理器来处理。首先，处理器检查负责的图元并根据它们在屏幕中的位置来分类。这是决定图元确定归属的初始化步骤，通常由图元的包围盒来决定。在分类中，处理器重新分布图元定义，使它们落入相应屏幕中的部分，如图 2.11 所示。

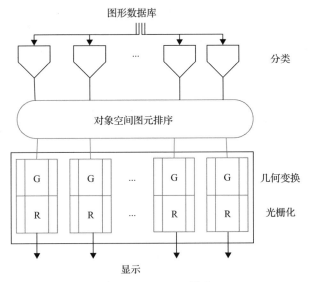

图 2.11　sort-first 模式

在 sort-middle 模式下，有一组几何变换处理器和一组光栅化处理器。每个光栅化处理器负责屏幕中的一块。得到的图元信息再次根据屏幕位置而划分，并且发送到相应的光栅化处理器。光栅化之后，得到的像素进入帧缓存，如图 2.12 所示。

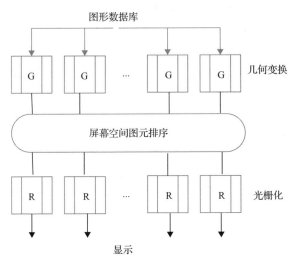

图 2.12　sort-middle 模式

在 sort-last 模式下，每个处理器上都有完整的绘制流水线，并且通过几何变换与光栅化产生出不完整的整个图像。这些不完整的图像叠加起来，通常是按照每个像素的深度来合成，然后产生出一帧完整图像。合成步骤需要像素信息（至少是颜色与深度值），如图 2.13 所示。

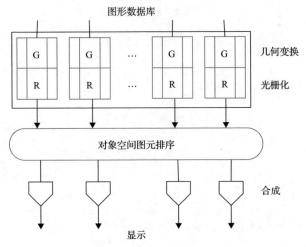

图 2.13　sort-last 模式

2. 并行场景生成方案

鉴于多个投影仪拼接的特殊性，并行绘制系统可较好地解决真实感和实时性方面的矛盾。如图 2.14 所示，并行绘制系统构建了一套通过高速局域网互联的 PC 图形集群硬件系统，使用 2～3 台 PC 联网作为一个图形集群整体，同步生成 2～3 个投影面的影像。每台 PC 与一个投影机相连，负责一个投影面的绘制工作，分别将与自己相连的视景投影到平面或柱面的大屏幕上。本系统采用主渲染-从属渲染结构，系统启动时，其中一个节点作为主渲染节点(主节点)，负责整个系统的同步、控制工作；其他节点都为从属渲染节点，被动地接收主渲染节点的控制命令，完成相应操作。当系统运行结束时，主渲染节点发出通知，所有节点退出程序。

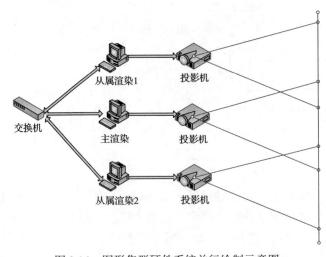

图 2.14　图形集群硬件系统并行绘制示意图

在同步控制方面，并行绘制系统在任务分布上采用 sort-first 结构。同时，针对不同需求使用了两种不同模式下的控制技术。对于全景浏览，可以使用保留模式下的同步控制技术，即把数据分别存储在多个服务器，对网络带宽的依赖较小。对于大屏幕视频播放，可以使用立即模式下的同步控制技术，即仅主渲染机拥有数据，每绘制一帧，主渲染机向绘制服务器端传送几何数据，虽然对网络带宽要求较高，但也提高了效率。

2.5　水下应急维修半物理仿真系统通信与控制原理

水下应急维修半物理仿真系统接口方案如图 2.15 所示。所需传输的数据主要分为操控数据和场景数据两种，其中操控数据通过遵循 OPC 协议传递，场景数据则遵循高层体系结构(high level architecture，HLA)[32-34]或与之类似的其他协议传输。

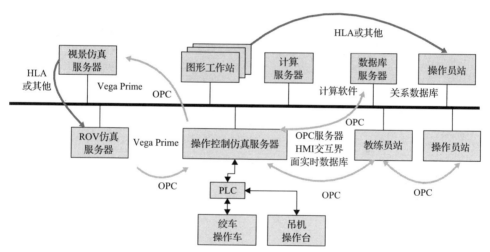

图 2.15　水下应急维修半物理仿真系统接口方案示意图

OPC（OLE for process control，用于过程控制的 OLE）；OLE（object linking and embedding，对象连接与嵌入）

OPC 的出现为基于 Windows 的应用程序和现场过程控制应用建立了桥梁。在过去，为了存取现场设备的数据信息，每一个应用软件开发商都需要编写专用的接口函数。现场设备种类繁多，且产品不断升级，往往给用户和软件开发商带来了巨大的工作负担。通常这样也不能满足工作的实际需要，系统集成商和开发商急切需要一种具有高效性、可靠性、开放性、可互操作性的即插即用的设备驱动程序。在这种情况下，OPC 标准应运而生。OPC 标准以微软公司的 OLE 技术为基础，它的制定是通过提供一套标准的 OLE/COM 接口完成的，在 OPC 技术中使用的是 OLE 2 技术，OLE 标准允许多台微机之间交换文档、图形等对象。

　　在水下应急维修半物理仿真系统中,底层硬件操作产生的数据遵循 OPC 协议传输到实时数据库中,之所以采用 OPC 协议,主要是 OPC 是通用的数据传输协议,可扩展性比较高,并且是一种成熟的、稳定的通信协议。

　　接口方案中操作控制仿真服务器采集各个子系统的操作数据并将数据发送到数据库服务器中。计算服务器从数据库中读取数据并进行水下动力学计算和仿真场景模拟计算,并将计算的结果传输给视景仿真系统用于实现实时仿真。数据库服务器负责存储、查询和备份仿真训练中的数据。视景仿真系统则通过 HLA 或其他支持场景传输的协议将场景数据传输到 ROV、ADS 等仿真子系统及操作员站中进行场景显示。其中 ROV 子系统与视景仿真系统接口的方案原理如图 2.16 所示。

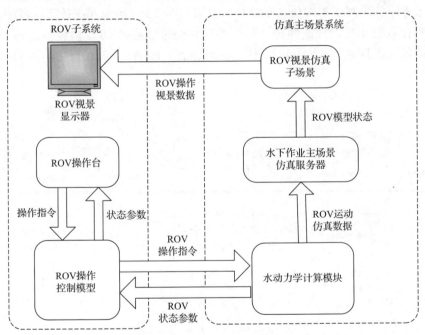

图 2.16　ROV 子系统与视景仿真系统接口方案原理图

　　ROV 子系统与视景仿真系统接口分为 ROV 子系统和仿真主场景系统两部分。

　　在 ROV 子系统中主要包含 ROV 操作台、ROV 操作控制模型及 ROV 视景显示器三部分。其中 ROV 操作台获得操作人员对硬件模拟器的操作指令并将其传给 ROV 操作控制模型。ROV 操作控制模型根据接收到的操作指令及目前 ROV 的状态参数计算出 ROV 操作指令并将其传输到仿真主场景系统。ROV 视景显示器负责接收 ROV 视景仿真子场景传输来的 ROV 操作视景数据并以此显示出 ROV 的视景状态给操作员作为操作参考来形成闭环反馈。

　　仿真主场景系统和 ROV 子系统方案相关的主要有水动力学计算模块、水下作业主场景仿真服务器及 ROV 视景仿真子场景三部分。水动力学计算模块负责接收来自 ROV 子系统的操作指令，并根据 ROV 模型在主场景中的状态进行相关的水动力学计算，得到 ROV 状态参数和 ROV 运动仿真数据。前者反馈给 ROV 子系统作为 ROV 操作控制模型的计算参考，后者传给水下作业主场景仿真服务器用于计算 ROV 模型在水下作业主场景中的状态。水下作业主场景仿真服务器计算得到 ROV 模型的状态后，显示出 ROV 模型状态，并在主场景中得到 ROV 仿真子场景的视景状态将其传给子系统的显示终端。

在整个操作过程中，操作指令通过 OPC 协议传输，视景指令通过 HLA 协议传输。主场景与其他外部子系统的接口方案也可以参照该方案进行。

综上所述可得到系统的数据流程图，如图 2.17 所示。

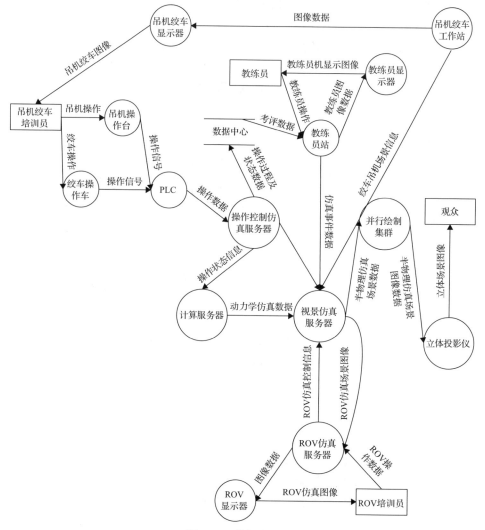

图 2.17　数据流程图

2.6　运动控制模拟子系统集成原理

海洋石油装备维修过程中，吊机、绞车是必不可少的运动控制模拟设备。为了培训吊机、绞车操作工，传统技术培训需投入大量设备、能源及原材料，培训、考核成本高，而且效果不理想。建立运动控制模拟器，为深水水下生产维修提供了一个演练和实验的平台。运动控制模拟操作平台[35]可以模拟绞车和吊机的启动、停车及上提下放等操作，可以仿真采集过程中深度、速度、张力等一系列参数。用模拟的设备代替实物装置，增加了培训过程中的安全性，提高了培训质量和效率，节约了培训成本。通过实物装置与虚拟仿真结合，构建真实的现场环境，为今后水下作业模拟、水下作业实验、应急方案预演、操作员作业培训、水下产品研发辅助设计提供良好的仿真环境。

在运动控制模拟仿真环境中，有绞车模拟器(或吊机模拟驾驶舱)、PLC控制模块、模型服务器、操作员站、数据库服务器等。系统拓扑结构如图 2.18 所示。

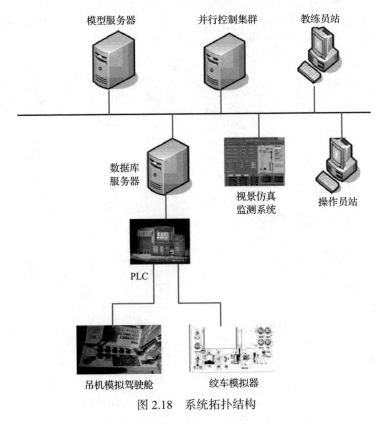

图 2.18　系统拓扑结构

绞车和吊机是两个相对独立的半物理仿真培训系统，两个系统的拓扑结构相同，各自拥有独立的 PLC 模块、模型服务器、操作员站、数据库服务器，只是在底层分别是绞车模拟器和吊机模拟驾驶舱。这样的优点在于两套系统逻辑上相互独立，每个系统的运算、存储、通信负荷相对较小，便于系统的维护和故障排除。绞车/吊机仿真子系统由以下两层网络组成。

第一层网络称为下层网络，由物理部分组成，包括绞车模拟器(或吊机模拟驾驶舱)和 PLC 模块，培训人员在模拟器上操作相应的按钮、开关、手柄，并通过模拟器上的仪表实时掌握虚拟绞车的工作状况，PLC 模块将培训人员的操作信号通过 AI、DI 采集卡采集后存储在实时数据库服务器中。

第二层网络称为上层网络，也可称为通信网络，由数据库服务器、模型服务器、教练员站构成。数据库服务器是仿真子系统的操控数据中心，通过 DP 总线技术与 PLC 模块进行通信，获得操作人员的实时操作信息，并存储到历史数据库与实时数据库中。在模型服务器中，读取数据库服务器中的数据，根据操作人员的操作信息，进行虚拟绞车和吊机动态模型的解算，动态模拟绞车和吊机的张力、长度、角度等信息，并通过视景仿真和实时参数显示来模拟现场情况。教练员站是对于整个水下应急维修半物理仿真系统而言的，运行教练员监控程序，实现对学员操作的监视、任务设定、故障设定、学员考评等功能。

绞车/吊机仿真子系统硬件以某型号的绞车/吊机为原型，通过控制柜内安装的 PLC 实现对模拟器上各种指示灯、按(旋)钮、手柄等的交互，与模型服务器之间的交互以 OPC 方式实现。仿真培训系统的运行环境为局域网，主要硬件设备包括绞车模拟器、吊机模拟驾驶舱、两套 PLC 控制系统、两套模型服务器、两套操作员站、两套数据库服务器等。各硬件设备的功能如下。

(1)模型服务器：绞车和吊机动态模型的解算。

(2)PLC 控制系统：实时操控数据的采集与控制。

(3)绞车模拟器和吊机模拟驾驶舱：绞车模拟器实现船用绞车的模拟操作，主要包括旋钮、按钮、指示灯等交互；吊机模拟驾驶舱实现船用吊机的模拟操作，主要包括手柄、旋钮、按钮、指示灯、蜂鸣器等的交互。

(4)数据库服务器：实时数据库，为三维视景仿真系统提供实时操控数据支持。

(5)操作员站：绞车/吊机的纯计算机仿真操作平台，其功能是完全通过计算机来模拟绞机模拟器和吊机驾驶舱。

对仿真子系统的软件结构进行逻辑划分，采用模块化设计与面向对象技术框架结构，有效搭建系统支撑平台，提出一套切实可行的软件开发框架结构：采用面向对象模型设计方法，在逻辑上将软件分为信息表现层、工艺控制层和数据服务层三层。

1. 信息表现层

通过信息表现层，操作人员能够清楚地了解绞车/吊机现在的运行状况。直接从底层数据服务层获得的关键参数表现在界面上，使设备的各部分参数明确显示以便学习和掌握。在人机界面上的操作也会直接传递操作信息给工艺控制层来响应对应操作的改变。

界面模块用来显示数据，提供人机接口，接收操作控制。具体作用是反映工艺参数及设备状态并将教练员站/操作员站发出的命令传递给另外两个模块。该模块只放置与界面显示控制相关的代码，包括界面、按钮、指示灯、模拟器显示界面等的变化，提示信息的显示处理，报警信息的显示处理，以及对其他两个模块(监视模块和控制模块)的引用管理。界面模块还有数个子模块分管报警数据显示、数据库连接管理、模块引用管理、操作评价、任务设定。

信息表现层是用户可见的，实际上从用户的角度看该层次就是现场实际监控系统界面的仿真、重现，而这确实也是整个监视控制层的基础，该层次各项功能的实现都是以人机界面为前提，故也将该层次称为界面层。监视控制层的主要功能为显示设备工艺参数和进行设备工艺控制。根据这两个功能，将监视控制层从逻辑上划分为两个功能模块：监视模块和控制模块。

监视模块负责显示机组的各项参数，包括模拟量参数(压力、温度、振动等)、阀门状态参数、电机状态参数、机组状态参数、工况参数等，并在机组发出报警后将报警信息显示到界面。在这个过程中用户不用进行任何操作。以上提到的各种参数和报警信息并不存放在监视控制层，而是存放在数据工艺仿真层的数据仿真模块，监视模块只需要做读取工作。

控制模块不同于监视模块，它是由用户触发的，如果用户不执行任何操作，则系统不会执行任何动作，此时监视控制层就是一个单纯的监视系统。控制模块负责向工艺控制层的工艺流程仿真模块发出命令，使仿真系统执行相应的工艺流程代码。这里的工艺流程包含机组的启/停机等操作。需要注意的是，当控制模块发出命令、工艺流程模块执行相应工艺之后，往往伴随着大量数据的变动，这些数据的变动将被反馈到监视控制层。

2. 工艺控制层

根据教练员站和模拟器的指令，协调组织数据服务层的各模型，完成特定的工艺操作，控制系统对仿真系统的工艺流程进行控制，模拟实际系统控制时完成的运作流程。

工艺控制层实现数据变化监测、工艺流程控制，只存放流程控制代码，不存放任何与设备相关的公共参数。流程只是控制和监视设备参数和状态并做出相应反应,不直接参与工艺参数的变化(工艺参数的变化来自数据服务层),但可向工艺数据及控制模块发出启动某参数变化的过程的命令。执行哪个流程应根据操作者的命令和设备状态做出决定。

3. 数据服务层

以实时数据库为核心构成系统框架的基础数据,数据信息提供给工艺控制层,以完成实际设备和流程的模拟,使无论在数据还是在设备控制上都与实际设备相一致。数据服务层还直接提供数据信息给信息表现层,使实时数据显示与设备控制具有一致性,从而省去中间环节加快系统的响应和更新。

数据服务层用来解算数学模型、保存数据和操作信息,是整个仿真子系统的数据池。与设备相关的工艺数据的数值和状态参数全部放在数据服务层中。设备运行中参数变化的模拟在该层中进行。参数的变化和设置由数据服务层中的函数过程直接处理。数据服务层代表绞车/吊机本身,对外提供数据和使数据变化的方法。

仿照实际绞车/吊机和控制系统的功能及培训系统的要求,将软件从逻辑上分为教练员模块、实时数据库模块、绞车/吊机数学模型及解算模块等几个功能模块。其具体结构与相互关系如图 2.19 所示。

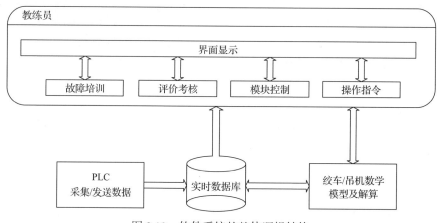

图 2.19　软件系统的整体逻辑结构

1) 教练员模块

该模块运行于水下应急维修半物理仿真系统的教练员站上,可以实时监控学员操作及现场的实时情况、对下位机进行故障设定、对学员培训进行任务设定以及考评。此模块的作用是反映工艺参数及绞车/吊机的操作状态并将教练员发出的命令传递给另外两个模块。该模块只放置与界面显示控制相关的代码,包括界面、按钮等的变化,提示信息的显示处理,报警信息的显示处理,以及对其他两个模块的引用管理。

2) 绞车/吊机数学模型及解算模块

该模块模拟实际的绞车和吊机。操作人员进行操作后，绞车/吊机的放缆长度、缆绳张力和放缆速度是通过计算某型号的绞车/吊机模型得出实际的参数。将参数在显示界面中显示出来，并同时保存到实时数据库中，供虚拟现实部分使用。参数的变化和设置由该模块中的函数过程直接改变，这个模块可以说代表实际的绞车，对外提供数据和使数据变化的方法。另外它向工艺流程模块及监视模块提供时钟信号，向界面提供数据更新事件通知等消息。所建立的绞车数学模型包括刹车毂摩擦力模型、收放缆时受力模型、收放缆时加速度模型、收放缆时速度模型、收放缆时深度模型。

3) 实时数据库模块

与绞车/吊机操作相关的数值和状态量全部存放在实时数据库模块中，绞车/吊机数学模型及解算模块计算的参数也存放到此实时数据库模块中。

(1) 实时数据库。

选用实时数据库是为了保证操作员的操作信息能够以最快的速度传递给计算服务器、视景服务器，以保证视景仿真过程的无拖后效应。

实时数据库系统是开发实时控制系统、数据采集系统、计算机集成制造系统等的支持软件。在流程行业中，大量使用实时数据库系统进行控制系统监控、系统先进控制和优化控制，并为企业的生产管理和调度、数据分析、决策支持及远程在线浏览提供实时数据服务和多种数据管理功能。实时数据库已经成为企业信息化的基础数据平台。

实时数据库的一个重要特性就是实时性，包括数据实时性和事务实时性。数据实时性是现场 I/O 数据的更新周期，作为实时数据库，不能不考虑数据实时性。一般数据实时性主要受现场设备的制约，特别是对于一些旧版本系统而言，情况更是如此。事务实时性是指数据库对其事务处理的速度。它可以是事件触发方式或定时触发方式。事件触发是该事件一旦发生可以立刻获得调度，这类事件可以得到立即处理，但是比较消耗系统资源；而定时触发是在一定时间范围内获得调度权。作为一个完整的实时数据库，从系统的稳定性和实时性而言，必须同时提供两种调度方式。

WinCC 组态软件中的数据库是实现历史数据存储和实时数据交互的平台。WinCC 实时数据库作为一个 OPC 服务器，被模型服务器和上层数据库所调用。借助第三方软件 VB 可实现 OPC 程序的开发。使用 VB 实现的 OPC 客户端作为中转实现的原因主要是用于 OPC 机制实现的程序无法读写数据库。因此，用 VB 实现的 OPC 转换程序作为中转，起到实现数据信息传递桥梁的作用。

(2) OPC 接口软件。

教练员站软件只有通过 OPC 接口才能访问 OPC 服务器。若监控软件采用组态软件开发，由于组态软件本身既可作为 OPC 客户端也可作为 OPC 服务器，直接将组态软件的数据点连接到 OPC 服务器的数据项上即可实现访问，不用另外开发 OPC 标准接口。若监控软件采用 VB6.0 或其他高级语言开发，需要开发访问 OPC 服务器的 OPC 接口。

若利用 VB6.0 实现访问 OPC 服务器的 OPC 接口开发，其具体的开发步骤：首先安装由 OPC 基金会提供的动态链接库 OPCDAAuto.dll 文件，将该文件放在系统盘的 System32 文件夹下，然后在 VB6.0 中引用 OPC Automation 2.0，就可编写相应的程序，它采用自动化接口形式访问 OPC 服务器。

在读取 OPC 服务器数据的程序中，把读取到的数据赋给 VB 中的全局变量。在此，调用模块中的数据处理函数，使形参与实参相结合，完成数据处理过程。处理完成后，把结果写入 OPC 服务器中，控制现场设备。

(3) 教练员站软件。

运行于教练员站，其主要功能为通过 OPC 客户端程序实现与数据库服务器的通信，通过 VB 编制教练员站界面程序，实现对学员操作的监视、记录，并能够添加故障，对学员的操作结果进行评价。实现模拟器/驾驶舱实时操作数据的输入、输出，并能够以表格、图形、曲线等形式显示，完成与模拟器的人机交互过程，能够实时监控、记录培训人员的操作信息，并具有操作指令、故障培训、评价考核等功能模块。

(4) 模型解算软件。

模型解算软件运行于模型服务器，并通过 OPC 程序与实时数据库进行数据交换，获取模拟器/驾驶舱的实时操作信息(手柄、按钮、旋钮的操作信息)，作为数学模型的输入，通过对模型的数值解算，得到虚拟绞车和吊机的实时动态信息(受力、收放缆速度、放缆长度、回转角度、吊机负载等)，并反馈给模拟器和虚拟驾驶舱。

2.7　水下应急维修半物理仿真系统测试原理

水下应急维修半物理仿真测试内容分为系统单元测试和系统集成测试两大部分，系统单元测试针对系统的各组成部分分别进行单独测试，不涉及整体系统的运行检测，包括投影单元测试、音频单元测试、培训及考评单元测试、网络通信单元测试等。系统集成测试则以测试系统的整体运行状态为目标，包括系统仿真精度测试、系统实时性测试、系统功能性测试、系统时空一致性测试、系统稳定性测试等，其总体组成如图 2.20 所示。

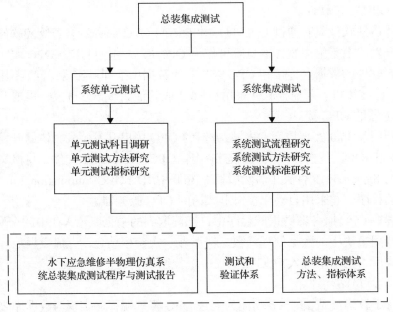

图 2.20　总装集成测试

测试任务要求能全面反映水下维修的各种工机具的需求及各类维修需求，因此需要对水下维修的各种可能案例及典型案例进行深入研究。

由于没有可以借鉴的文献或资料，需要针对本任务的特点和要求，开展测试方法研究和测试系统的研发。

虽然近年来仿真系统在很多领域都得到了应用，但这些系统的针对性很强，有各自的特点，其系统集成测试的方法和指标也没有相关资料，而作为国内首例的深水水下应急维修半物理仿真系统，包含各类工机具及不同维修过程的仿真，涉及面广，因此需要深入研究，制定出能够全面衡量系统的各项指标。

2.7.1　测试指标体系与测试方法

水下应急维修半物理仿真系统测试研究指标需要根据水下应急维修半物理仿真系统安装三维仿真系统的组成、功能及预期考核指标来制定。测试指标分为系统单元测试指标和系统集成测试指标，分别通过系统单元测试和系统集成测试来实现其指标测试。

系统单元测试的某些测试指标已有测试规范(国际标准、国内标准等)的参考规范，尚未形成测试规范的需根据系统集成测试的要求、单元部件参数等制定。其测试方法见水下应急维修半物理仿真系统单元测试。

系统集成测试选取测试案例，测试案例取水下应急维修半物理仿真系统测试方案典型案例，完成水下应急维修半物理仿真系统的功能性测试、实时性测试、仿真精度测试、时空一致性测试及稳定性测试。其测试方法见 2.7.3 节。

2.7.2 系统单元测试

测试方案：水下应急维修半物理仿真系统按单元划分可分为投影单元、音频单元、培训及考评单元、网络通信单元四个单元。各单元的测试科目要求能反映系统工作的实际需求。

指标体系：测试科目的各项指标是衡量系统各单元的标准。单元测试各科目的测试指标遵循以下原则。

(1)该科目测试若有国家标准，则按国家标准执行。

(2)该科目测试若无国家标准，但有行业标准，则按行业标准执行。

(3)该科目测试若既无国家标准，也无行业标准，则在充分调研的基础上初步拟定技术指标，并在测试过程中进行修正。

系统单元测试总体框架如图 2.21 所示。水下应急维修半物理仿真系统单元测试包括投影单元测试、音频单元测试、培训及考评单元测试、网络通信单元测试。其测试方法如下所述。

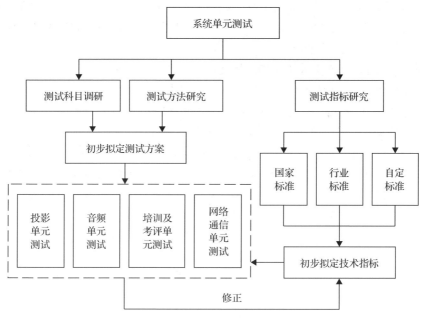

图 2.21　系统单元测试总体框架图

1)投影单元测试

投影单元测试包括最大视角测试、边缘融合性测试、几何校正测试、亮度测试、亮度均匀性测试、色度偏差测试、对比度测试、像素缺陷点测试、刷新率测试及仿真帧速率测试。

(1)最大视角测试。最大视角测试包括柱幕的最大可视角测试和几何视角测试。①最大可视角是与柱幕增益相关的特性。在系统安装前柱幕处于平板状态下,由投影仪显示白屏状态,采用照度计测试当屏幕亮度下降到50%时的观看角度,要求最大可视角不低于100°;②安装完成后的柱幕几何视角,要求柱幕两端点内法线夹角与柱幕标称几何视角的误差在3°以内。

(2)边缘融合性测试。在系统显示白屏状态下,采用点测计从最大视角方向分别测量屏幕的融合部分和非融合部分的亮度,要求融合部分亮度的变化不超过5%。

(3)几何校正测试。通过在柱幕上设置标志点,由主渲染服务器播放测试网格,测量投影到柱幕上的网格图像与标志点之间的几何关系,给出几何校正参数。

(4)亮度测试。使用ANSI标准的9点法进行测试,由投影机将拥有9个测试点的标准测试图投射到幕布上,使用照度计分别测试9个点的照度值,得出投影屏幕上的平均照度,将平均照度乘以画面尺寸得到投影仪的ANSI亮度(单位:流明),要求亮度不低于10000流明。

(5)亮度均匀性测试。采用100%全白测试图像,将屏幕分为大小相同的9块,测量四角及中心的照度值,四角照度的平均值与中心照度值之比即亮度均匀性,要求亮度均匀性不低于85%。

(6)色度偏差测试。采用100%全白测试图像,将屏幕分为大小相同的9块,使用色彩照度计测量中心点的色度坐标值,将中心点的色度坐标作为基准坐标,全白场下测试其余12个点的色度值,计算这13个点色度坐标的平均值,这13个点的色度坐标与平均值的最大标准差即色度偏差。要求偏差值≤0.01。

(7)对比度测试。由ANSI标准测试方法测试对比度,采用16点黑白相间的色块,使用照度计测试8个白色区域亮度平均值和8个黑色区域亮度平均值之间的比值,要求系统对比度不低于1000∶1。

(8)像素缺陷点测试。以投影区中心的1/2高、1/2宽区域为A区,其余为B区,要求:不发光缺陷点数量B区≤8,A区≤2;不熄灭缺陷点数量B区≤4;白发光点或绿发光点数量A区=0;红蓝发光点数量A区≤2。

(9)刷新率测试。测试投影系统的输出刷新率,要求投影系统的刷新率为120±1Hz。

(10)仿真帧速率测试。运行典型案例时的帧速率不低于20帧/s。

2)音频单元测试

音频单元测试包括声场均匀度测试、传声增益测试、传输频率特性测试、最大声压级测试。

(1)声场均匀度测试。声场不均匀度的测点数不少于8点,测量按现行国家标准《厅堂扩声特性测量方法》(GB/T 4959—2011)中的有关规定进行。

(2)传声增益测试。传声器置于设计所指定的使用点上,测量按现行国家标准《厅堂扩声特性测量方法》中的有关规定进行。

(3)传输频率特性测试。传输频率特性的测点数不少于 8 点,测量按现行国家标准《厅堂扩声特性测量方法》中的有关规定进行。

(4)最大声压级测试。按现行国家标准《厅堂扩声特性测量方法》中规定的窄带噪声法或宽带噪声法进行。

3)培训及考评单元测试

培训及考评单元测试包括功能测试、软件界面测试、软件安全性测试。

(1)功能测试。系统的各项功能测试,包括理论知识学习、作业操作训练、生产设施安装作业操作构置、考核和评价等功能的测试。

(2)软件界面测试。软件界面测试包括易用性、规范性、合理性、美观与协调性、独特性的测试。

(3)软件安全性测试。软件安全性测试包括三个方面:①用户认证方面的安全测试;②系统网络方面的安全测试;③数据库方面的安全测试。通过对源代码进行安全扫描,根据程序中数据流、控制流、语义等信息与其特有软件安全规则库进行匹对,从中找出代码中潜在的安全漏洞。

4)网络通信单元测试

网络通信单元测试采用 IEEE 802.3 千兆位以太网的国际标准规范进行,主要包括网络连通性测试、丢包率测试、吞吐量的测试、动态指标的测试及兼容性测试。

(1)网络连通性测试。网络连通性测试包括同一网段、不同网段、不同路径、不同流量、不同速率时的网络连通性测试。要求 99%以上的路径连通。

(2)丢包率测试。丢包率测试指考核网络传输数据过程中数据的丢包率。发送64 字节的 ICMP 测试数据包,在被检的路径上发送 100 次以上,统计其丢包率,有 99%以上的路径丢包率小于 1%为合格。

(3)吞吐量的测试。两端点连接在同一个千兆交换机上(同一模块内),在发送 512 字节的 ICMP 测试数据包的条件下,应有 95%以上路径的吞吐量大于100Mbit/s。

(4)动态指标的测试。网络传输错误率,发不同的流量观察其错误率或在实时状态下检测其错误率,应小于 1%。

(5)兼容性测试。检测系统软件的平台兼容性、网络兼容性、数据库兼容性及数据格式的兼容性。

2.7.3 系统集成测试

系统集成测试的方案如图 2.22 所示，主要包括系统功能性测试、系统实时性测试、系统仿真精度测试、系统时空一致性测试和系统稳定性测试。

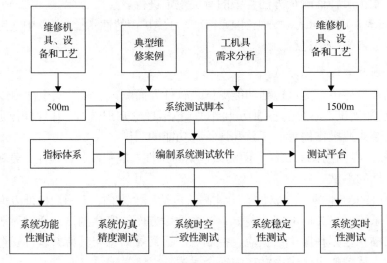

图 2.22 系统集成测试总方案图

(1) 系统功能性测试。检测系统各项功能：①吊机俯仰、旋转、收放缆等；②俯仰速度、旋转角速度、收放缆绳速度等的控制；③紧急释放、过限报警、监控参数显示、监控指示灯正确显示、水下定位及水动力响应等功能。为保证结果的可靠性，测试的循环次数不少于 10 次。技术指标：正确率为 100%。

(2) 系统实时性测试。给定仿真生产设施安装案例，改变仿真对象的某些运动参数时，仿真对象运动的响应延迟不超过 500ms。测试方案如图 2.23 所示。

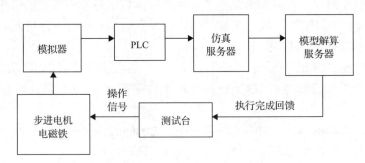

图 2.23 系统实时性测试方案

(3) 系统仿真精度测试。在给定工况下(仿真环境参数、生产设施安装操作参数、物性参数等)，生产设施安装设备的相应参数(位置、速度、加速度等)与标准行业有限元计算软件计算的相应参数相比，误差不大于 15%。

(4) 系统时空一致性测试。在主系统中加入测试软件，测试软件检测每次主服务器协调各子系统时，记录主服务器和子系统的时空坐标差，并将测试数据保存和输出。主服务器和子系统的时间差<50ms。

(5) 系统稳定性测试。测试内容：①运行 6h 达到热稳定后，运行典型案例时整体运行流畅，无卡顿或迟滞现象；②各测试指标的劣化率不大于 10%。定义劣化率：

$$劣化率 = \frac{M_1 - M_0}{M_0} \times 100\%$$

式中，M_0 为系统某项指标的初始值；M_1 为系统运行 6h 后的对应指标值。

技术指标：系统运行 6h 后各操作单元的劣化率不超过 10%。

2.7.4　系统测试平台

系统测试平台是系统综合验证、系统测试、系统评价等多种功能的硬件平台和软件环境。测试平台具有以下功能。

(1) 依据测试程序的要求，测试平台可完成系统各科目测试，测试结果可以实时显示并以文件的形式保存。

(2) 系统测试结果与系统测试指标参数对比，对水下应急维修半物理仿真系统进行综合评价，评价等级分为优、良、中、差四个等级。

第3章 水下应急维修半物理仿真系统关键技术

3.1 虚拟现实技术

3.1.1 虚拟现实技术的基本概念

虚拟现实[36-40](virtual reality，VR)技术，又称灵境技术，是利用计算机技术而生成的实时的、具有逼真的三维效果的一种技术。使用者就好像亲眼看到、亲耳听到、亲自闻见以及亲自触摸到甚至能够嗅到气味，让使用者感觉完全进入了虚拟的环境中，有一种身临其境的感觉，并能够通过语言、手势等自然的方式借助一些三维传感设备与之进行实时交互，具有强烈的真实感。

虚拟现实技术利用计算机生成逼真的三维视、听、嗅觉等感觉，使人作为参与者通过适当装置、自然地对虚拟世界进行体验和交互作用。使用者进行位置移动时，计算机可以立即进行复杂的运算，将精确的三维视觉影像传回产生临场感。该技术集成了计算机图形(computer graphics，CG)技术、计算机仿真技术、人工智能技术、传感器技术、显示技术、网络并行处理技术等的最新发展成果，是一种由计算机技术辅助生成的技术。

如图 3.1 所示，设计和构建一个身临其境的虚拟现实系统，涉及多种学科，包括计算机图形学、人工智能、人机交互技术、传感器技术等。而水下应急维修半物理仿真技术又涉及水动力学、多体动力学等学科。

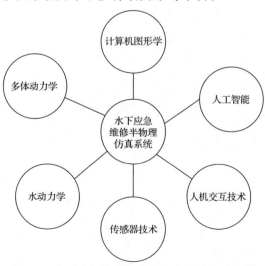

图 3.1 水下应急维修半物理仿真系统涉及学科

　　概括地说，虚拟现实是人们通过计算机对复杂数据进行可视化操作与交互的一种全新方式，与传统的人机界面及流行的视窗操作相比，虚拟现实在技术思想上有了质的飞跃。

　　虚拟现实中的"现实"是泛指在物理意义上或功能意义上存在于世界上的任何事物或环境，它可以是实际上可实现的，也可以是实际上难以实现的或根本无法实现的。而"虚拟"是指用计算机生成的意思。因此，虚拟现实是指用计算机生成的一种特殊环境，人可以通过使用各种特殊装置将自己"投射"到这个环境中，并操作、控制环境，实现特殊的目的，即人是这种环境的主宰。

　　仿真方法可分为数学仿真、半物理仿真和物理仿真。半物理仿真是在数学仿真的基础上，对于某些需要重点考虑的对象采用实物接入，其他仍采用数学模型而进行的仿真。半物理仿真既不失仿真的可靠性，又能降低仿真成本，缩短仿真周期。表 3.1 是三种仿真类型的对比。

表 3.1　仿真方法分类

仿真类型	模型类型	技术复杂程度	经济性
物理仿真	物理模型	简单	费用中等 （几乎针对某种对象，使用具有一次性）
半物理仿真	物理-数学模型 （水下应急维修半物理仿真系统）	极其复杂	费用很高 （一次性投入大，但是可以仿真多种对象，具有多次使用性）
数学仿真	数学模型 （描述被仿真对象系统的一组公式及参数，并将其转化为计算机程序）	一般	费用不高

　　半物理仿真作为仿真技术的一种，是指系统模型的一部分用计算机实现，另一部分采用物理效应模型或部分系统实物实现的仿真。系统中既有数学模型，又有实物或（和）物理效应模型，物理效应模型可以再现数学模型的仿真结果。这样，不仅可以检验数学模型的准确性，大大提高仿真的精度，还可以大幅度减少外场实验的次数。因此，半物理仿真在系统研制阶段的实验研究和定型设备的检验过程中得到广泛的应用。半物理仿真技术应用在不同的专业领域，其具体构架也不一样，但有一个共性的地方，即仿真对象是由不同部件或子系统组成的系统，而不是某一个元素。这个系统往往既包含机械、电子等部件，也包含控制、算法等，"软硬"兼有。也就是说，半物理仿真实验用于系统设计，并起到了对系统主要部件进行检验和校核的作用。

3.1.2　虚拟现实的 3I 特性

　　虚拟现实技术具有三个基本特征，即沉浸（immersion）、交互（interaction）和构想（imagination），即通常所说的"3I"，如图 3.2 所示。

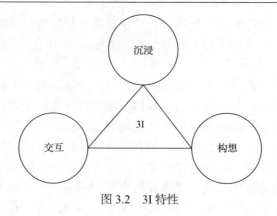

图 3.2　3I 特性

1. 沉浸感

沉浸感又称临场感，指用户感到作为主角存在于模拟环境中的真实程度。理想的模拟环境应该使用户难以分辨真假，使用户全身心地投入计算机创建的三维虚拟环境中，该环境中的一切看上去是真的，听上去是真的，动起来是真的，甚至闻起来、尝起来等一切感觉都是真的，如同在现实世界中的感觉一样。

2. 交互性

交互性指用户对模拟环境内物体的可操作程度和从环境得到反馈的自然程度（包括实时性）。例如，用户可以用手去直接抓取模拟环境中虚拟的物体，这时手有握着东西的感觉，并可以感觉物体的重量，视野中被抓的物体也能立刻随着手的移动而移动。

3. 构想性

构想性强调虚拟现实技术应具有广阔的可想象空间，可拓宽人类认知范围，不仅可再现真实存在的环境，也可以随意构想客观不存在的甚至不可能发生的环境。

3.1.3　虚拟现实系统分类

虚拟现实系统按照不同的标准有不同的分类，通常分为三类：桌面虚拟现实（desktop VR）系统，沉浸式虚拟现实（immersive VR）系统，分布式虚拟现实（distributed VR）系统。

1. 桌面虚拟现实系统

桌面虚拟现实系统是一套基于普通 PC 平台的小型虚拟现实系统。利用中低端图形工作站及立体显示器，产生虚拟场景。参与者使用位置跟踪器、数据手套、力反馈器、三维鼠标，或其他手控输入设备，实现虚拟现实技术的重要技术特征，即多感知性、沉浸感、交互性、真实性。

在桌面虚拟现实系统中，计算机的屏幕是参与者观察虚拟境界的一个窗口，在一些专业软件的帮助下，参与者可以在仿真过程中设计各种环境。立体显示器用来观看虚拟三维场景的立体效果，它所带来的立体视觉能使参与者产生一定程度的投入感。交互设备用来驾驭虚拟境界。有时为了增强桌面虚拟现实系统的沉浸效果，在桌面虚拟现实系统中还会借助于专业单通道立体投影显示系统，达到增大屏幕范围和团体观看的目的。

桌面虚拟现实系统虽然缺乏完全沉浸式效果，但是其应用仍然比较普遍，因为它的成本相对要低得多，而且它也具备了投入型虚拟现实系统的技术要求。作为开发者来说，从经费使用谨慎性的角度考虑，桌面虚拟现实往往被认为是初级的、刚刚从事虚拟现实研究工作的必经阶段。因此，桌面虚拟现实系统比较适合刚刚介入虚拟现实研究的单位和个人。

桌面虚拟现实系统主要包括虚拟现实软硬件两部分。硬件部分可分为虚拟现实立体图形显示、效果观察、人机交互等几部分；软件部分可分为虚拟现实环境开发平台（Virtools）、建模平台（Autodesk 3D Studio Max Max 等）和行业应用程序实例（源代码及 SDK 开发包）。桌面虚拟现实系统的主要特点为全面、小型、经济、适用，非常适合于虚拟现实工作者的教学、研发和实际应用。

2. 沉浸式虚拟现实系统

利用头盔显示器把用户的视觉、听觉和其他感觉封闭起来，产生一种身在虚拟环境中的错觉。沉浸式虚拟现实系统主要有以下特点。

（1）采用专门为仿真和虚拟现实行业设计和生产的设备。

（2）拼接画面采用多通道优化技术，进行光学校正和电子融合，达到完美无缝拼接。

（3）采用弧形投影幕或多维投影方式。

（4）整体系统由中央控制器进行集中控制。

3. 分布式虚拟现实系统

分布式虚拟现实系统是一个基于网络的可供异地多用户同时参与的分布式虚拟环境。在这个环境中，位于不同物理环境位置的多个用户或多个虚拟环境通过网络相连接，或者多个用户同时参加一个虚拟现实环境，通过计算机与其他用户进行交互，并共享信息。在分布式虚拟现实系统中，多个用户可通过网络对同一虚拟世界进行观察和操作，以达到协同工作的目的。分布式虚拟现实系统具有以下主要特征：①共享的虚拟工作空间；②伪实体的行为真实感；③支持实时交互，共享时钟；④多个用户以多种方式相互通信；⑤资源信息共享及允许用户自然操作环境中对象。

1) 分布式虚拟现实系统的组成

分布式虚拟现实系统有四个基本组成部件：图形显示器、通信和控制设备、处理系统和数据网络。

2) 分布式虚拟现实系统的模型结构

根据分布式虚拟现实环境下所运行的共享应用系统的个数，可把分布式虚拟现实系统分为集中式结构和复制式结构。集中式结构的分布式虚拟现实系统是只在中心服务器上运行一份共享应用系统。该系统可以是会议代理或对话管理进程。中心服务器的作用是对多个参与者的输入/输出操纵进行管理，允许多个参与者信息共享。它的特点是结构简单，容易实现，但对网络通信带宽有较高的要求，并且高度依赖于中心服务器。

复制式结构的分布式虚拟现实系统是在每个参与者所在的机器上复制中心服务器，这样每个参与者进程都有一份共享应用系统。服务器接收来自其他工作站的输入信息，并把信息传送到运行在本地机上的应用系统中，由应用系统进行所需的计算并产生必要的输出。它的优点是所需网络带宽较小，另外，由于每个参与者只与应用系统的局部备份进行交互，所以交互式响应效果好。但复制式结构的分布式虚拟现实系统比集中式结构的分布式虚拟现实系统复杂，在维护共享应用系统中的多个备份的信息或状态一致性方面比较困难。

3) 分布式虚拟现实系统的应用

分布式虚拟现实系统在远程教育、工程技术、建筑、电子商务、交互式娱乐、远程医疗、大规模军事训练等领域都有着极其广泛的应用前景。利用它可以创建多媒体通信、设计协作系统、实境式电子商务、网络游戏、虚拟社区全新的应用系统。典型的应用如下所示。

(1) 教育应用。把分布式虚拟现实系统用于建造人体模型、电脑太空旅游、化合物分子结构显示等领域，由于数据显示更加逼真，大大提高了人们的想象力，激发了受教育者的学习兴趣，学习效果十分显著。同时，随着计算机技术、心理学、教育学等多学科的相互结合、促进和发展，分布式虚拟现实系统能够提供更加协调的人机对话方式。

(2) 工程应用。当前的工程很大程度上依赖于图形工具，以便直观地显示各种产品，目前，CAD/CAM 已经成为机械、建筑等领域必不可少的软件工具。分布式虚拟现实系统的应用将使工程人员能通过全球网或局域网按协作方式进行三维模型的设计、交流和发布，从而进一步提高生产效率并削减成本。

（3）商业应用。对于那些期望与顾客建立直接联系的公司，尤其是那些在他们的主页上向客户发送电子广告的公司，Internet 具有特别的吸引力。分布式虚拟现实系统的应用有可能大幅度改善顾客购买商品的经历。例如，顾客可以访问虚拟世界中的商店，在那里挑选商品，然后通过 Internet 办理付款手续，商店则及时把商品送到顾客手中。

（4）娱乐应用。娱乐领域是分布式虚拟现实系统的一个重要应用领域。它能够提供更为逼真的虚拟环境，从而使人们能够享受其中的乐趣，给人们带来更好的娱乐感觉。

3.1.4　虚拟现实技术的发展

虚拟现实技术的发展基本上可以分为三个阶段：第一阶段是 20 世纪 50 年代到 70 年代，属于探索阶段；第二阶段是 80 年代初到 80 年代中期，是虚拟现实技术走出实验室、进入实际应用的阶段；第三阶段是从 80 年代末至今，是虚拟现实技术全面发展时期。

第一阶段是虚拟现实技术的探索阶段，自此开始才有了虚拟现实技术的基本思想。1956 年，Morton Heileg 开发出了一个称为 Sensorama 的摩托车仿真器，Sensorama 具有三维显示及立体声效果，能产生振动和风吹的感觉。在虚拟现实技术发展史上一个重要的里程碑是 1968 年美国计算机图形学之父 Ivan Sutherlan 在哈佛大学组织开发了第一个计算机图形驱动的头盔显示器（head-mounted display，HMD）及头部位置跟踪系统。

第二阶段开始形成了虚拟现实技术的基本概念。这一时期出现了两个比较典型的虚拟现实系统，即 VIDEOPLACE 与 VIEW 系统。VIDEOPLACE 是由 Krueger 设计的。它是一个计算机生成的图形环境，在该环境中参与者看到他本人的图像投影在一个屏幕上，通过协调计算机生成的静物属性及动体行为，可实时地响应参与者的活动。1985 年，在 Greevy 领导下完成的 VIEW 虚拟现实系统，装备了数据手套和头部跟踪器，提供了手势、语言等交互手段，使 VIEW 成为名副其实的虚拟现实系统，成为后来开发虚拟现实的体系结构。其他如 VPL 公司开发了用于生成虚拟现实的中国现代教育装备 RB2 软件和 DataGlove 数据手套，为虚拟现实提供了开发工具。

第三阶段虚拟现实技术开始了全面的发展，如在医学、航空、教育、商业经营、工程设计等方面都有所应用。国内许多高校及研究所开始了对虚拟现实技术的研究和应用。例如，清华大学计算机科学与技术系对虚拟现实和临场感方面进行了研究，在球面屏幕显示和图像随动、克服立体图闪烁的措施及深度感实验等方面都具有不少独特的方法；浙江大学心理学国家重点实验室开发了虚拟故宫；浙江大学 CAD&CG 国家重点实验室开发出桌面虚拟建筑环境实时漫游系统；北京航空航天大学计算机学院虚拟现实与可视化新技术研究室对分布式虚拟环境进行了集成。还有许多单位对虚拟现实在不同领域的应用进行了研究，并取得了很多丰硕的成果。

3.1.5　虚拟现实系统组成

典型的虚拟现实系统由以下几部分组成，如图 3.3 所示。

(1)效果发生器。效果发生器是完成人与虚拟环境交互的硬件接口装置，包括人们产生现实沉浸感受到的各类输出装置，如头盔显示器、立体声耳机，还包括能测定视线方向和手指动作的输入装置，如头部方位探测器和数据手套等。

(2)实景仿真器。实景仿真器是虚拟现实系统的核心部分，它实际上是计算机软硬件系统，包括软件开发工具及配套硬件，其任务是接收和发送效果发生器产生或接收的信号。

(3)应用系统。应用系统是面向不同虚拟过程的软件部分，它描述虚拟的具体内容，包括动态仿真逻辑、结构与仿真对象之间交互关系、仿真对象与用户之间的交互关系。

(4)几何构造系统。几何构造系统提供仿真对象的物理属性，如形状、外观、颜色、位置等信息，应用系统在生成虚拟世界时，需要这些信息。

图 3.3　一般虚拟现实系统构成

3.1.6　典型虚拟现实系统

虚拟现实系统走向应用的时间还比较短，但与虚拟现实技术有关的研究已经历了数十年。在虚拟现实技术发展过程中，产生了许多虚拟现实原形系统及应用系统。下面简要地介绍几个经典的虚拟现实系统。

1. VIDEOPLACE 系统

VIDEOPLACE 系统是 Krueger 领导的 Artificial Reality 研究小组 20 年的研究成果。其实它是一个反应环境(responsive environment)，综合运用了计算机图形学和手势识别技术。以 VIDEOPLACE 系统为原型的 VIDEO-DESK 是一个桌面虚拟现实系统。用户坐在桌边并将手放在上面，旁边有一架摄像机录下用户手的轮廓并传送给不同地点的另一个用户，两个人可以相互用自然的手势进行信息交流。同样，用户也可与计算机系统用手势进行交互，计算机系统从用户手的轮廓图形中识别手势的含义并加以解释，以便进一步控制。如打字、画图、菜单选择等操作，均可以用手势完成。VIDEOPLACE 系统对远程通信和远程控制很有价值，如用手势控制远处的机器人等。

2. VIEW 系统

VIEW 系统是虚拟交互环境工作站(virtual interactive environment workstation)的缩写，是美国国家航空航天局(National Aeronautics and Space Administration，NASA)下属的 Ames 研究中心(Ames Research Center)于 1985 年研制开发的。其目的是为 NASA 的其他有关研究项目提供一个通用、强大的虚拟现实系统平台。

VIEW 系统可以说是集 VR 技术之大成。它以 HP 公司的 HP900/835 为主计算机，图形处理采用 ISG 公司的图形计算机或 HP SRX 图形系统；配备了 Polhemus 空间跟踪系统来跟踪使用者手和头的位置；配备了广角立体视景头戴显示器和单色液晶显示器；Convolvotron 三维音频输出设备；数据手套(Data Glove)用于识别使用者手势；同时还配备了 BOOM CRT 显示器及 Fakd Space 远程摄像系统。

VIEW 系统是一个非常复杂的系统，由一组计算机控制的 I/O 子系统组成。这些子系统分别提供虚拟环境所需的各种感觉通道的识别和控制功能。使用者"置身"于这样的虚拟现实环境，周围是预先定义的虚拟物体及三维空间的声响效果，系统跟踪使用者头的位置和方向以达到变换视点的效果。同时，系统还跟踪并识别使用者手及手指的空间移动所形成的手势，来控制系统的行为。VIEW 的声音识别系统可让使用者用语言或声音向系统下达命令。

3. SIMNET 系统

为了在坦克训练过程中减少训练费用、提高安全性、降低对环境的影响(爆炸和坦克履带破坏训练场地)等，1983 年美国国防部高级研究计划局和美国陆军共同制定 SIMNET(SIMulator NETworking)研究计划。该计划将分散在不同地点的地面坦克、车辆仿真器通过计算机网络联合在一起，进行各种复杂任务的坦克训练和作战演练。

每个 SIMNET 模拟器是一个独立的装置，可以复现 M1 主战坦克的内部，包括导航设备、武器、传感器和显示器等。车载武器、传感器和发动机由车载计算机动态模拟，该计算机还包含整个虚拟战场(最初模拟的是德国和中欧的 50km×75km 的战场，以后增加了科威特战区)的数据库拷贝。所有这些数据库都准确地复现了当地的地形特点，包括植被、道路、建筑物、桥梁等。坦克之间的通信借助车内通信系统实现，而与其他模拟器之间的通信通过远程网络由语音和电子报文实现。

实时分布仿真具有广泛的应用，SIMNET 就是一个典型的例子。早先由于没有仿真系统，军队需要通过军事演习重现战场情景，使指挥人员和战斗人员在训练中学会生存和赢得战斗的技能。因为军事训练所需坦克和飞机等武器造价昂贵，而且会造成农田、道路等的极大损失，所以需要有一种能模拟战斗的系统。SIMNET 就是在这个背景下逐步形成的。

3.1.7　虚拟现实交互技术

要使协同工作者获得很好的"真实感"和"沉浸感"，交互的自然性就显得特别重要，必须使用多通道用户交互技术，包括自然语言、手势、头部运动等。在分布式协同虚拟学习环境中，除了一般图形系统的人-机交互之外，还有人-人交互，并且要求是同步交互，实时同步交互的协同工作涉及的问题包括同步交互请求和同步交互检测等，需要结合交互技术与虚拟现实技术。

由于在分布式协同虚拟学习环境中要求高交互性和实时性，网络通信的带宽和延时成为系统的主要限制。另外，一些传统的网络协议不能满足分布式虚拟现实系统的需求，必须研究新的面向分布式虚拟现实的网络协议，现有的一个典型例子是虚拟现实传输协议(virtual reality transport protocol，VRTP)。虚拟现实交互技术具有以下优点。

(1)丰富了媒体的表现形式。在分布式协同虚拟学习环境中，媒体的表现形式在原本二维平面的基础上增加了三维立体的形式，变得更为丰富，更加方便用户获取信息，使协同工作可以更好地开展下去。采用二维和三维、实时和非实时的结合，改变了呆板的对话框文本输入式的交互，增强用户的感受力。

(2)提供了协同工作角色的可视化管理。在协同环境中对参与协同工作的角色进行管理也是协同环境需要研究的重要内容，协作者能够实时地了解其他协作者的状态，并使他们之间的协作可以更好地进行。分布式协同虚拟学习环境的角色管理也已经从非实时提高到实时，从状态提示型跃到了可视化。

(3)改善了协同环境的用户界面。分布式协同虚拟学习环境中所创建的三维虚拟空间要比单纯应用程序界面友好得多，使协作者有身临其境的感觉，如同在真实世界当中。这种用户界面让人感到亲切自然，更容易接受。

(4)有利于学习者的非智力因素的培养。在分布式协同虚拟学习环境中，协作者以具有个性特征的智能实体(actor)形象进入系统。每个智能实体根据协作者不同的文化背景、知识结构和个性特征，给人以"第一人称"的感觉。协作者还能通过各种输入输出设备实时与其他小组成员进行交流，充分发挥集体的智慧，并相互学习、相互促进、共同进步。

(5)提高了人机系统的整体效率。采用了新型的交互技术和交互设备，突破了人机交互的基本障碍，构造和谐的人机环境，将在现实世界中人与环境交互作用的经验尽可能直接移植到人机环境中，并在人机环境中获得类似于或相同于现实世界中交互的真实的三维感受，消除人被动地去适应计算机系统所带来的认知负担，提高人机系统的整体效率。

图3.4是一个多人协同虚拟维修平台的案例。它针对机械维修活动中存在多人协同交互工作的需要，万方视景以工作活动经验总结为方向指导，基于虚拟仿真技术，结合网络、数据库等技术，开发出分布式虚拟维修仿真系统。如图3.4。

图 3.4　分布式虚拟维修仿真系统

在分布式虚拟维修仿真系统中，使用鼠标和键盘可对物体进行维修操作。用户可以根据需要来定制常用工具栏中的工具，从工具车中可以选择工具置于常用工具栏中。工具车中的工具包含各种型号的套筒、扳手、扭力扳手、专用钳子等，在工具车中可以进行工具组合和拆卸。

系统提供实时碰撞检测、装配约束、装配路径与序列处理等功能。按照拆装标准流程进行操作，包括零部件拆卸与安装(图 3.5)、工具选择与使用、工艺处理和摆放零部件在零件车中的位置。

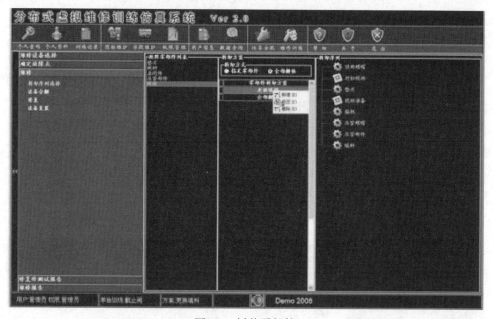

图 3.5　拆装零部件

分布式虚拟维修仿真系统具有单机运行、多人协同两种操作模式。登录账号模式可以为学员、教员和管理员。最多支持同时对 255 个人进行教学和培训活动。个人信息保存在后台数据库中，可登记和修改。可随时查询个人操作记录，使用非学员账号登录则可查询所有人的操作记录。如图 3.6 所示，在考核评分模式下，学员的考核成绩会保存在数据库中。数据库中的信息(个人信息、班级成员信息、学员操作记录、学员单次/历史考核内容、过程记录、成绩等)可以导出。

在培训模式下，学员可使用学习和提示等功能，这些将指导学员进行正确的操作，如图 3.7 所示。可根据不同故障制定多种维修情况，如现场可修、返回基地维修、需要返厂大修等。根据教学需要，教员和管理员可导入新的虚拟维修设备模型，并自行设定故障情况和维修方式、操作序列，有别于其他教学软件定式，使得该系统的自由度和发展空间都获得大大的提升。

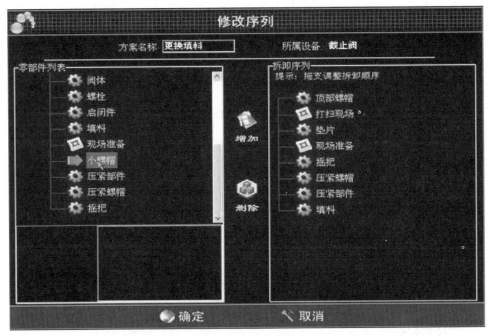

图 3.6　考核评分模式

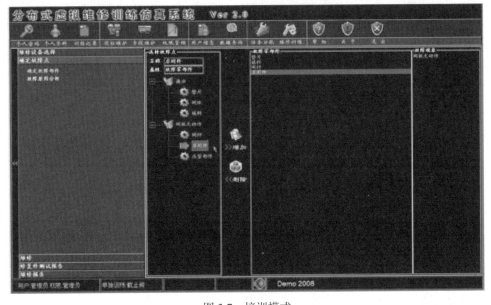

图 3.7　培训模式

3.1.8　增强现实技术

增强现实(augmented reality, AR)是近年来国外众多知名大学和研究机构的研究热点之一[41-44]。增强现实技术与虚拟现实技术有类似的应用领域，如尖端武器、飞行器的研制与开发、数据模型的可视化、虚拟训练、娱乐与艺术等，且增强现实技术具有能够对真实环境进行增强显示输出的特性，在医疗研究与解剖训练、精密仪器制造和维修、军用飞机导航、工程设计和远程机器人控制等领域，具有比虚拟现实技术更加明显的优势。

增强现实通过计算机技术，将虚拟的信息应用到真实世界，真实的环境和虚拟的物体实时地叠加到了同一个画面或空间同时存在。增强现实提供了在一般情况下不同于人类可以感知的信息。它不仅展现了真实世界的信息，而且将虚拟的信息同时显示出来，两种信息相互补充、叠加。在视觉化的增强现实中，用户利用头盔显示器，把真实世界与计算机图形重合在一起，便可以看到真实的世界围绕着它。

增强现实借助计算机图形技术和可视化技术产生现实环境中不存在的虚拟对象，并通过传感技术将虚拟对象准确"放置"在真实环境中，借助显示设备将虚拟对象与真实环境融为一体，并呈现给使用者一个感官效果真实的新环境。因此，增强现实系统具有虚实结合、实时交互、三维注册的新特点。

增强现实要努力实现的不仅是将图像实时添加到真实的环境中，还要更改这些图像以适应用户的头部及眼睛的转动，以便图像始终在用户视角范围内。增强现实系统正常工作所需的三个组件包括头戴式显示器、跟踪系统、移动计算能力。

增强现实的开发人员的目标是将这三个组件集成到一个单元中，放置在用带子绑定的设备中，该设备能以无线方式将信息转播到类似于普通眼镜的显示器上。

一旦研究人员克服了目前所面临的各种挑战，增强现实系统将很可能遍及生活的各个角落(图 3.8)。它可能应用到几乎所有行业中。

(1)维修和建设：这很可能是应用增强现实系统的第一个行业。可以将标记器连接到人们正在施工的特定物体上，然后增强现实系统可以在它上面描绘出图像。这是一个比较简单的增强现实形式，因为系统只需要知道用户相对于他看到的物体所在的位置，而不必跟踪那个人的确切物理位置。

(2)军事：军队数十年来一直在设计使用增强现实系统。事实上，美国海军研究所已经资助了一些增强现实研究项目。美国国防部高级研究计划局已经投资了HMD 项目来开发可以配有便携式信息系统的显示器。其理念在于增强现实系统可以为军队提供关于周边环境的重要信息，如显示建筑物另一侧的入口，这有点像 X 射线视觉。增强现实显示器还能突出显示军队的移动，让士兵可以转移到敌人看不到的地方。

图 3.8　增强现实应用

（3）即时信息：旅行者和学生可以使用增强现实系统了解有关特定历史事件的更多信息。想象行走在美国内战的战场上，并且在头戴式增强现实显示器上看到重现的历史事件。它将使使用者沉浸在历史事件中，有身临其境之感，而且视角将是全景的。

（4）游戏：将视频游戏带到户外会有多酷呢？玩家可以将游戏映射到周围的真实世界中，并可以真正成为其中的一个角色。澳大利亚的一位研究人员创作了一个将流行的视频游戏 Quake 和增强现实结合起来的原型游戏。他将一个大学校园的模型放进了游戏软件中。现在，如果他使用该系统，那么在他绕着校园行走时，就会处于该游戏场景中。

这项技术有数百种可能的应用，其中游戏和娱乐是最显而易见的应用领域。可以给人们提供即时信息，不需要人们参与任何研究的任何系统，在相当多的领域对所有人都是有价值的。增强现实系统可以立即识别出人们看到的事物，并且检索和显示与该景象相关的数据。

3.2　水下应急维修半物理仿真系统软件

3.2.1　虚拟现实建模语言

虚拟现实建模语言(virtual reality modeling language, VRML)是一种用于建立真实世界的场景模型或人们虚构的三维世界的场景建模语言，也具有平台无关性，是目前 Internet 上基于 WWW 的三维互动网站制作的主流语言。VRML 本质上是一种面向 Web、面向对象的三维造型语言，而且是一种解释性语言。VRML 的对象称为节点，子节点的集合可以构成复杂的景物。节点可以通过实例得到复用，给它们赋予名字，进行定义后，即可建立动态的虚拟世界。

VRML 的访问方式是基于客户/服务器模式，其中服务器提供 VRML 文件(后缀为.wrl)及支持资源客户通过网络下载希望访问的文件，并通过本地平台上的VRML 浏览器(Browser)交互式访问该文件描述的虚拟境界(virtual world)，因为浏览器是由本地平台提供的，所以实现了和硬件平台的无关性。

VRML 像 HTML 一样，是一种 ASCII 码描述语言，它是一套告诉浏览器如何创建一个三维世界并在其中航行(navigation)的指令，这些指令由再现器解释执行，再现器是一个内置于浏览器中或外部的程序。

由于 VRML 是一个三维造型和渲染的图形描述性语言，复杂的三维术语转换为动态虚拟世界依靠的是高速的硬件和浏览器，又由于 VRML 交互性强和跨平台性，虚拟现实技术在 Internet 上有着广泛的应用，如远程教育、商业宣传、娱乐等。

VRML 文件描述的基于时间的三维空间，称为虚拟境界，它由对象构成，而对象及其属性用节点描述，节点是 VRML 的基本单元。每个节点由类型、域、事件、实现、名字组成，节点按一定规则构成场景图(scene graph)。场景图中分两类节点，第一类节点用于视觉、听觉角度表现对象，它们按层次体系组织，反映境界的空间结构，提供颜色、灯光、超链接、材质、化身、重力、碰撞、地形随动、飞行等功能，支持局部坐标系；第二类节点参与事件产生和路由机制，形成路由图，确定境界随时间推移如何动态变化。

环境变化、用户交互、时间推移产生事件，传感器检测并发出初始事件，实践产生其他事件或修改场景图结构，从而提供动态特性。插入器是特殊事件处理器，利用它可以设计动画。

对于复杂行为处理则须利用脚本节点(script node)，它包含一组脚本描述语言编写的函数，脚本节点收到事件后，将执行相应的函数，该函数可以通过常规的事件路由机制发送事件或直接向脚本节点指定节点发送事件，脚本也能动态增、删路由。

VRML 从用户的角度来说，基本上是 HTML 加上第三维，但从开发者角度来说，VRML 环境的产生提供了一套完整的新标准、新过程及新的 Web 技术。

交叉平台和浏览器的兼容性是首先要解决的问题。设计之前，必须明确指定目标平台(PC、Mac、SGI 的新 O2 等)，CPU 速度，可以运行的带宽及最适合使用的 VRML 浏览器。

3.2.2　虚拟现实建模软件

三维建模软件以其面向的使用对象来分，主要有两大类：一是用于三维动画渲染和制作，进行虚拟现实仿真，如 Autodesk 3D Studio Max、MAYA 和 Multigen Creator 等；二是应用于专业的设计和制造场合，如 UG、Pro/E 和 CATIA 等。

Autodesk 3D Studio Max 是 Discreet 公司(后被 Autodesk 公司合并)开发的基于 PC 系统的三维动画渲染和制作软件。Autodesk 3D Studio Max 广泛应用于视景渲染、工业设计、多媒体制作辅助教学和工程可视化等领域；具有强大的三维建模功能，提供基本造型工具和高级造型工具，帮助用户轻松完成复杂几何形状模型的创建工作；具备出色的材质编辑系统，能为模型提供丰富的材质类型，创建逼真的渲染效果；插件众多，为特殊效果的渲染提供专业的插件；在性能和价格上取得了较好的均衡。

可以采用 Autodesk 3D Studio Max、MAYA 这些优秀三维建模工具建模，但是虚拟场景中的模型有别于日常为了做效果图表现等形式所建造的模型。做效果图的模型精度是较高的，而虚拟现实中的模型要求使用精简的面片、精美的纹理将模型效果表现出来。因此，要使生成的模型文件尽可能小，而且表现尽可能真实。利用 Multigen Creator(三维建模的软件系统)仿真建模软件，在满足实时性的前提下生成面向模拟的、逼真性好的大面积场景。Multigen Creator 仿真建模软件是基于 OpenFlight 格式(扩展名是 flt)，即 Multigen 公司描述数据库格式的工业标准。应用数据类型和数据结构，以及确保实时三维性能和交互性的逻辑关系，使制作具有最高保真度的应用成为可能，在提供优质视觉的同时优化内存占用。用两种精密的建模来保证极细微的精确度，减少目标平台的内存占用，优化目标平台的响应速度。OpenFlight 格式使用几何层次结构和属性来描述三维物体，现在已经成为三维视景仿真系统的标准格式，适合于大面积的场景建模。Multigen Creator 仿真建模软件具有强大的视景仿真建模功能，它能够满足视景仿真、交互式游戏开发、城市仿真及其他的应用领域。

3.2.3　虚拟现实开发软件

这里所说的虚拟现实开发软件，就是人们根据研究需要开发出一种在计算机能够运行并实现所需要特定功能的一种软件系统，一般包括虚拟场景和对虚拟场景进行控制功能的开发。目前主要开发途径有以下几个。

使用纯粹的开发工具(VC、C++Builder 等)和开发包(DirectX、OpenGL)进行开发。运用这种方式进行开发有良好的人机交互功能，但是在建模上需要通过完全的编程控制来实现，需要耗费大量的时间和人力，在三维模型显示方面也不是很逼真。

1. 使用三维建模工具

使用三维建模工具（Autodesk 3D Studio Max、MAYA 等）进行三维虚拟模型的建立，用开发工具编程控制。通过这种方式可以提高虚拟模型的显示精度，但是模型文件较大，模型的数据格式非常复杂，在读取模型和纹理、灯光等方面有一定的难度；需要配置高性能的工作站和虚拟现实设备才能够达到要求。

2. 用户定制

根据自己的需要开发虚拟现实软件，再进行二次开发。通过这种方法，可以做出比较好的虚拟现实软件系统。但是由于系统的重用性不强，只是适合某种开发模式，使开发出来的系统功能完全相同，再开发另外一种模式的系统又要投入大量的资金和人力，经济性不好。这类软件主要有以下几种。

1) VR-Platform（VRP）（中国）

VR-Platform 是由中视典数字科技有限公司独立研发的具有完全自主知识产权的一款三维虚拟现实开发软件，已成功应用于诸多领域，如桥梁设计、武器及军事仿真、企业培训、历史文物古迹复原、城市规划设计、工业模拟等。该软件具有操作方便简单、功能齐全、应用领域广、所见即所得等优点，它的出现一举打破该领域被国外软件垄断的局面，以其极高的性价比获得国内广大客户的喜爱，已经成为目前国内市场占有率最高的一款国产虚拟现实系统开发软件。

2) OpenGVS（美国）

OpenGVS 是 Quantum3D 公司的产品，用于场景图形的视景仿真的实时开发，易用性和重用性好，有良好的模块性、巨大的编程灵活性和可移植性。OpenGVS 现已成为世界上最强大的三维应用开发工具之一。目前，OpenGVS 的最新版本为 4.6，支持 Windows 和 Linux 等操作系统。OpenGVS 包含了一组高层次的、面向对象的 C++应用程序接口（application program interface，API），它们直接架构于世界领先的三维图形引擎（OpenGL、Glide 和 Direct3D）上。在虚拟现实系统的开发中，还有 OpenGL、DI-RECT3D、WTK 等图形开发工具。OpenGVS 与 OpenGL、Direct3D 都是 API 函数，可用于开发三维计算机图形系统。它们的区别是 OpenGL 和 Direct3D 属于"底层"绘图原语；而 OpenGVS 是一种由组件构成的软件开发包（software development kit，SDK），该组件由复杂的软件开发组成，其功能是方便用户使用。用户开发仿真应用程序时可以直接调用该软件，也可以直接调用底层绘图软件包提供的函数，从而提高软件的执行效率。

3）Virtools（法国）

Virtools 接近微型游戏引擎，互动性强，目前被认为是功能最强的元老级虚拟现实制作软件。该软件学习资料较多，是开发 WEB3D 游戏的首选。浏览插件 10MB 左右的带宽需求是个瓶颈，但是随着国内宽带的增加，这方面的影响已经越来越显得微不足道，它的应用将有无限前景。目前全世界有超过 270 所大学使用 Virtools，Virtools 已经获得许多媒体技术学系学生的肯定和支持。

4）Anark Studio（美国）

Anark 公司始建于 1994 年，在提供高效三维产品和解决方案方面有着多年经验。Anark Studio 是目前公认的最容易上手的三维数字内容开发工具，十分适合应用在产品规划设计、在线教育训练与网络营销推广等领域。Anark Studio 具有高弹性、功能强大与简单易学的工作流程等三大特色，能有效整合二维图片、三维模型、动画影片、音效音乐、文字数据等内容，快速地创造出精彩绝伦的三维互动多媒体。

Anark Studio 的产品特色如下。

（1）高效能的三维引擎，Anark Studio 最先进的三维引擎能在各式计算机上流畅地呈现出复杂的三维模型。

（2）可以互动性地显示高精密的 CAD 或 DCC（digital content creation）模型。

（3）不同于多数 3D/VR 软件受限于计算机等级的限制，Anark Studio 能在 90% 以上的计算机上流畅地显示三维实时图像。

（4）方便的组件组合功能。Anark Studio 具有类似 Flash 的组件组合功能，可以将模型、动作与互动设计数据组合成一个单纯的组件，方便制作、编辑及管理。

5）Quest3D（荷兰）

Quest3D 是世界上效果最优秀、功能最强大的三维项目制作软件之一。通过程序控制，它可以应用在游戏研发、虚拟现实、影视动漫制作等众多领域。

6）EON Studio（美国）

EON Studio 是一套适合工商业、学术界及军事单位使用的多用途 3D/VR 内容整合制作套件。该套件具有渲染逼真、操作简单、功能强大及开发文件小等优点。另外可结合 Web，使企业、学校、研究单位可以整合设计营销与教育训练资源。使用 EON Studio 开发应用软件，步骤如下：输入由三维绘图软件制作完成的三维对象，模型输入后，就可以通过 EON 程序接口或 C++代码为其添加动作。采用 EON 开发的系统可以通过封包或网络展示，还可以与支持微软 ActiveX 的软件进行互动（如 PowerPoint、Word、Macormedia、Authorware、VB 等）。此外，EON Studio 还含有一个重新设计的网站发布精灵，让使用者可将 EON 程序轻易发布到网站上。

7）TurnTool（丹麦）

TurnTool 是一款功能强大的网络插件程序。由丹麦 TurnTool 公司于 2000 年正式推出。这是 TurnTool 发展史上的最大一次版本更新，彻底改写了源代码。

TurnTool 有其自有的文件格式，扩展名为.TNT。TurnTool 由 TurnToolBox 和 TurnToolViewer 两部分组成。TurnToolBox 可基于 Autodesk 3D Studio Max 3～9、ArchiCAD、Cinema4D、MicroStation 等主流三维软件运行。与目前所有的 Web3D 程序一样，TurnTool 需要在客户端浏览器安装一个 ActiveX 插件来配合使用。TurnToolViewer 是目前诸多 Web3D 技术中，客户端插件最小的一个，2018 年 7 月发布的最新版的 Viewer 程序约为 800KB。目前 TurnTool 技术已经较为完善。

8）Delta3D（美国）

Delta3D 是一款功能齐全的游戏与虚拟仿真引擎，该软件是由美国海军研究学院（Naval Postgraduate School）开发的，并得到了美国军方巨大的支持与丰厚的投资。该软件已广泛应用于许多领域，如企业培训、教育技术、军事模拟训练、娱乐行业和科学计算可视化等。

Delta3D 将一些著名的开源软件和 OpenAL 融为一体，并对其进行了标准化封装设计。Delta3D 隐藏封装了这些底层模块，并把这些底层模块整合在一起，从而形成了一个高级 API 函数库，该函数库使用更加方便，使得软件开发者能够利用底层函数进行二次开发。

Delta3D 主要目标是提供一套简单可行的 API 函数库，构成可用于开发任何虚拟现实应用软件的基本要素。Delta3D 不仅提供了底层模块，还提供了多种实用工具，如仿真、训练、游戏编辑器（STAGE），单机浏览模型工具，BSP 编译器等。而且 Delta3D 提供了一套与引擎高度集成的庞大的仿真模块体系。更重要的是，Delta3D 是一个开放源码的引擎，研发开始于 2002 年 4 月，汇聚现有最先进的系列开源软件，并经过全世界所有 Delta3D 关注者的增补与完善，相对于购买一款价格很高又不开放源代码的引擎具有很大的优势，使用 Delta3D 的用户可以任意修改代码并且定制所有用户想要的功能，这是不开放源码的商业引擎无法做到的。

9）WTK/VTK/STK（可视化仿真驱动软件）

（1）WTK（world tool kit）。

WTK 提供了一个完整的合成虚拟环境应用开发环境，其可以在异构的平台上运行，由 1000 多个高级语言函数组成。

（2）VTK（visualization tool kit）。

VTK 是一个包含 C++类库和众多 API 层的软件系统，其开放源码可自由获得使用，不受任何商业软件的限制，全世界有很多研究和软件开发人员使用 VTK 进行图像处理、计算机图形以及可视化研究。VTK 是一个支撑环境，该环境可用于构造运行可视化应用程序，它是基于三维函数库 OpenGL 的采用面向对象软件开发方法发展起来的，它将用户在虚拟现实软件开发过程中经常遇到的细节屏蔽起来，并将一些常用的算法封装起来。

（3）STK（satellite tool kit）。

STK 是一个在航空航天领域领先的卫星工具包和商品化分析软件，该软件是由美国 Analytical Graphics 公司开发的。该软件能高效地对复杂的海、陆、空、天任务进行分析，分析结果由文本和图表两种形式提供，简单且易于理解，从而有利于最佳解决方案的确定。STK 支持对航天任务开发的全过程，包括概念设计、需求分析、结构设计、整体制造、分析测试、发射及其发射后的维护。

10）Presagis Software

Presagis 公司是世界顶级的虚拟现实建模与仿真软件开发公司之一。其产品主要有 Creator 建模工具、Vega（最新版本 3.7.1）、Vega Prime、Terra VistaTM 地形建模、STAGETM 战场仿真等。

很多学者对 Vega 系列软件的应用进行了研究，本书以 Vega 为例来对 Multigen 软件系列进行简单介绍。

Multigen 公司与 Paradigm 公司于 1998 年 9 月合并，组成了现在的 Multigen-Paradigm 公司，其中，Multigen 公司开发了许多优秀的实时三维模型开发工具，如 Creator 系列软件。合并后的 Multigen-Paradigm 公司依靠其先进的虚拟现实软件开发技术，不久就发展为全世界在视景仿真及其他虚拟现实相关领域最成功的虚拟现实开发软件提供商之一。Multigen-Paradigm 公司的旗舰产品——Vega，也成为可视化模拟仿真领域世界级软件开发环境。如今，Multigen-Paradigm 公司是 Presagis 公司的子公司。Multigen-Paradigm 公司于 2002 年发布了 Vega 最后版本 3.7.0，之后 Presagis 公司停止了对 Vega 的升级支持。2003 年，Multigen-Paradigm 公司发布了 Vega 的升级产品 Vega Prime。Vega 由 LynX 图形界面和 Vega API 函数构成。

LynX 是一个友好的图形式用户界面，它可用来设置和预览 Vega 应用程序。这些 Vega 程序可以是使用整个 Vega 软件包开发的一个基本 Vega 应用程序，也可以是开发者在 Vega 开发环境下建立的程序。LynX 图形界面是点击式的，使用者只需用鼠标即可驱动 Vega 运行环境中的对象及对运行环境中的对象进行实时交互控制。LynX 图形界面使开发者能够不涉及源代码就可以方便地改变 Vega 应用程序的性能，如分配 CPU 资源、通道显示、特殊效果修改、设置系统、视点转换、变换多观察者、时间设置等。此外，LynX 的开放性使软件开发者可以根据自己的个性应用需求开发其新的应用功能。LynX 图形界面的预览功能可使开发者实时地浏览修改后的效果。事实上，依靠 Vega 这个操作简单、功能强大的可视化仿真工具可以使开发者轻松地完成复杂的实时三维仿真软件开发任务。Vega 使用 LynX 图形界面对 Vega 应用程序定义和预览。虽然在 Vega 中包括了开发一个 Vega 应用程序所需的所有 API 函数，但是仅靠 LynX 图形界面就可以实现简单的 Vega 应用程序的开发，LynX 图形界面使用户在不用写源代码的前提下即可开发一个 Vega 应用程序。在很多情况下，同时使用 LynX 图形界面和 Vega API 函数，对于一个

Vega 仿真应用程序的开发会更方便。编写实时仿真应用源代码是一项极为烦琐和枯燥的复杂任务，但是 LynX 图形界面可以减少 Vega 开发者大量的工作精力并能实现用户的理想效果。Vega 主要用于虚拟现实、实时可视化仿真和普通的视觉模拟应用等领域。除了常用可选模块外，Multigen-Paradigm 公司还提供了与 Vega 紧密结合的特殊应用模块，包括海浪模拟模块、红外传感器模拟模块、引航导向光源模拟模块、面板仪表模拟模块、分布式交互仿真模块等。这些附加模块可以使 Vega 很容易满足如航空、航海、意外事故、红外线雷达效果、高级照明系统以及人物动作等多种特殊模拟的要求。

现在，Vega 已经成功应用于建筑设计漫游、城市规划仿真、飞行仿真、海洋仿真、传感器仿真、地面战争模拟、车辆驾驶仿真、虚拟训练模拟、三维游戏开发等领域，并不断向新的领域扩展。

11）其他虚拟现实软件

（1）Unity 3D（丹麦）。

2009 世界最佳游戏开发公司前 5 名颁布，Unity 名列其中。Unity 3D 是由 Unity Technologies 开发的一个让用户轻松创建如三维视频游戏、建筑可视化、实时三维动画等类型互动内容的多平台的综合型开发工具。

（2）OpenGL Performer。

OpenGL Performer 是视景仿真业界著名开发商 SGI 公司推出的一个软件开发包。该开发包具有很强的扩展性，主要用来开发实时的三维计算机图形应用程序，为三维应用程序开发者提供了一个基于工具包的简单且灵活方便的解决方案。OpenGL Performer 在许多方面都表现出了卓越的性能，如三维图形运行、三维实时可视化、固定帧频率显示等。OpenGL Performer 较强的集成性，并且提供的一系列优化方案（包括快速渲染及高效的程序数据库优化等），使其大幅度降低了三维图形应用程序的开发量。目前，OpenGL Performer 广泛应用于计算机辅助设计、教育、工业设计、企业培训、视景仿真、虚拟现实等。

（3）OpenSceneGraph（OSG）。

OpenSceneGraph 是一款高性能的三维计算机图形开发库，广泛应用在可视化仿真、游戏、虚拟现实、高端技术研发及建模等领域，使用标准的 C++和 OpenGL 编写而成，可以运行在 Windows 系列、OSX、GNU/Linux、IRIX、Solaris、HP-UX、AIX 及 FreeBSD 等操作系统上。OpenSceneGraph 从 2003 年开始，在我国得到了广泛的应用与发展。

以上对比较常见的虚拟现实软件进行了介绍，选取几款软件进行对比，详情如表 3.2 所示。此外，比较著名的虚拟现实软件还有 CG2 Vtree、Cult3D、GLUT（OpenGL Utility Toolkit）、Quamtum3D Mantis 等。

表 3.2　虚拟现实软件对比

软件	主要模块	主要特征
Vega Prime	Vega Prime：分布式渲染 Vega Prime LADBM：数据库支持 DIS/HLA：分布交互仿真 Blueberry：三维开发环境 Vega Prime RadarWorks：基于物理机制的 雷达图像仿真	支持 Microsoft Windows、SGI IRIX、Linux、Sun Microsystems Solaris 等操作系统，并且用户的应用程序也具有跨平台特性，用户可在任意一种平台上开发应用程序，而且无须修改就能在另一个平台上运行
Vortex	Vortex VxVehicles VxCables VxParticles Vortex OSG Vortex Vega Prime	CM-LABS 公司开发的多体动力学虚拟仿真系统 Vortex，强调准确性和实时性并重。Vortex 是集机械系统、战场环境、流体力学、控制系统等于一体的多学科虚拟仿真平台
Vizard	集成开发环境（IDE）与高级图形库融合于 Python 程序语言，Vizard 内嵌 Python2.4 版作为其核心编程模块，实时预览，场景调试及脚本调试工具包	支持几乎当前所有的虚拟现实设备，包括动作器、3D 立体显示器、头盔显示器及其他众多外部输入设备支持多种 3D 格式和音频格式
Virtools	GUI（graphical user interface，人机交互图形化用户界面）：以可视化的编辑方式、流程图的思维模式，进行对象和脚本设计工作，有效缩短了作品的制作周期 Behavior Engine（脚本引擎）：用来运行应用程序 Render Engine（渲染引擎）：以实时渲染的方式来显示图形图像 Virtools Scripting Language（脚本语言）：以代码的方式，进行一部分的编程开发，优化脚本，提高效能	Virtools 可以兼容下列标准的技术文件格式： 3D 文件格式：3D XML、Autodesk 3D Studio Max、MAYA、XSI、Lightwave、Collada； 图像文件格式：JPG、PNG、TIFF、TGA、BMP、PCX； 声音文件格式：MP3、WMA、WAV、MIDI
Quest3D	Quest3D Creative Edition，Quest3D Power Edition，Quest3D VR Edition 多种 X 输出器，如 Autodesk 3D Studio Max、MAYA、Lightwave、AutoCAD 等 可输入档案格式：WAV、MP3、MID、3DS、X、LWO、MOT、LS、MD2、JPG、BMP、TGA、DDS、PNG 等	Quest3D 通过程序控制，可以应用在游戏研发、虚拟现实、影视动漫制作等众多领域。目前 Quest3D 支持 DirectX 9.0，而 Quest3D 4.0 版本支持 DirectX 10 的一些特性
EON Professional	实时视觉化效果的模组 EON 人类模拟模组 加强功能的 EON SDK 模组 高级 Native CAD 和 3D 动画导入器 物理与行为模组	以批次作业的方式将 CATIA V5、MAYA、Unigraphics、Pro/E 的原始档案直接转为 EON 的原始档案
VRP	VRP-BUILDER：VRP 虚拟现实编辑器 VRP-IE：VRP 三维网络平台 VRP-PHYSICS：VRP 物理引擎系统 VRP-SDK：VRP 二次开发工具包 VRP-MMO：VRP 多人协同平台 VRP-Indusim：可灵活定制的 VRP 工业仿真平台	支持 SDK 技术，即基于 ActiveX 控件方式，稳定支持 VC6、VS2005、C#、VB 等常用环境下的 SDK 开发，提供了大量脚本接口与功能定制接口，供用户已有程序与 VRP 窗口之间进行双向通信和交互；支持脚本系统和二次开发；支持定制功能开发；具有同类软件中最高的执行效率，对于海量数据的场景（800 万面以上），可在主流计算机（人民币 5000 元级的台式计算机或笔记本）上实现 30 帧/s 的流畅运行；支持骨骼动画技术；支持顶点动画技术；支持粒子系统，可方便用户实现各种粒子特效的制作；支持软件加密；支持挂接各种常用数据库与实时数据库；支持主动电子快门式立体投影系统和被动偏振式立体投影系统；具有游戏级的碰撞检测功能；支持 Flash 3D 插件；支持在线自动升级

3.2.4　虚拟现实软件接口

虚拟现实软件目前大体分为以下三类。

第一类虚拟现实软件程序文件小、播放软件小并且与系统、网页播放软件通用。

该类虚拟现实软件包括 Cult3D、VRML、Java3D、Viewpoint、Shockwave3D 等(比较常用的是 Cult3D、VRML),都支持 Autodesk 3D Studio Max、Cult3D、VRML、Java3D,更是支持 MAYA;使用领域最多的是简单的模型展示、介绍;当中最主要的功能在于网页、私人的或者小型的展示。这类展示对展示的图像效果需求都不高,一般用于器具模型、楼盘模型等。

对这类软件的最大要求就是适用范围广,即要求多种场合通用。

这类虚拟现实软件满足很多其他的软件和应用环境,如 HTML 网页、MS Office、Adobe Acrobat 等。

这类虚拟现实软件在仿真上功能极少(只有漫游、组装、说明、透明、反射、变色、编写人物动作),Cult3D、VRML 还支持模型实体化(碰撞),事件触发。

为了满足更多的环境,对图像质量不能太高,因为如果要开启高质量的虚拟现实程序,就必须要求计算机的硬件配置够高。同时,图像质量的高低与图像保存格式有很大的关系,也与图像占用空间的大小有很大的关系。

这类虚拟现实软件所用的贴图文件格式都是有限制的,不能用那些能够高保真的文件格式,从而导致图像质量粗糙。因此,即使这些虚拟现实软件制作出来的图像质量很好,也仅仅是相对于同类型的网络三维软件而言。对比使用高质量高保真的图像文件格式的虚拟现实软件制作出来的程序文件来说,色泽和精细、分辨率上都差很远,再说 VRTOOLS 和 EON 除了贴图(shape)外,还在图像处理上加入了渲染(render),这使图像在质量上有更大的差距。不少虚拟现实软件都说自己有渲染功能,事实是,它们将 shape 说成渲染,以增加自己的资本。现实中如果真加入渲染,文件大小会成几倍增加,同时渲染对显卡也是有要求的。

编写接口让虚拟现实软件与更多的软件和应用环境相连接并不会增加程序文件的大小。因为这类接口程序相当于是外挂插件,只是安装在服务器上,并不给用户提供查看或者下载权限。即使是数据库,也属于后台程序,当客户需要调用时才会从网站下载,在不调用的情况下对客户浏览文件不造成影响。

第二类虚拟现实软件功能一般,但图像质量好,与许多硬件和软件都能兼容。

这类虚拟现实软件以国产的 VRP 为典型例子,属于想追求高端的虚拟现实技术,但是技术研发实力还未达到。根据商业目的,主要面向低端的虚拟现实技术而对图像要求高的用户。

VRP 支持 Autodesk 3D Studio Max,但是也仅限于此;支持众多虚拟现实功能,如漫游,组装,模型实体化(碰撞),事件触发,反射、变色、透明等材质处理(VRP 的渲染是在 Autodesk 3D Studio Max 里面做的), 动作编写等。

VRP 跟 Autodesk 3D Studio Max 无缝接合, 支持直接从 Autodesk 3D Studio Max 里面把模型倒出来, 在 Autodesk 3D Studio Max 里面的渲染也能完好地延续到 VRP, 因此在工作上相比起第一类软件, 此类软件更轻松。再者, 它支持的贴图格式多, 有 jpg、bmp、psd、png、tga、dds。图像方面也是很精美。

事实上一开始研发 VRP 的方向是游戏, 因此, 它在图像精美(光影效果、细腻程度、色泽鲜亮等)和流畅方面都很好, 同时考虑配合低端硬件需求, 不需要用太高端的硬件就能流畅地观赏 VRP 制作出来的程序。

尽管 VRP 的画面质量能够做得很高, 但是, 比起 VIRTOOLS 和 EON 能够做出来的图像, 在以假乱真的仿真方面还有一定的差距, VRP 的图像只能说是漂亮。这两类虚拟现实软件都支持一个图像处理功能: 材质可以同步在 Photoshop 里面更改。

在 VR 功能上, VRP 与第一类虚拟现实软件几乎是一样的。没有物理特性, 没有人物动作库, 即使在普通的运动和图像设计上也没有 EON 和 VRTOOLS 完善。

鉴于 VRP 是国内公司开发的, 界面上对中文的支持程度高, 比起第一类虚拟现实软件来说, 操作上也更加符合国人的口味(即方便性)。

在与其他软件的联系上, 可将制作成的 VRP 文件嵌入 Director、IE、VC、VB 软件中。比起第一类软件 Cult3D 和 VRML 等, VRP 功能还并不完善。虽然 SDK 支持二次开发, 但是, VRP 的播放界面和标志是不支持更改的——有的多媒体广告公司并不希望自己的心血打上别人的标志。

第三类虚拟现实软件代表目前最前沿的虚拟现实技术, 在国内找得到的有 EON、Virtools。

EON 是美国 EON 公司开发的, Virtools 是法国 VIRTOOLS 公司开发的。这类软件最大的优点就是功能强大, 具体表现为以下几个方面。

(1)能够实现的虚拟现实互动功能多, 包括漫游、组装、替换、运动、碰撞、重力、刚体、事件触发、说明、贴图、贴动画、反射、变色、透明、雨滴/雪、CG 渲染、动作编写等, 并且每个功能都是一个包含 3~15 个相关功能的功能组。

(2)支持的硬件、软件众多, 例如, 各种虚拟现实外设 H.M.D.、Visor3D、数据手套、立体眼镜、方位跟踪器、立体显示器——这些都是前两类软件做不到的; 各种多媒体软件(如常用的 Macromedia Director 和 Shockwave)、Office 系列软件、Adobe 系列软件、IE 软件、VC 软件、VB 软件等, 与这类软件相兼容时, 并不需要额外再编写程序, EON、Virtools 都已经准备好了外挂的接口程序。它又能与数据库相连接。

(3)支持三维建模软件多, 基本上市面上有的都支持。不仅在 EON、Virtools 程序里能直接读取三维建模文件, 同时, 流行的三维建模软件也主动支持模型直接输出成 EON、Virtools 能读取的文件格式。

（4）支持贴图格式多，如 jpg、jpeg、gif、jpc、bmp、psd、png、ppm、tga、dds 等，能够用 CG 渲染。在画面质量方面，CG 渲染相比贴图来说，起跑点就领先了许多。EON、Virtools 这两款软件画面质量能够做到与真实的一模一样，而不仅仅是色彩鲜亮这么简单。

（5）操作界面简单。

（6）开放提供给 SDK 修改的地方多，准备好的能直接调用的程序库多。这就使使用者能够随自己意愿修改程序窗口界面、与其他软硬件结合等，而且编写简单，很多情况下只需要调用程序库就能完成。

但由于这类软件在开放时针对的对象是高端用户，因此，制作出来的程序文件虽然说能够缩减到很小，但是也始终比不过第一类的网络三维软件——因为必须保证功能的实现和图像质量。但是，这两款软件在 IE 方面的功能也是非常强大的，虽然文件大，但是图像质量高，同时，在与数据库同步连接方面的功能也比其他软件完善。另外，EON 在涉及大量数据运算方面反应速度偏慢，应用会受到一定限制。

3.2.5 虚拟现实平台对接方案

在美国国防部建模与仿真办公室（Defense Modeling Simulation Office, DMSO）1995 年 10 月制定的建模与仿真主计划中，提出了未来建模/仿真的共同技术框架。它包括高层体系结构、任务空间概念模型和数据标准三个方面。它们的共同目标是实现仿真间的互操作，并促进仿真资源的重用。具体地说，就是计算机网络使分散分布的各仿真部件能够在一个统一的仿真时间和仿真环境下协调运行，且可以重复使用。HLA 的基本思想就是使用面向对象的方法，设计、开发及实现系统不同层次和粒度的对象模型，来获得仿真部件和仿真系统高层次上的互操作性与可重用性。

1996 年 8 月，DMSO 正式公布了 HLA 的定义和规范。经过改进完善，HLA 的规则、接口规范、对象模型模板三项内容已在 2000 年 9 月 22 日由美国 IEEE 标准化委员会正式定为 IEEE 1516、IEEE 1516.1、IEEE 1516.2 HLA 标准。国际协会 OMG（Object Management Group）、北约 M&S 组织也采纳 HLA 作为标准。

HLA 中的对象模型主要用来描述两类系统：一类是用来描述联邦中的各个联邦成员，即创建 HLA 的仿真对象模型（simulation object model, SOM）；另一类是用来描述一个联邦中相互之间存在信息交换特性的那些联邦成员，即创建 HLA 的联邦对象模型（federation object model, FOM）。无论是描述 SOM 还是描述 FOM，OMT 的主要目的都是便于仿真系统的互操作和仿真部件的重用。

OMT 作为对象模型的模板规定了记录这些对象模型内容的标准格式和语法。

但对于对象模型如何建立,OMT 必须记录哪些内容,OMT 本身并没有说明。OMT 是 HLA 实现互操作和重用的重要机制之一,由以下几个表格组成。

(1)对象模型鉴别表:用来记录鉴别 HLA 对象模型的重要信息。

(2)对象类结构表:用来记录联邦/仿真中的对象类及其父类-子类关系。

(3)交互类结构表:用来记录联邦/仿真中的交互类及其父类-子类关系。

(4)属性表:用来说明联邦/仿真中对象属性的特性。

(5)参数表:用来说明联邦/仿真中交互参数的特性。

(6)枚举数据类型表:用来对出现在属性表/参数表中的枚举数据类型进行说明。

(7)复合数据类型表:用来对出现在属性表/参数表中的复合数据类型进行说明。

(8)路径空间表:用来说明一个联邦中对象属性和交互的路径空间。

(9)FOM/SOM 词典:用来定义各表中使用的所有术语。

当描述一个联邦或单个仿真系统(联邦成员)的 HLA 对象模型时,必须使用上述几个表,即 OMT 对 FOM 和 SOM 都适用。一个 HLA 对象模型至少包含一个对象类或交互类,但在某些情况下,描述对象模型的一些表可能是空表。HLA 遵循以下框架和规则集。

(1)联邦应该有一个 FOM,该 FOM 应与 HLA 的 OMT 相容。FOM 是说明 HLA 联邦数据交换的手段,它记录了联邦成员对于在联邦运行期间需相互交换的数据内容、格式及数据交换的条件所达成的协议。

(2)在一个联邦中,FOM 中的所有对象应属于各个成员而不应在运行支撑环境(run time infrastructure, RTI)中。HLA 中,将凡是与仿真有关的对象实体的表达放在联邦成员中而不是放在 RTI 中,但是 RTI 可以拥有管理对象模型(management object model, MOM)中的对象实例。

(3)在执行联邦时,各成员中间所有 FOM 规定的数据交换必须通过 RTI 进行。HLA 中,FOM 中描述的对象或交互类的数据都是联邦成员之间可能需交换的数据,而成员之间要想实现数据交换,只有借助于 RTI 提供的服务。

(4)在联邦执行中,成员应按 HLA 接口规范与 RTI 交互,即访问 RTI 应遵循接口规范。

(5)在联邦执行中,在任一给定时间,一个对象属性只能为一个成员所拥有。HLA 中,不同成员可以拥有同一个对象实例的不同属性。为了保证整个联邦中数据的一致性,在任意给定时间最多只能让一个联邦成员拥有(从而有权改变其值)任意给定的对象实例的属性。

(6)联邦成员应有一个符合 OMT 规范的 SOM。联邦成员通常由实现仿真功能的仿真系统组成,SOM 描述了它们为实现自己的仿真功能,需向外获取(定购)

及本身能向外提供(公布)的信息。

(7)成员应能更新和(或)使用其 SOM 中记录的对象属性,能接收与发送 SOM 中记录的交互。联邦成员在联邦运行中向其他成员公布自己所负责建模对象的属性数值,以及借助于 RTI 提供的服务接收自己想要的来自其他成员的属性数据是各个联邦成员的责任。

(8)成员应按 SOM 中的规定,在联邦执行中动态地转移与接收属性的所有权。对 HLA 联邦来说,实际仿真剧情的实现,常常要在具体的联邦成员之间进行对象属性所有权动态转换,RTI 通过"所有权管理"提供相应的服务,而具体的实现是联邦成员之间的责任与合作。

(9)成员应按 SOM 中的规定,更新对象属性的条件(如改变阈值)。HLA 让拥有某些对象属性所有权的成员有权产生这些属性不断变化的值(往往通过模型的解算得到),并由它负责通过 RTI 不断公布这些属性值,从而使定购这些属性的其他成员能得到这些属性的值。

(10)成员应能管理局部时间,从而保证它能协调地与联邦中的其他成员交换数据。HLA 通过时间管理服务给联邦成员提供了灵活的仿真时间推进的方法,从而使 HLA 可以适用于连续、离散或混合类型的仿真。但它需要联邦成员自己管理自己的逻辑仿真时间(本地时间)。

3.3　水下应急维修半物理仿真系统硬件

3.3.1　输入设备

1. 三维跟踪传感设备

虚拟现实技术是在三维空间中与人交互的技术,为了能及时、准确地获取人的动作信息,需要有各类高精度、高可靠的跟踪定位设备。目前虚拟现实系统使用的仍是多年来的常用方法,其典型的工作方式。固定发射器发射出电磁信号,该信号被附在用户头上的机动传感器截获,传感器接收到这些信号后进行解码,确定发射器与接收器之间的相对位置及方向,信号随后传输到时间运行系统进而传给三维图形环境处理系统。根据使用原理不同,三维跟踪传感设备分为以下几种。

1)电磁波跟踪器

工作原理:它使用一个信号发生器(3 个正交线圈组)产生低频电磁场,然后由放置于接收器中的另外三组正交线圈组负责接收,通过获得的感生电流和磁场场强的 9 个数据来计算被跟踪物体的位置和方向。

特点:体积小、价格便宜、用户运动自由,而且敏感性不依赖于跟踪方位,但是其系统延迟较长,跟踪范围小,且准确度容易受环境中大的金属物体或其他磁场的影响。

多数电磁波跟踪器采用交流磁场(如 Polhemus 的跟踪器),但也有的采用直流磁场(如 Ascension 的跟踪器)。交变电磁跟踪系统对传感器或接收器附近的电磁体较为敏感,它会因为周围环境中的金属或铁磁性物质而产生涡旋电流和干扰性磁场,从而导致信号发生畸变,跟踪精度降低。直流电磁跟踪系统只是在测量开始时产生涡旋电流而在稳定状态下衰减为零,这就减少了畸变磁场的产生率,使跟踪精确度大大提高,且能够保证在较大操作范围内的高灵敏度。

2) 超声波跟踪器

工作原理:发射器发出高频超声波脉冲(频率 20kHz 以上)后,由接收器计算收到信号的时间差、相位差或声压差等,就可以跟踪物体的距离和方向。

特点:性能适中,成本低廉,不会受外部磁场和大块金属物质的干扰,却容易受接收器的方位和空气密度的影响。

分类:按照测量方法的不同,分为飞行时间测量法和相位相干测量法。

声波飞行时间跟踪的原理:通过测量声波的飞行时间延迟来确定距离。它同时使用多个发射器和接收器,以便获得一系列的距离量,从而计算出准确的距离和方向。

声波飞行时间跟踪的特点:具有较好的精确度和响应性;易受到外界噪声脉冲的干扰,同时数据传输率还会随着监测范围的扩大而降低,适用于小范围内的操作环境。

相位相干跟踪的原理:通过比较基准信号和传感器监测到的发射信号之间的相位差来确定距离。

相位相干跟踪的特点:具有较高的数据传输率,可保证系统监测的精度、响应性及耐久性等,不易受外界噪声的干扰。

3) 光学跟踪器

光学跟踪器可以使用自然光、激光或红外线等作为光源,但为避免干扰用户的观察视线,目前多采用红外线方式。

优点:可工作范围较小,其数据处理速度、响应性都非常好,适用于头部活动范围相当受限但要求具有较高刷新率和精确率的实时应用。

光学跟踪传感器结构的实现方法通常有"由外向内"和"由内向外"两种方式。

"由外向内"方式的特点和原理:传感器是固定的,发射器是可移动的。它通常是利用置于已知位置的多台照相机或摄像机,追踪放置在被监测物体表面的红外线发光二极管的位置,并通过观察多个目标来计算它的方位。"由外向内"方式的不足:这类光学跟踪器采用了昂贵的信号处理器硬件,因此它主要用于飞机座舱模拟。

"由内向外"方式的特点和原理：发射器是固定的，而传感器是可移动的。由于在此种方式中，多个传感器可以由一组发射器支持，因而在定点传送系统跟踪多个目标的时候，具有比"由外向内"方式更优秀的性能。

三种常用跟踪器主要性能指标见表 3.3。

表 3.3　三种常用跟踪器的主要性能指标

跟踪器类型	分辨率	精度	延迟	跟踪范围
电磁波	1mm±0.03mm	3mm±0.1mm	50ms	半径<1.6m 的半球形
超声波	10mm±0.5mm	依空气密度变化	30ms	4～5m³
光学	2mm±0.02mm	1mm	<1ms	4～8m³（可扩展至 14m³）

4) 其他空间跟踪系统

(1) 机械跟踪器。通常把参考点和跟踪体直接通过连杆装置相连。它采用钢体框架，一方面可以支撑观察设备，另一方面可以测量跟踪体的位置和方位。这种跟踪器的精度和响应性适中，不受电磁场的影响，但活动范围十分有限，而且对用户有一定的机械束缚。

(2) 惯性跟踪器。惯性跟踪器也是采用机械方法，其原理是利用小型陀螺仪测量被监测物在其倾角、偏角和转角方面的数据。它不是一种六自由度的设备，但在不需要位置信息的场合还是十分有用的。

跟踪装置的性能指标主要指标如下。

(1) 等待时间(即延迟)。等待时间指从采样开始到数据可以处理之前的时间间隔；一般要求跟踪设备的系统延迟应足够短，因为长延迟会影响沉浸效果。

(2) 位置精度。位置精度即实际位置与测量位置之间的偏差；偏差越小，随着用户动作产生的模拟效果就越好。

(3) 分辨率。分辨率即设备能检测到的最小位移。

2. 漫游和操纵接口

漫游/操纵接口是一种设备，允许通过选择和操纵感兴趣的虚拟对象，交互式地改变虚拟环境和探索过程中的视图。

1) 基于跟踪器的漫游/操纵接口

在虚拟现实仿真中，跟踪器不仅用于测量用户的头和手的实时位置/方向，还提供了许多其他功能。与用户按钮集成在一起，跟踪器可用于漫游和操纵接口。Cubic-Mouse(图 3.9)主要用于操纵一个比较大的虚拟模型设备。在这种情况下，漫游意味着通过跟踪器旋转和平移虚拟模型，使用三个平移杆剖分/编辑这个模型。每个平移杆控制着一个剖分平面，平移杆末端的按钮允许选择剖分平面的方向。控制按钮可以实现更多的功能，一个用于索引运动(抓握按钮)，另两个用于放大或缩小虚拟模型。

图 3.9　Cubic-Mouse

2) 跟踪球

跟踪球是允许在相对坐标系统中进行漫游操纵的一类接口。它是一个带有传感器的圆柱体，用于测量用户手施加在相应部件上的三个作用力和三个力矩。力和力矩根据弹簧变形定律间接地测量。圆柱体的中心是固定的，有六个发光二极管。相应地，在可移动的外部圆柱面上放置六个光感应器。当用户在移动外壳上施加作用力或扭转力矩时，就可以使用外部的光感应器测量三个作用力和三个力矩，然后通过 RS-232 串行线发送给主计算机。在主计算机中，它们被乘以一个软增益来获得受控对象位置和方向的微小变化。

3) 三维探针

20 世纪 90 年代初期，Immersion 公司生产的 MicroSeribe 3D 探针，由位于支撑底座上的带有传感器的小机械臂和一个 6in×6in(1in=2.54cm)的小脚踏板组成。该探针有六个关节(关节 0 至关节 5)，如图 3.10 所示。

每个可旋转的关节代表一个自由度，因此该探针共有六个自由度，允许末端的位置和方向同时变化。底座附近有一个平衡器，能降低用户的疲劳度。根据传感器的值和连杆的长度，通过直接运动学可以计算出末端相对于底座的位置。主计算机中的软件读取来自 RS-232 总线的关节传感器的值，并使用相应的运动模型确定传感器的末端在哪里。脚踏板上的二元开关用于选择/释放虚拟对象、漫游(开始/停止)或者出于数字化的目的在真实对象的表面上进行标记。脚踏板还可以用于控制在虚拟场景中的飞行速度，速度向量的方向由探针末端(最后一个连杆)的方向给出。

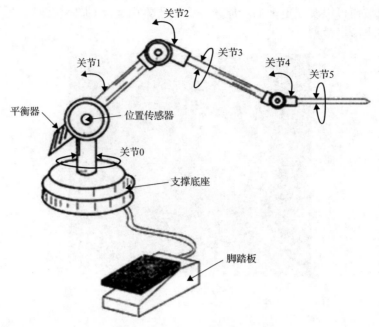

图 3.10　MicroSeribe 3D 探针

3. 手势接口

要在虚拟现实仿真中实现基于手势的交互，就需要有能让用户手部在一定范围内自由运动的 I/O 设备，最好还能有额外的自由度，表示对用户某个手指运动的感知。人类手指的自由度包括手掌外展、径向外展、弯曲、伸展。此外，拇指还有前置和后置运动，使它能到达手掌的对面位置。基本手势交互如图 3.11 所示。

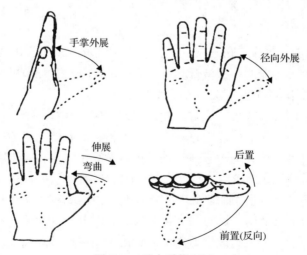

图 3.11　基本手势交互

1）PinchGlove

大多数传感手套的缺点是需要用户进行专门的校准，比较复杂并且价格昂贵。PinchGlove 在指尖、手指的背面和手掌中增加了传导纤维之类的电极。当一只手的手指之间、一只手的手指与另一只手的手指之间或者手指和手掌之间发生任何接触时，就可以通过电路的连通和断路来确定手势。手套中嵌入了一个多路复用芯片，用来减少连接到电子控制盒的导线数目。控制盒中集成了一个微处理器、低电流的电源支撑、定时电路及与主计算机进行通信的 RS-232 串行端口。PinchGlove 如图 3.12 所示。

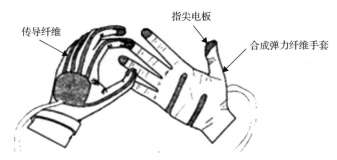

图 3.12　PinchGlove 示意图

PinchGlove 的优点是简单、不需要校准，通过手的触觉感知确认手势及在手指交互中可以使用两只手等；缺点是该手套只能探测出是否发生了接触，不能测量出中间状态下的手指外形，缺乏仿真的真实感。

2）PorchGlove

PorchGlove 接口通过轮询算法探测手指接触。每个手指依次接收到一个电压值 V_1，该接口查找其他手指的输出电压。在 T_1 时刻，给右手拇指加电压。由于它与其他手指没有任何接触，右手其他手指和左手所有手指的输出电压都为 0V。在 T_2 时刻，给右手食指加电压，同样没有探测到其他手指有电压输出。在 T_3 时刻，给右手中指加电压 V_1，接口电路探测到左手食指有输出电压 V_{out}，表示这两个手指发生了接触。接下来给右手的无名指、小指和左手拇指加电压，未探测到任何接触。在 T_7 时刻，左手食指接收到电压 V_1，在右手中指上探测到相应的输出电压 V_{out}，表示这两个手指仍然处于接触状态。顺序加电的频率很高，即使是很短时间的接触也可以探测到。接口盒记录手势的持续时间，这样就可以把复合手指序列（如双击）作为一个手势报告给主计算机，减少了某些 UNIX 主机中的实时标记问题，使 PorchGlove 能够跨平台使用。

3）5DT DataGlove

在 5DT DataGlove 5W 传感手套最简单的配置中，每个手指都配有一个传感器，另外还有一个倾斜传感器用于测量手腕的方向。每个手指都固定有一个光纤回路，允许由于手指弯曲而产生的微小平移。5DT DataGlove 的 16 个选项中还为小关节及外展和内收提供了传感器。光纤被连接到手背上的一个光电连接器。每个光纤回路的一端连接一个 LED，当光线从另一端返回时，光敏晶体管就会感知到。如果光纤是直的，由于圆柱形外壁的折射率小于中心材质的折射率，发射光返回时就不会发生衰减。光纤外壁经过处理后改变了折射率，当手指弯曲时光线就会逸出。传感手套根据返回光线的强度间接测量出手指的弯曲程度。5DT DataGlove 示意如图 3.13 所示。

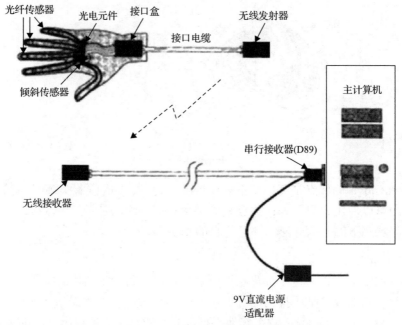

图 3.13　5DT DataGlove 示意图

4）DidjiGlove

DidjiGlove 传感手套使用 10 个电容弯曲传感器测量用户手指的位置。电容传感器由两层具有传导性的聚合体组成，中间用绝缘体隔开。每个传导层都被组织成梳状形式，这样重叠的电极表面与传感器的弯曲度成正比。由于电容量与两个传感器电极的重叠表面成比例，根据电量变化测量出弯曲角度。

DidjiGlove 接口位于用户手腕处。接口包含一个模/数转换器、多路复用器、处理器和与主计算机通信的 RS-232 总线。模/数转换器有 10 位，对最近关节（最靠近手掌的关节）和指中关节（手指的中间关节）的分辨率为 1024 个位置。DidjiGlove 的校准在用户伸直手指和弯曲手指时读传感器的值（传感器的值分别设为 0 和 1023）。DidjiGlove 被设计成一个计算机动画高级编程接口，使用户能给 Autodesk 3D Studio Max、Softimage 和 MAYA 等工具包提供输入信息。此外，DidjiGlove 的低延迟（10ms）和低价格使它对虚拟现实交互也非常有用。

5）CyberGlove

CyberGlove 是一种复杂且昂贵的传感手套，它使用的是线性弯曲传感器，如图 3.14 所示。

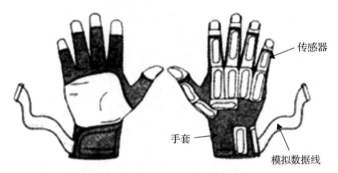

图 3.14　CyberGlove 示意图

CyberGlove 集成了很薄的电子张力变形测量器，安装在弹性尼龙弯曲材料上，该手套去掉了手掌区域和指尖部分。手套传感器或者是矩形的（用于测量弯曲角度），或者是 U 形的（用于测量外展和内收角度）。手套中有 18～22 个传感器，用于测量手指的弯曲（每个手指 2～3 个传感器）、外展（每个手指 1 个传感器）和拇指前置、手掌弧度、手腕的偏航角和俯仰角。传感器的分辨率为 0.5°，并且能够在关节运动的整个范围内保持该分辨率。该手套具有去耦传感器，两个手套的输出互不干扰。

3.3.2　输出设备

1. 图形显示设备

图形显示设备是指一种计算机接口设备，它把合成的世界图像展现给与虚拟世界进行交互的一个或多个用户。

1）个人图形显示设备

（1）头盔显示器。

无论是要求在现实世界的视场上同时看到需要的数据，还是要体验视觉图像变化时全身心投入的临场感，模拟训练、三维游戏、远程医疗和手术，或者是利用红外、显微镜、电子显微镜来扩展人眼的视觉能力，都用到了头盔显示器（图 3.15），如军事上在车辆、飞机驾驶及单兵作战时的命令传达、战场观察、地形查看、夜视系统显示、车辆和飞机的炮瞄系统等需要信息显示的，都可以采用头盔显示器。在 CAD/CAM 操作上，头盔显示器使操作者可以远程查看数据，如局部数据清单、工程图纸、产品规格等。波音公司在采用虚拟现实硬件技术进行波音 777 飞机设计时，头盔显示器就得到了应用。

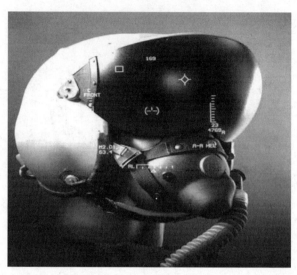

图 3.15　头盔显示器

(2) ProView XL35。

ProView XL35 是一个专业级头盔显示器，如图 3.16 所示。其显示器是高分辨率的主动式矩阵(active matrix)液晶显示器，位于用户的前额。出于人机工程学的考虑，将显示器绑在一个可调整形状的头部支撑物上。这个支撑物允许在接近头顶的地方放置一个跟踪器，支撑物同时起到了平衡重量的作用，以缓解用户的疲劳。每个显示器都有三个独立的液晶显示器(liquid crystal display，LCD)面板，分别使用红(R)、绿(G)和蓝(B)背景光和一个 X-cube 光学镜片。与基于单面板的显示器相比，颜色叠加方法的视觉效果更好一些。ProView XL35 的水平立体视角(field of view，FOV)为 28°，垂直立体 FOV 为 21°。但是其有非常高的 XGA (extended graphics array)分辨率(1024×768×3 像素)。高分辨率，再加上相对比较小的 FOV，使虚拟图像的颗粒度非常小(1.6 角分/彩色像素)。ProView XL35 的另一个优点是瞳距可调节(55~75mm)，用户可在戴 ProView XL35 的同时戴眼镜。ProView XL35 的高分辨率显示只有桌面图形监视器(1280×1024 彩色像素)的 60%，高端头盔显示器都使用微型阴极射线管(cathode ray tube，CRT)显示器(直径为 1in①)。

---

① 1in=2.54cm。

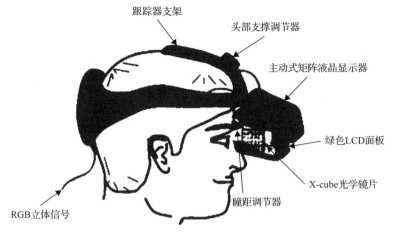

图 3.16　ProView XL35 示意图

（3）Datavisor HiRes。

Datavisor HiRes（图 3.17）有两个单色（黑/白）CRT，横向放置在用户头部的一侧，并使用一个小的 Tektronix Nucolor 液晶快门。同时，CRT 和快门都装了金属防护层，以消除电子干扰和避免在用户头部产生过多热量。在电路设计时应特别注意 CRT 的高压。

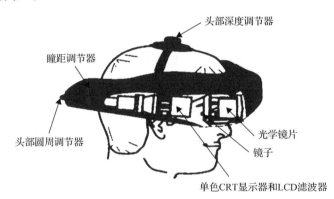

图 3.17　Datavisor HiRes 示意图

通过迅速切换，用户依次看到 Datavisor HiRes 图像的红色画面、绿色画面、蓝色画面。人的大脑把这三个图像组合成一个彩色场景。这种方法要求场序视频输入格式（RGB 颜色信息在一根线上被顺序传送），所以扫描频率必须是普通频率的 3 倍，同时还要求有昂贵的高速电子设备。光学镜片都引入了校准窗，CRT 和 Datavisor HiRes 光学镜片被完全包含在一个很轻的塑料外壳中，允许根据头部高度和周围环境进行调节，还可以调节瞳距和焦距。Datavisor HiRes 的分辨率可达 1280×1024 像素，水平 FOV 为 78°，垂直 FOV 为 39°，得到的图像颗粒度为 1.9

角分/彩色像素，与 ProView XL35 相比差了 20%。Datavisor HiRes 的其他缺点是重量比较大，价格比较高。

(4) 手持式显示器。

手持式显示器(hand-supported displays，HSD)是一种个人图形显示器。用户用一只手或两只手拿着它，定期地观看合成场景。这就意味着用户在应用中可以根据需要进入或走出仿真世界。HSD 特点：使用了特殊的光学镜片，把虚拟图像投影到用户面前；引入了用于与虚拟场景进行交互的按钮；看上去和用起来都像普通的双目望远镜，但是虚拟双目望远镜中集成了两个微型硅基液晶(liquid crystal on silicon，LCOS)和一个用于测量用户观察方向的跟踪器；重量较大、价格高。HSD 示意如图 3.18 所示。

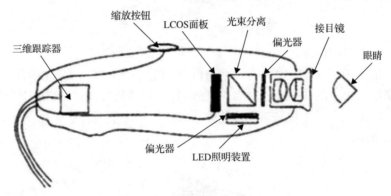

图 3.18　HSD 示意图

(5) 地面支撑显示设备。

地面支撑显示设备使用一个人工机械臂代替用户承担图形显示器的重量，并且把传感器直接集成在机械支撑结构中。如果使用了 6 个传感器，就可以确定支撑臂末端相对于底座的位置和方向。

Fakespace Labs 公司生产的 Boom3C 显示器，首先将来自机械臂传感器的原始模拟数据转换成浮点角度值(基于内部校正常数)，然后使用与开放传动连杆相关联的直接运动学公式获得机械臂末端的三维位置。这些参数继而被发送到图形工作站，用于更新为两只眼睛产生的图像(立体图形)。

Boom3C 支撑臂的每个关节，都有位置分辨率为 0.1°的内置光-机械传动轴编码器。其特点：低延迟；跟踪的更新率取决于串行通信线；消除三维电磁跟踪器和超声波跟踪器的抖动；不受电磁场和超声波背景噪声的影响；运动的自由性受到了一定的限制。

WindowVR 显示器由一个高分辨率平面 LCD 显示器、一个三维跟踪器和两个装配有按钮和开关的手柄组成。其重量由连接到天花板平衡臂的电缆支撑。用户握着 LCD 面板，使用手柄上的按钮进行漫游。其特点：支撑臂是离轴的，在其工作范围中没有空间限制；有延迟和噪声；显示单视场的图形。

(6)桌面支撑的显示设备。

自动立体显示器属于桌面支撑的显示设备，在一个混合面板上同时显示立体图像对，必须使用特殊的光学镜片或照明机制，以确保每只眼睛只看到相应的图像列，从而产生两幅图像的感觉，再借助视差，使用户能看到一幅单独的立体图像漂浮在自动立体显示器前。其特点：用户不需要穿戴任何视觉设备，就能够显示出立体图像；每只眼睛需要不同的图像列，降低了图像的水平分辨率；增加了照明、观察光学仪器或者专用硬件，价格较高。

典型实例如 DTI 2018XL Virtual Window 使用薄膜晶体管(thin-film transistor, TFT)LCD 颜色阵列，通过控制该阵列实现立体图像对的空间分离。每个 LCD 像素被一些非常窄的光源从背后照亮，光源由一些荧光灯、反射镜和一个平行蚀刻的棱镜组成。光线通过各种漫射体和 LCD 面板，在 DTI 2018XL Virtual Window 前面形成立体观察区域。在立体模式下，分辨率为 640×1024 像素。

2)大型显示设备

大型显示设备是指允许靠得很近的多个用户同时观察虚拟世界的立体图像或单视场图像的图形显示设备。

(1)基于监视器的大型显示设备(图 3.19)。

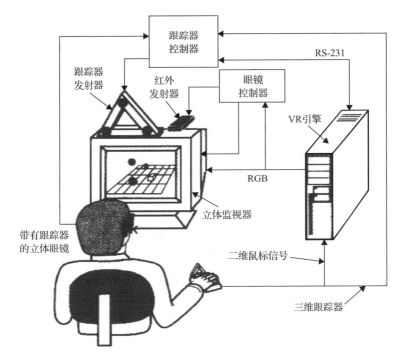

图 3.19　基于监视器的大型显示设备示意图

最小的大型立体显示设备使用了一个准备就绪的立体图像监视器和若干副立体眼镜。每个用户都佩戴一副快门眼镜看监视器。准备就绪的立体图像监视器是经过专门设计的，能够以两倍于正常扫描的速度(每秒扫描 120~140 次)刷新屏幕。计算机给监视器交替发送两幅有轻微偏移的图像。位于 CRT 显示器顶部的红外发射器与 RGB 信号同步，以无线的方式控制活动眼镜。红外控制器指导正色液晶快门交替地遮挡住用户的两只眼睛。

(2)基于投影仪的显示器。

基于投影仪的显示器允许多个靠得非常近的用户参与同一个虚拟现实仿真。这类图形显示设备通常集成了 CRT 投影仪来产生立体图像对。CRT 投影仪使用三个电子管(R、G 和 B)以 120Hz 的刷新率，产生高分辨率(1280×1024 像素)的图像。当在帧序立体模式下操作时，投影仪把扫描线分成两份，戴着活动眼镜的用户能够以 60Hz 的刷新率看到立体图像。为了减少视觉暂留现象，需要在 CRT 使用的磷光质上加一层特殊的 "fast green" 涂层，如若不然两幅图像同时投影到屏幕上会丧失立体效果。

2. 声音输出设备

声音输出设备是一类计算机接口，能给与虚拟世界交互的用户提供合成的声音反馈。声音可以是单声道的(两只耳朵听到相同的声音)，也可以是双声道的(两只耳朵听到不同的声音)。

第一个虚拟三维声音产生器是 1988 年由 Crystal River Engineering 为 NASA 签约开发的。这个实时数据信号处理器称为 Convolvotron，由旋转在分离外壳中的一组与 PC 兼容的双卡组成。随着数字信号处理(digital signal processing，DSP)芯片和微电子技术的进步，现在的 Convolvotron 更加小巧。它们由处理每个声源的 "卷积引擎" 组成。

近年来出现了新一代 PC 三维声卡。这些声卡使用 DSP 芯片处理立体声或 5.1 格式的声音，并且通过卷积输出真实的三维声音。PC 的喇叭装在监视器的左右两侧，与监视器方向一致，面向用户。知道了用户头部的相对位置(面向 PC，位于最佳区域)，就可以从查找表中检索得到头相关变换函数(head related transfer function，HRTF)。这样，只要用户保持处于最佳位置区域中，就有可能创建出在用户周围有许多扬声器的假象，并且能设置扬声器的方位角和位置。

3. 触觉反馈

身体的传感器-发动机控制系统使用触觉、本体感受和肌肉运动知觉来影响施加在触觉接口上的力。人类的传感器-发动机控制的关键特征是最大施力能力、持续施力、力跟踪分辨率和力控制带宽。手指的触点压力取决于该动作是有意识的还是一种本能反应、抓握对象的方式，以及用户的性别、年龄和技巧。其特点：

最适合灵巧操作任务，CyberTouch 手套有能力为每个手指提供反馈；轻巧的结构产生复杂的触觉反馈模式；提高用户运动的自由度；价格较高。

4. 温度反馈手套

C&M 研究所开发的温度替换感知系统(displaced temperature sensing system，DTSS)由八个热电极和一个控制接口单元组成。每个热电极由一个 Peltier 热泵和一个热电偶温度传感器组成，热电偶温度传感器绑在与皮肤表面接触的一块板上。通过热电偶可以测量出用户的指尖温度，并发送给控制接口。系统将指尖温度与主计算机设置的目标温度进行比较，然后通过 RS-232 串行线发送给 DTSS 控制接口。目标温度与手指实际温度之间的温差被输入比例-积分-微分(proportion integration differentiation，PID)控制器，PID 控制器的输出被发送给放大器，由放大器驱动热电泵，形成控制回路。

5. 力反馈接口

力反馈接口比较有代表性的例子是 WingMan Force 3D 操纵杆(图 3.20)，它有三个自由度，其中两个自由度具有力反馈，游戏中使用的模拟按钮和开关也具有力反馈。这种力反馈结构安装在操纵杆底座上，有两个直流电子激励器，通过并行运动机制连接到中心操作杆上。每个激励器都有一个绞盘驱动器和滑轮，可以移动一个由两个旋转连杆组成的万向接头机制。这两个激励器-万向接头部件互相垂直，允许中心杆前后倾斜和侧面(左右)倾斜。操纵杆的倾斜程度通过两个数字解码器测量，这两个数字解码器与发动机传动轴共轴。测量得到的角度值由操纵杆中附带的电子部件(传感器接口)处理后，通过 USB 线发送给主 PC。当数/模转换器完成对数字信号的转换后，操纵杆按钮的状态信息也被发

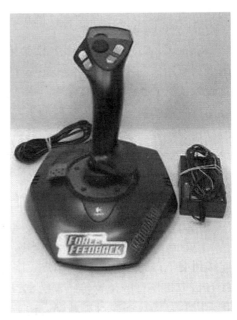

图 3.20　WingMan Force 3D 操纵杆

送给计算机。计算机根据用户的动作改变仿真程序，如果有触觉事件(射击、爆炸、惯性加速)就提供反馈。这些命令继而被操纵杆的模/数转换器转换成模拟信号并放大，然后发送给产生电流的直流激励器。这样就形成了闭合的控制回路，用户可以感觉到振动和摇晃或者感觉到由操纵杆产生的弹力。

1) PHANToM 臂

个人触觉接口装置(personal haptic interface mechanism, PHANToM)的主部件是一个末端带有铁臂的力反馈臂。它有六个自由度,其中三个是活跃的,提供平移力反馈。铁臂的朝向是被动的,因此不会有转矩作用在用户的手上。在这种力反馈臂的三个力反馈激励器中,有两个激励器的位置很巧妙,起到了平衡机械臂重量的作用。同时,也避免了通过给发动机转矩加偏压来补偿重力影响的需求。其结果是,力反馈臂的工作空间接近用户的手腕活动空间,用户的前臂放在一个支撑物上。

2) HapticMaster 臂

HapticMaster 是由荷兰的 FCS Control Systems 公司生产的。HapticMaster 是一种三自由度圆柱形机器人,可以在底座上旋转,上下移动,并可以在 0.64m×0.4m×0.36m 的工作空间中迅速伸展机械臂。HapticMaster 臂的最大输出力和硬度都远远大于 PHANToM 臂,部分是因为使用了更大的激励器和自己的控制方案。这种装置能更好地模拟坚硬的固定对象。它的缺点是有比较明显的惯性;由于集成了力传感器和位置反馈激励器,系统的售价也比较高。

3) CyberGrasp 手套

CyberGrasp 手套是由带有 22 个传感器的 CyberGlove 改造得到的,CyberGlove 用于测量用户的手势。CyberGlove 的接口盒把得到的手指位置数据通过 RS-232 总线传送给 CyberGrasp 手套的力控制单元(force control unit,FCU)。FCU 接收来自用户佩戴的三维电磁跟踪器的手腕位置数据。得到的手腕位置数据通过以太网线(局域网)发送给运行仿真程序的主计算机。主计算机继而执行碰撞检测,并把得到的手指触点压力输入 FCU。CyberGrasp 手套的 FCU 把触点压力转换成模拟电流,模拟电流被放大然后发送给位于激励器宿主单元中的五个电子激励器之一。激励器转矩通过电缆和 CyberGlove 外面的机械外骨架传送到用户的手指。

4) CyberForce

CyberForce 是 CyberGrasp 的附属品,用于模拟对象的重量和惯性。它由一端连接到桌子,另一端连接到用户手腕上的 CyberGrasp 外骨架后板的机械臂组成。FCU 读取机械臂的位置传感器数据,从而不需要独立的三维跟踪器。FCU 把手腕和手指的位置数据通过局域网发送给主计算机。从主机计算得到的触点压力和重力/惯性力被发送给 CyberGrasp 激励器和 CyberForce 激励器单元。

3.3.3　服务器

在虚拟现实系统中,虚拟现实工作站是很重要的组成部分,它承载着虚拟现实高质量三维画面的运行和处理,在很大程度上决定了视景仿真的运行速度和稳定性,所以虚拟现实工作站的选取十分重要。

虚拟现实工作站一般采用知名服务器生产商的设备，因为其具有稳定性强和维修有保障的特点，也有一些公司采用自己组装的虚拟现实工作站，其优点是价格相对较低，但在性能和稳定性上，就没有品牌机器那样有保障。

3.3.4　图像边缘融合与无缝拼接设备

在多通道系统中，图像的边缘融合与无缝拼接技术是虚拟现实系统搭建的主要技术要求之一。目前主要的方法和技术手段有两种：一种是由外围的硬件边缘融合处理系统来实现，称为硬件边缘融合；另一种是通过某个集成了具有边缘融合算法和功能的特定软件进行，其中硬件边缘融合是比较可行的成熟解决方案。硬件边缘融合和软件边缘融合的技术对比如表 3.4 所示。

表 3.4　硬件边缘融合和软件边缘融合的技术对比

比较对象	硬件边缘融合	软件边缘融合
技术方案	纯外围硬件融合技术	特定软件集成融合算法
融合效果	效果好(98%)	
无融合痕迹	差(60%)	
有融合痕迹		
几何变形校正效果	好	一般
对图形处理速度的影响	无影响	有影响
价格	较高	低廉
稳定性	稳定	不稳定
通信延迟	无延迟	有延迟
对二次开发的影响	对二次开发无影响	有影响

采用软件边缘融合导致的结果往往是图形处理速度大幅下降，跳帧现象严重，同步延迟加剧，融合效果低下，开发难度加大，系统应用灵活性差。也就是说，用户一旦采用某个三维软件来进行图像边缘融合和无缝拼接，以后的所有科研或应用都必须依赖该软件，而科研用户的科研和应用方向往往是多方面的、跨领域的，这样用户耗巨资构建的虚拟现实实验室系统环境的利用率和使用灵活性将被限制。而采用由外围的硬件边缘融合器来实现数字图像的边缘融合和无缝拼接将可以完全避免这一系列的问题，国内外多年的实践证明采用由外围的硬件边缘融合器来进行图像的边缘融合几何校正(曲面校正)无缝拼接是首选方案。

3.3.5　主被动立体信号转换器

主被动立体信号转换技术是轻松实现三维立体投影显示的低成本解决方案，借助主被动立体转换器(AP 转换器)可以将输入的主动立体信号转换成两路同步的被动立体信号(左眼图像和右眼图像)，然后将左眼图像和右眼图像同步传输给两台 LCD/LCOS 投影机，通过佩戴的偏振立体眼镜，可以看到高质量的三维影像效果。采用标准的 LCD/LCOS 投影机技术显示真实的被动立体影像，虚拟现实系统用户不再需要使用价格昂贵的 CRT 或数字光处理(digital light processing，DLP)专业投影机，便可以实现高分辨率、高清晰度、无闪烁、大幅面逐行三维投影显示。

3.3.6　图像数字几何矫正设备

所有的投影机在设计时都是针对平面投影屏幕的，投射出的画面也是矩形的(通常为 4∶3 或 16∶9)，而当这样的投影机把图像投射到弧形或球面的投影屏幕时，就会导致每台投影机投射到环形幕布上的影像画面出现图像变形失真，最直接的投射效果如图 3.21 所示。这种图像变形失真现象称为非线性失真。为了在弧形屏幕或球面屏幕上得到正确的图像显示效果，就必须对生成后的实时图像进行处理，这种图像变形失真矫正处理称为非线性失真及数字几何矫正。

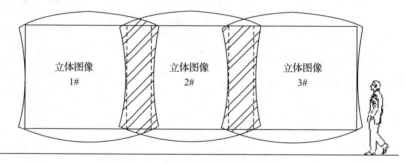

图 3.21　数字边缘融合及几何矫正

目前技术情况下，有两种方法可以实现非线性失真矫正：一种方法是通过光学校正，即通过具有独特变形矫正功能的特定投影机来完成，这种方法的一个典型特点是投资巨大，往往一台这样的投影机需要几十万美金，使一般的用户均难以承受；另一种方法是使用计算机非线性失真校正技术(几何校正)来实现，这里着重介绍这种技术方案。

与非线性边缘融合技术一样，用计算机非线性失真矫正技术来实现曲面几何变形矫正的一种方法是硬件非线性失真矫正，即由外围的硬件处理系统进行几何变形矫正。采用硬件非线性失真矫正的理由是其处理过程不占用图形工作站的资源，即图形工作站只负责三维图形场景的实时加速处理，处理后的实时影像经图形子系统输出至硬件边缘融合系统。边缘融合系统本身内置了技术含量极高的非线性失真矫正处理数学模型，由该系统进行数字图像的非线性失真矫正处理，计算机本身不负担该项消耗资源巨大的工作。这样图形工作站的图形处理和外围硬件系统的非线性失真矫正处理工作就互不干扰，这不仅保证了图形工作站的图形处理能力，还增强了数字图像的非线性失真矫正效果。该方法是目前公认的、效果最好的、最具性价比的数字图像非线性失真矫正技术方案。

3.4　多通道三维视景仿真原理

3.4.1　三维立体视景仿真

人工三维技术是利用人的左右眼瞳距在大脑形成的视差产生立体感的原理，将左右两幅不同的影像投射到银幕上，让观看者左眼和右眼分别看到连续的左、右两幅影像，从而使观看者有身临其境的感觉。实际上这种技术是一种人工生成的虚拟立体环境。

主动立体显示系统就是采用人工三维技术实现立体显示。该系统用三台投影机，180°环幕，配置外部同步装置和主动立体眼镜，靠同步切换主动立体眼镜来实现左、右眼的影像分离，立体效果很好。在 Vega Prime 软件中需要在绘制窗口中加入两个绘制通道，用来分别显示左右眼观察到的场景。在 Window 中需要设置绘制模式为 Stereo，Multi-sample E 为 0bit，具体的配置如图 3.22 所示。

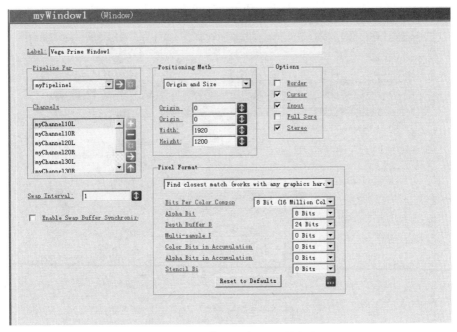

图 3.22　立体显示窗口配置界面

3.4.2　三通道分布式绘制

三通道分布式绘制主要是由 Vega Prime 软件平台的 Multi-Channel Agent 模块

和 Distributed Rendering Utilities 模块作为支撑，来实现三通道的分布式场景绘制。多通道模块通过服务器端和客户端建立连接，然后实现主通道和从通道的场景数据之间的通信，多通道模块如图 3.23 所示。

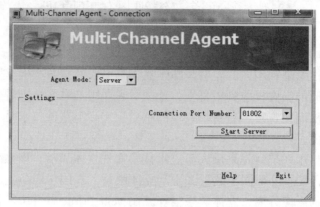

图 3.23　多通道模块初始状态图

在各个客户端和服务器建立连接后，需要设置分布式绘制模块，分别将不同的客户端和与客户端对应的绘制通道相匹配，配置好的分布式绘制模块如图 3.24 所示。

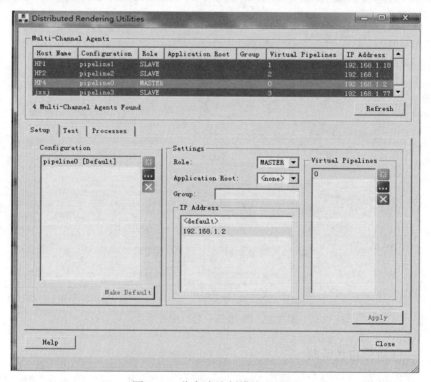

图 3.24　分布式绘制模块配置图

除此之外，还需要在 Vega Prime 的程序配置文件（ACF）中设置 4 个 Pipeline，4 个 Pipeline 中，有 3 个通道与立体投影绘制连接，每个 Pipeline 下有 8 个通道用来显示整个仿真场景，具体的层次结构如图 3.25 所示。

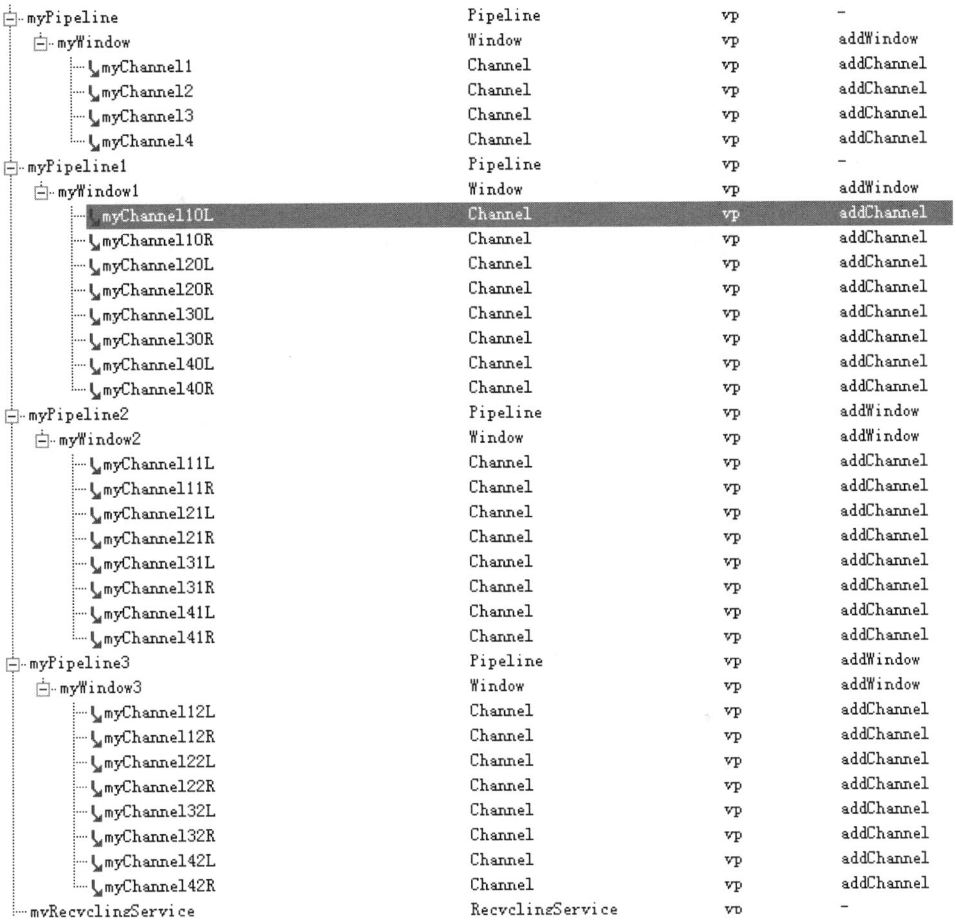

myPipeline	Pipeline	vp	-
myWindow	Window	vp	addWindow
myChannel1	Channel	vp	addChannel
myChannel2	Channel	vp	addChannel
myChannel3	Channel	vp	addChannel
myChannel4	Channel	vp	addChannel
myPipeline1	Pipeline	vp	-
myWindow1	Window	vp	addWindow
myChannel10L	Channel	vp	addChannel
myChannel10R	Channel	vp	addChannel
myChannel20L	Channel	vp	addChannel
myChannel20R	Channel	vp	addChannel
myChannel30L	Channel	vp	addChannel
myChannel30R	Channel	vp	addChannel
myChannel40L	Channel	vp	addChannel
myChannel40R	Channel	vp	addChannel
myPipeline2	Pipeline	vp	addWindow
myWindow2	Window	vp	addWindow
myChannel11L	Channel	vp	addChannel
myChannel11R	Channel	vp	addChannel
myChannel21L	Channel	vp	addChannel
myChannel21R	Channel	vp	addChannel
myChannel31L	Channel	vp	addChannel
myChannel31R	Channel	vp	addChannel
myChannel41L	Channel	vp	addChannel
myChannel41R	Channel	vp	addChannel
myPipeline3	Pipeline	vp	addWindow
myWindow3	Window	vp	addWindow
myChannel12L	Channel	vp	addChannel
myChannel12R	Channel	vp	addChannel
myChannel22L	Channel	vp	addChannel
myChannel22R	Channel	vp	addChannel
myChannel32L	Channel	vp	addChannel
myChannel32R	Channel	vp	addChannel
myChannel42L	Channel	vp	addChannel
myChannel42R	Channel	vp	addChannel
myRecyclingService	RecyclingService	vp	-

图 3.25　多通道的层次结构关系图

每个通道分别绘制三分之一的场景，根据投影机的投影扇形区和 180°环幕的半径，计算出每个通道的水平视场和垂直视场，具体参数配置如图 3.26 所示。

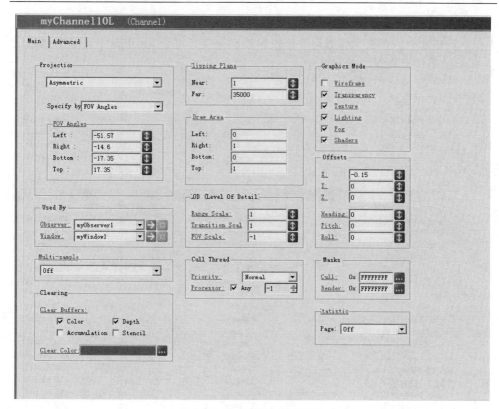

图 3.26　多通道的参数配置

第4章　水下应急维修半物理仿真系统软硬件集成

4.1　分布式仿真系统网络开发及集成

4.1.1　HLA 技术简介

1. HLA 标准

HLA 按照面向对象的思想和方法来构建仿真系统，它是在面向对象分析与设计的基础上划分仿真成员、构建仿真联邦的技术[45]。在 HLA 的仿真系统中，联邦(federate)是指用于达到某一特定仿真目的的分布式仿真系统，由若干个相互作用的联邦成员构成，所有参与联邦运行的应用程序都可以称为联邦成员。联邦成员由若干相互作用的对象构成，对象是最基本的元素。HLA 定义了联邦和联邦成员构建、描述和交互的基本准则和方法。

DMSO HLA1.3 规范主要由 HLA 规则、HLA 接口规范和 HLA 对象模型模板三部分组成。为了保证在仿真系统运行阶段各联邦成员之间能够正确交互，HLA 规则定义了在联邦设计阶段必须遵循的基本规则。HLA 对象模型定义了一套描述 HLA 对象模型的部件。接口规范是 HLA 的关键组成部分，它定义了在仿真系统运行过程中，支持联邦成员之间互操作的标准服务。这些服务可以分为六类：联邦管理服务、声明管理服务、对象管理服务、时间管理服务、所有权管理服务和数据分发管理服务。HLA 是分布交互仿真的高层体系结构，它不考虑如何由对象构建成员，而是在假设已有成员的情况下考虑如何构建联邦，即如何设计联邦成员间的交互以达到仿真的目的。HLA 的基本思想就是采用面向对象的方法来设计、开发和实现仿真系统的对象模型，以获得仿真联邦高层次的互操作和重用。

在 HLA 中，互操作定义为一个成员向其他成员提供服务和接收其他成员服务的功能。虽然 HLA 本身并不能完全实现互操作，但它定义了实现联邦成员互操作的体系结构和机制。此外，HLA 还向联邦成员提供灵活的仿真框架，一个典型的仿真联邦的逻辑结构如图 4.1 所示。

2. HLA 规则

HLA 规则已成为 IEEE M&S 的正式标准，目前的标准号为 IEEE 1516。现行的规则共 10 条，前 5 条规定了联邦必须满足的要求，后 5 条规定了成员必须满足的要求。

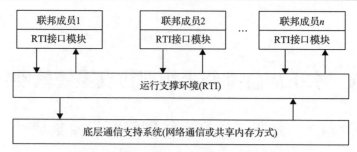

图 4.1　HLA 仿真逻辑结构图

　　HLA 联邦规则：①联邦中必须有一个 FOM，以 OMT 中的格式定义 FOM；②所有在 FOM 中的对象都必须在联邦成员中描述而非 RTI 中；③在联邦运行中，联邦成员间的 FOM 数据交换必须通过 RTI；④在联邦运行中，联邦成员与 RTI 的交互必须按照 HLA 的接口规范进行；⑤在联邦运行中，一个对象实例的属性在某个时刻只能为一个联邦成员所拥有。

　　HLA 成员规则：①联邦成员中必须有一个 SOM，以 OMT 定义的格式描述；②联邦成员必须能更新或反映在 SOM 中定义的任何属性，发送或接收 SOM 的交互信息；③联邦成员运行中能按 SOM 定义的方式转移或接收属性的所有权；④在运行中能按照 SOM 中定义的方式更改提供对象属性更新的条件；⑤联邦成员能够以允许的方式管理其局部时钟。

　　接口规范定义了联邦成员之间及成员与联邦之间进行交互的规范，接口规范分为六个方面：①联邦管理服务，包括联邦的创建与注销、联邦成员的加入与退出、联邦状态的存储与恢复、设置同步点等；②声明管理服务，包括发布、预定对象属性，发布、预定交互类信息及其他支持服务；③对象管理服务，包括注册或注销对象实例，属性的更新、被更新，交互的发送及接收，还有其他一些支持服务；④所有权管理服务，包括联邦成员间对象属性所有权的转移和相应的支持服务；⑤时间管理服务，包括协调联邦成员间局部时钟推进管理的各种服务；⑥数据分发管理服务，包括各个联邦成员根据各自的"兴趣"来确定信息的发送和接收的有关支持服务。

3. RTI

　　RTI 是按照 HLA 的接口规范开发的服务程序，它实现了 HLA 接口规范的服务功能，并能按 HLA 接口规范提供一系列支持联邦成员互操作的服务函数。它是 HLA 仿真系统进行分层管理控制、实现分布式仿真可扩充性的支持基础，也是进行 HLA 其他技术研究的立足点。对于采用 HLA 体系结构的仿真系统，联邦的运行和仿真成员之间的交互和协调都是通过 RTI 来实现的。RTI 犹如软总线，满足规范要求的各仿真软件和管理实体都可以像插件一样插入软总线上，从而有效地支持仿真系统的互操作，并能支持联邦成员的重用。

RTI 主要由以下几个部分组成。

（1）RTIExec：是一个全局进程，主要管理联邦的创建和结束，即 FedExec 进程的创建和结束，每个联邦成员通过与 RTIExec 的通信来初始化其 RTI 部分，加入相应的联邦中。

（2）FedExec：由 RTIExec 进程创建，管理一个对应的联邦执行，负责联邦成员的加入和退出，为联邦成员之间的数据通信提供支持。

（3）libRTI：是一个 C++的库，实现与 RTIExec 进程、FedExec 进程的通信，为联邦的开发者提供在 HLA 接口规范中定义的六大服务功能。联邦成员使用 libRTI 库来调用 RTI 服务。它有两个重要的类：RTIAmbassador 类包含了 RTI 提供的所有服务，FederateAmbassador 类联邦成员必须提供回调函数，由联邦成员来具体实现该类中定义的功能。libRTI 的调用方式如图 4.2 所示。

图 4.2　libRTI 的调用方式

HLA 联邦运行还需要进行初始化配置和参数输入的文件，主要包括用于 RTI 初始的数据（RTI initialization data，RID）文件和联邦执行数据（federation execution data，FED）文件，它们虽然不属于 RTI 的内容，但是却是联邦运行所必需的。RID 文件主要定义了 RTI 运行的有关参数和系统的一些配置信息，FED 文件定义了联邦成员间进行数据交换所需的 FOM 信息，这两个文件均必须按照标准的格式进行书写。

4. HLA 应用开发过程

DMSO 提出了 HLA 联邦开发和执行过程（federation development and execution process，FEDEP）的模型，该模型吸收了软件工程中瀑布模型的相关思想，针对仿真领域的特殊需求而制定，它的目的与实施软件工程的目的完全一致，并对各个阶段提出了更为具体的目标。FEDEP 把 HLA 联邦应用的实际开发过程分为如下五个阶段。

(1)定义联邦目标。联邦的发起人与开发者就本联邦应达到的目标取得共识，完成"想定"并形成相应文档。

(2)开发联邦概念模型。开发联邦有关的"真实世界"的仿真模型，以"仿真对象"和"交互"描述功能。

(3)设计和开发联邦。完成对各个联邦成员的确认，完成 FOM 表。

(4)集成和测试联邦。完成所有联邦的开发工作，并进行测试。

(5)执行并分析结果。执行联邦，分析仿真结果，并反馈给发起人。

开发 HLA 应用，标准过程如图 4.3 所示。

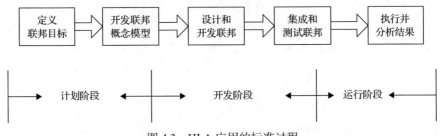

图 4.3　HLA 应用的标准过程

FEDEP 模型通过一定的步骤，把用户需要解决的问题从抽象的逻辑概念初步转化为具体的物理实现。这六个步骤中大多有相应的软件工具支持，这类商用化软件也正在迅速发展。例如，设计联邦的 FED 文件时可以使用 DMSO 的对象模型开发工具(object model development tool，OMDT)，还有 AEgis 公司开发的OMDT，国防科技大学也开发了自己的商用 OMDT。有不少 OMDT 都能自动生成一部分联邦成员端的代码，这些工具大大加快了联邦成员的开发速度。

4.1.2　面向分布式仿真的开发框架

分布式环境决定了系统必须支持异构性，分布式虚拟环境(distributed virtual environment，DVE)系统中的多个用户的计算平台、软件环境、交互手段不尽相同，分布式网络环境也可能是异构的。多用户虚拟现实系统意味着一个系统在其用户逐渐增加时，不应对系统进行重大修改且依然保持其运行效率。DVE 通常由分布很广的多个计算机组成，用户的资源和运行环境可能经常发生变化，这就要求系统能够动态调整其功能，而不必改变系统本身。另外，系统应该能提供资源匹配的机制，现有系统很少考虑用户的动态注册、资源定位和任务资源匹配问题。面向大规模分布式仿真的 HLA/RTI，在体系结构上有以下几个方面的特点。

(1)开放式体系结构。HLA 采用 TCP/IP 网络协议和标准的 RTI 六类服务，RTI

提供联邦成员之间的通信服务。由于仿真系统采用分层结构,任何基于 RTI 的仿真系统等均可作为联邦成员自由地加入仿真联邦。

(2)系统可扩展性。HLA 允许任何类型的联邦成员自由加入,因此理论上通过渐进式的系统开发能够逐步满足不断增长和不断变化的需求。HLA 通过发布与订购机制和对等式通信模式这两项技术措施保证仿真系统的关键性能指标。发布与订购机制可以避免传送无用的信息,对等式通信模式不会有瓶颈节点。这两项技术措施的采用,有效地解决了数字信息化系统(digital information system)随接入节点数的扩大通信性能迅速恶化的问题。

(3)互操作性。两个以上的联邦成员基于各自的语法和语义所进行的信息交换可以互相理解。在系统结构分层的基础上,各联邦成员遵守共同的信息交互协议。分层结构保证各联邦成员的相对独立性,即以消息而不是以内存共享的形式进行信息交互。信息交互协议保证各联邦成员能够正确地收发消息。一致性处理机制保证各联邦成员能够正确地辨识和使用消息。

(4)仿真组件的重用性。重用性是 HLA 的重要目标之一。按照开放式体系结构的要求设计可重用的组件。重用性包括数据级重用性、概念级重用性、成员级重用性、系统级重用性和通用仿真构件。HLA 的这些技术措施显著地改善了仿真组件的重用性,提高了构建仿真系统的效率和质量。构建分布式虚拟环境面临的分布式时空一致性、可扩展性、资源管理和匹配等问题,都可以通过采用 HLA 体系结构来解决。

采用 HLA 结构,为虚拟环境无缝集成到大型仿真系统中提供技术途径。基于 HLA 的虚拟环境框架必须是一个可复用的支持快速开发的软件框架,它用面向对象软件设计模式和编码技术,对分布式仿真需要的 RTI 功能接口进行面向对象的封装,使之成为一个比 RTI 更高级的、实时性良好的分布式计算环境,同时,应该以可移植和开放的方式支持尽量多的虚拟现实设备接口,提供虚拟环境生成的高层 API,以简化虚拟现实系统开发的复杂性,虚拟环境框架设计的目标主要如下所示。

(1)以 HLA/RTI 接口规则为基础,封装分布式交互仿真软件可重用的功能。

(2)提供与 HLA 仿真系统的兼容性,能加入到分布式仿真系统中,方便与对象模型集成并支持语义上的互操作。

(3)支持 HLA 的时间管理策略,实现对仿真模型的调度与管理。

(4)采用层次化结构模型,基于 C 语言语法特性和设计模式实现可移植性。

(5)采用虚拟环境实时绘制的若干算法,在体系结构和设计模式上支持以插件方式引入新的算法和模型。在设计过程中需要重点考虑体系结构、接口、联邦成员构建、时间管理策略、同步数据流、图形引擎等相关的设计问题。

基于 HLA 的虚拟环境框架的功能集中地表现在以下三个方面。

(1)虚拟场景的结构与组织管理,即对不同功能、不同性质的仿真实体进行分类并统一组织与管理,提供关于各种对象创建、删除、定位等服务。

(2)仿真对象的分布式交互与调度,即支持 HLA 的各种时间管理策略,提供回调与事件通知机制,使整个联邦范围内的对象按给定的时序和消息传递关系进行工作;支持对象属性与交互的订购与发布。

(3)集成沉浸式人机交互设备和接口,并利用事件驱动和回调函数机制,将场景对象和组织仿真对象管理功能进行集成。

在虚拟环境框架中集成了 HLA/RTI 作为分布式仿真支持工具,集成了虚拟场景组织和绘制工具作为渲染引擎,集成了沉浸式交互设备作为人机接口,其体系结构如图 4.4 所示。

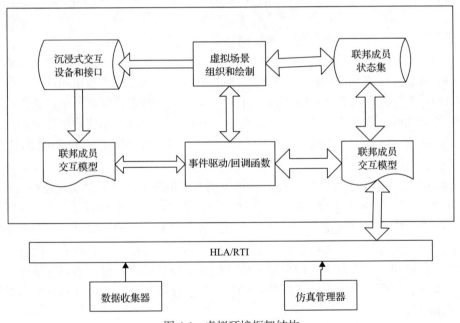

图 4.4　虚拟环境框架结构

4.1.3　分布式仿真中的数据管理体系结构

1. 分布式仿真中数据管理的内容

分布式仿真通过网络将地理上分布广泛的仿真实体连接起来,形成时间、空间上的协调,仿真的过程是以实体间的数据交互为基础,因此,数据管理是分布式仿真中最重要的一个部分,它包括以下内容。

1) 实体基本信息管理

每个实体都有自己的状态、功能和其他一些基本信息，它们决定着仿真中实体的变化，必须把这些基本信息有效管理起来。

2) 实体间信息交互管理

实体间的信息交互使分布广泛的各实体联系在一起，它是分布式仿真数据管理的主要内容。在仿真规模庞大、剧情复杂的情况下，实体间的信息交互往往会受到网络通信、程序执行效率等方面的影响。使用合理的数据传输机制、减少网络延迟将是保证仿真顺利进行的关键因素。

3) 仿真信息的收集与保存

为了能够更好地了解仿真过程发生了什么、如何发生，以利于仿真结束后的回放和分析，需要将仿真中的信息记录下来。根据信息的来源，这些需要记录的信息分类：①操作性的数据，指仿真模型内部或仿真参与人员的动作，通常是仿真实体发出的命令、设置的参数等。②实体间中的交互信息，指仿真实体通过 RTI 传输的属性更新、交互发送等，这是仿真过程中的最主要数据，驱动仿真应用的顺利进行。这些数据体现了实体的动作和实体间的联系，记录交互信息是对仿真进行重放和分析的基础。③仿真中的状态参数，记录了每一阶段实体和仿真的状态。得到仿真数据以后还必须将其保存到数据库中。当仿真规模很大时，数据收集和保存的任务非常重，选择何种数据收集和保存的方式，使它不干扰仿真的顺利进行、不影响程序的执行效率也是设计中必须解决的问题。

2. 面向分布式仿真的 RTI 中间件接口

RTI 作为分布仿真公共支撑平台，对体系结构的灵活性、可扩展性等方面提出了严格要求。本系统采用 pRTI 作为支撑平台，pRTI 由三部分组成：libRTI、RTIA 和 RTIG。RTIG 是一个全局进程，主要功能是管理联邦的创建、结束，以及管理多个不同的联邦。每个联邦成员通过与 RTIG 的通信进行初始化，加入相应的联邦。RTIA 管理联邦成员的加入和退出，为联邦成员之间提供数据通信和协调运行支持。libRTI 是应用程序访问 RTI 服务的接口，提供 RTI Ambassador 和 FederateAmbassador，接口各模块的具体功能及之间的实现关系如图 4.5 所示。

3. 分布式仿真中数据管理的性能要求

分布式仿真利用信息交互将各实体联系在一起，数据管理体系的逻辑结构和功能在很大程度上决定了分布式仿真的性能。随着分布式仿真的不断发展，分布式仿真系统的结构和功能日趋复杂。为了有效地支持仿真应用，其数据管理系统应该具有以下几方面的性能。

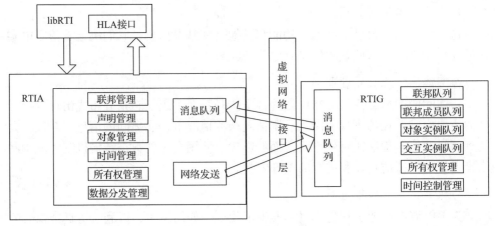

图 4.5　pRTI 框架图

1）一致性和完整性

分布式数据管理系统最基本的功能就是数据的完整性和一致性。与传统数据库结构相比，数据的一致性是分布式数据库最吸引人的地方之一，用户在相同时刻不同地理位置上访问同一数据，可以得到一样的结果。另外，由于同样的数据保存在几个不同的实体中，用户不必担心由于某个实体的异常而导致全部数据丢失。为了保持数据的一致性，分布式数据管理需要解决三方面的问题：一是当多个实体同时访问相同数据时必须进行协调，保证结果的正确性和数据库的完整性，并且尽可能地提高系统并行处理能力；二是在系统中包含冗余数据而进行实体操作时，系统也要以最小的开销来保持各冗余副本的一致；三是必须选择一种实现节点间通信的机制，以保证某部分数据被更改之后，分布式环境下其他相同数据得到同样的更改。

2）实时性

实体间的信息交互带来网络负载，随着系统规模的扩大和实体间交互的增多，通信负载将急剧增加，当其增加到一定程度就会降低系统的实时性能。这就要求在设计分布式数据管理结构时，尽可能减少实体间的信息交互，减少在数据处理（如查询和修改）上使用的时间。数据传输机制也是应该考虑的问题，合适的数据传输方式可以减少网络负载，提高传输效率。此外，还应该选用较好的硬件配置，提高网络速度，使用数据过滤、压缩等技术降低网络传输量。

3）逻辑性

分布式仿真对逻辑性有着很高的要求，各仿真实体必须保持在状态和行为上的一致、事件逻辑上的一致、时间和空间上的一致，从而保证仿真过程的正确和有效。保持仿真的逻辑性可以引入 HLA 的时间管理，时间管理是 HLA 分布式仿真中的核心概念。pRTI 的仿真时间服务可以协调联邦成员之间的信息交互，它给所有消息加上了仿真时戳，按照时戳的顺序分发消息，确保实体间信息在逻辑上的正确性，实现仿真中时间的顺利推进。

4）分布式处理功能

每个实体对数据处理有不同的需要，数据管理系统要为它们提供数据访问接口。如果任何实体都可以随便修改数据，则会引起混乱，那么将很难保证数据的一致性。因此，要对各仿真实体分配不同的数据处理权限。例如，仿真的控制实体由于要监控整个仿真过程，应该能访问和修改所有的数据；而对于一个基层的普通实体，只需要了解自身相关的基本信息，就不应有访问其他数据的权利，有的甚至不能修改自己的数据。

5）兼容性

在分布式环境中，地理位置分散的各个实体通过网络相互联系起来。由于受到各种因素的限制，各个实体在软、硬件上存在很大的差别，为了解决它们之间的数据交换和共享问题，分布式数据管理系统必须具备良好的兼容性。由于处理的数据量不同或其他一些客观原因，各实体可能使用不同的数据管理软件。例如，数据处理量少的实体可能使用 Access 数据库，几张简单的表即可满足要求；有的实体可能要访问几百张甚至上千张表，那么必须使用大型的关系型数据库，如 Oracle、SQL Server 等。系统设计时还需要考虑软件兼容问题。系统的兼容性包括不同操作系统、开发环境和开发工具下各种应用程序间的互操作。解决这种问题的方法是采用面向对象的思想设计程序，将具体的应用模型与支撑环境分离开，通过支撑环境的互操作实现系统的兼容性。

6）可扩展性

在分布式仿真中，随着仿真的推进，可能有实体不断加入仿真联邦，也会有一些实体因故退出。分布式数据管理系统必须具备相当强的灵活性和可扩展性，保证数据管理不受到网络结构变化、实体的加入和退出等情况的影响。

7）重用性

重用性主要是面向开发者的。在大规模的仿真中，参与的实体可以是几十甚至成百上千，如果为每一个实体去编写数据管理代码，则工作量太大。这就需要先为所有的仿真实体按特征进行分类，给每类实体设计通用的数据管理程序，使用时只需进行少量的修改。例如，设计一个通用的数据查询模块，每个实体只需要将数据库查询时的部分参数进行修改，各实体就可以分别查询到自己要使用的数据内容，工作量也会大大减少。

4.1.4　分布式仿真中的交互数据管理

分布式仿真中的各实体通过网络中的交互信息连接在一起，因此，交互数据管理是分布式仿真中一个极为重要的问题。本章将讨论 HLA 中的数据分发管理原理和应用，并分析其中存在的部分缺陷，提出在特殊情况下采用 XML 技术来完成信息交互的方法，最后研究如何在 HLA 中合理使用 XML 技术。

1. HLA 数据分发管理原理

在 HLA 中，声明管理在对象类属性层次上为联邦成员提供了表达发送和接收信息意图的机制，而数据分发管理(data distribution management，DDM)在此基础上增强了联邦成员精简数据需求的能力。数据分发管理的目的是减少仿真运行过程中无用数据的传输和接收，从而减少网络中的数据量，增强构建大型虚拟世界的能力，同时数据分发管理也提高了仿真的运行效率。

数据分发管理贯穿于整个 RTI 的数据管理，也是 RTI 内部通信的基础，它与 RTI 的声明管理、对象管理有着密切的关系。区域是数据分发管理中的核心概念，为了减少发送给联邦成员的数据量，数据的发布成员和订购成员都使用了区域。这样，仅当发布方的交互类发布区域与订购方相应的交互类订购区域相交时，相应的交互才会被传递给联邦成员。计算两个区域是否相交，以及决定交互是否应该传递给联邦成员的工作是由 RTI 来完成的，这个过程称为"数据过滤"。

HLA 中的数据过滤通常出现在发送方和接收方。如果发布者知道某成员对即将发送的交互不感兴趣，那么发布者就不会向该联邦发送交互实例，从而节省了发送数据的开销，这种功能称为"发送方过滤"。如果发布者不知道某成员是否对即将发送的交互感兴趣，那么它必须发送该交互，接收成员在接收到交互后必须判断是否该将此交互传递给本地联邦成员，这种功能称为"接收方过滤"。显然，对联邦来说"发送方过滤"更有意义，计算开销也更大一些。

2. pRTI 平台中的数据交互管理

HLA 分布式仿真使用 RTI 作为开发平台，利用 RTI 进行数据交互是实体间通信的主要方式。在水下应急维修仿真系统中，实体的动员命令、状态信息、生产潜力变化等数据都需要传递给其他实体，这些信息数据量不大，在仿真开始前就应该确定下信息类型，可以选择使用 pRTI 来传递。两个实体间的数据交互流程如图 4.6 所示。

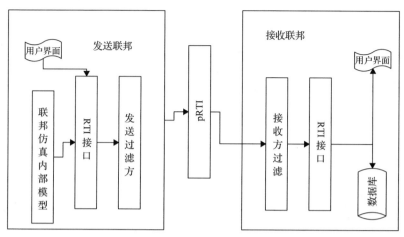

图 4.6　两个实体间数据交互的流程图

从图 4.6 可以看到，这些交互数据首先要经过 RTI 接口处，在这里被解析和压缩成特殊的格式，这是一种 pRTI 内部的固有格式，它比普通格式要小，在传输时可以大大减少网络流量。随后这些数据要经过"发送方过滤"，选择对该数据感兴趣的联邦成员，并由 pRTI 接口分发数据。在接收联邦处，数据首先要进行"接收方过滤"，判断该数据是否真的是实体所需数据，随后通过 pRTI 接口解析，将数据显示到用户界面上或存入数据库中。在仿真程序设计中，pRTI 平台的数据交互管理应该分为以下几个步骤。

(1)创建联邦执行，并加入联邦中。

(2)设置实体的时间管理策略。

(3)发布和订购感兴趣的交互类和对象类。

(4)注册对象实例。

(5)进入仿真循环，判断是否继续仿真。

(6)更新对象类信息，发布交互类信息。

(7)接收交互类信息，接收对象类信息。

HLA 数据交互流程如图 4.7 所示。

3. XML 技术在 HLA 数据交互中的应用

在基于 HLA 的分布式仿真中，pRTI 已经为联邦成员提供了信息交互，为什么还要引入 XML 技术呢，这样做岂不是多此一举吗？这是因为 HLA 在数据分发方面存在一些缺陷，特别是当交互的数据量特别大时(如整张数据表)，数据传输效率受到严重影响，这些缺陷如下。

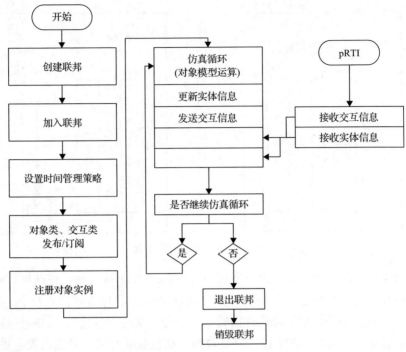

图 4.7　HLA 数据交互流程图

（1）HLA 在协调联邦成员间的通信方面还是属于类似集中控制，对交互信息的兴趣选择，都需要由中央服务器来完成。中央服务器在处理适量的交互信息时不会存在问题，但是如果联邦成员数量增加，网络中产生大量的交互数据时，这种结构就存在瓶颈：中央服务器要对所有数据进行匹配兴趣，pRTI 服务器的信息处理速度就会受到影响，仿真效率也会严重下降。

（2）在 HLA 数据分发机制中，pRTI 要根据实体的兴趣分发每个数据。有时两个实体间交互的数据量大，而且发送方和接收方固定，如果还对每个数据进行兴趣匹配，则明显降低了仿真速度。在这种情况下，最好的方法是在发送方和接收方建立连接，直接传递数据。

（3）在仿真过程中，各联邦成员的时间推进都需要 pRTI 服务器的协调，联邦成员间的数据交互和 pRTI 的时间管理会相互影响。例如，某联邦成员的交互数据量非常大，就很可能出现它一直在处理数据，而其他实体在不断等待时间推进的情况；同样如果某实体的仿真时间不推进，数据交互的程序也无法执行。在这种情况下，数据传送的速度受到影响，实体也无法顺利完成后面的仿真。

（4）在前面已经提到过，HLA 的数据分发机制是建立在兴趣匹配基础上的，联邦成员在信息交互之前需要设计 FOM 表和 SOM 表，还要订购和发布自己感兴趣的所有信息类型。对于拥有数据量很大的联邦成员，因为无法事先确定交互数据，所以需要把自己的所有数据都订购和发布一遍，还要设计相应的 FOM 表和 SOM 表，不仅在程序设计时非常麻烦，还严重影响仿真的效率(有可能订购和发布了很多没用到的数据类型)。

(5)另外，由于 HLA 是将数据压缩成特殊的格式在网络中传播，虽然可以降低网络负载，但是发送方压缩大量的数据、接收方解析大量数据也会严重影响程序的执行效率。

使用 XML 格式传送数据已经用于很多领域，技术也非常成熟，将它运用到分布式仿真中的关键问题是如何与 pRTI 的数据分发相结合。基于 XML 的数据交互需要经过四个过程：建立两实体间的通信连接、将数据从发送实体的数据库转换成 XML 数据、利用网络通信在实体间传递 XML 数据、将得到的 XML 数据转换到接收实体的数据库中。联邦间 XML 数据传递结构图如图 4.8 所示。

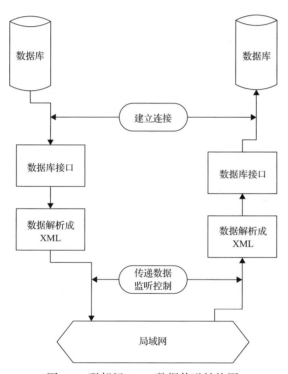

图 4.8　联邦间 XML 数据传递结构图

4.1.5　联邦成员内部的数据管理

1. 联邦成员的内部数据流程

实体需要通过 pRTI 发送交互信息，这些信息根据来源可分为下面两种。

(1)当仿真内部模型运行时，改变了仿真实体的某些状态；或者出现仿真异常状况，实体内部功能出现变化。实体必须把这些变化的信息通知其余实体。

（2）参与仿真的用户选择将某命令和信息发送给其他实体。这些信息发送前要先被收集起来，随后在 pRTI 接口处要经过过滤并被解析成 pRTI 的格式，才能传入 pRTI 中。在信息接收实体端，pRTI 将实体感兴趣的交互信息传递过来。这些交互信息在 pRTI 接口处经过解析和过滤，随后进入实体的内部模型。它们在实体内部将发生三种情况。

①被实体收集起来，保存在本地数据库，作为仿真日志的一部分，以便用户查询和仿真后的回放、评价。

②交互信息会触发一些响应程序，在用户界面上显示出来（如弹出对话框、发出特殊的声音），让参与仿真的用户了解交互的内容，掌握仿真的状态，以便做出相应的反应。

③另外，交互信息还可能驱动一些实体的内部模型，实体的某些状态和基本信息也随之发生变化。

2. 联邦成员的 pRTI 接口管理

每个实体都要通过 pRTI 来传递交互信息，所以都必须有与 pRTI 进行信息交互的接口，这个接口主要完成数据的解析和过滤。在 pRTI 中使用了一种特殊的格式，它是将普通数据进行压缩后产生的，这种数据在网络中传送时可以降低网络负载，从而提高仿真的速度。为了识别这种数据类型，需要在实体的 pRTI 接口处加一个数据解析模块，将程序所用数据解析成 pRTI 所用格式，或者将 pRTI 所用数据解析成程序所用格式。pRTI 仿真平台实现了 HLA 标准中的数据分发机制，每个仿真实体在仿真开始时发布和订购了自己感兴趣的信息，根据兴趣匹配，pRTI 将交互信息分发给感兴趣的实体。但是，分发过来的信息并不是全都有用，一些相近的信息也一起传递给了实体，如果实体将所有传过来的信息全都接收，则程序处理信息量增大，严重影响整个仿真程序的效率。解决的办法是在实体的 pRTI 接口处加一个过滤器，将所有 pRTI 分发过来的信息进行判断，仅留下该实体有用的信息（加上某些判断条件即可），其余的则全都被过滤掉。这种方法既简单又实用，既接收了需要的交互，同时又没有对程序的执行效率产生影响。

3. 联邦成员内部的数据收集和保存

仿真中的数据收集主要包括仿真状态数据收集和仿真交互数据收集。状态数据可以由联邦成员每隔一段时间自动保存一次，仿真中最关心的是交互数据的收集。HLA 仿真交互数据收集有下面三种常用的方法。

（1）集中式收集。集中式收集指在仿真中加入一个日志联邦成员，订购 RTI 中的所有类和交互。这种方式简单通用，但是容易占用网络带宽，只允许掌握仿真过程的实体使用。

(2)程序嵌入式收集。程序嵌入式收集将数据收集功能直接加入联邦成员中。这种方法针对性强，减少了网络流量，但是它需要为每个联邦成员都设计程序，重用性很差。

(3)RTI 接口收集。RTI 接口收集方式是在联邦成员与 RTI 之间加入了一层记录接口，发送和接收的信息都必须通过接口记录下来。此方法可以减少对联邦成员的影响，重用性强。

在水下应急维修仿真演练中，各联邦成员都建立了一个本地日志，记录本实体发送和接收的信息，它们都采用 RTI 接口的收集方式，在 pRTI 接口处加入一个数据收集模块。仿真总控台由于需要监控整个仿真进程，所以采用了集中式收集方式，在总控台处专门设计一个联邦成员，订购所有的交互信息，并将这些信息保存到总控台实体的本地数据库中。收集到的仿真交互信息应该马上保存起来，以便于实体及时了解这些信息。一般情况下，只需要在程序中调用数据保存接口，就可以将交互信息存到数据库中。但是，HLA 固有的仿真循环模式给保存带来了困难，有的交互数据可能被漏掉。例如，在仿真中使用变量 NewProductInfo 接收收集到的产品信息，随后保存到数据库。但如果在接收数据和保存数据两个过程之间，又有别的产品信息传送过来，则 NewProductInfo 被赋予新的值，而将原有的 NewProductInfo 值覆盖掉。显然，这种情况下并没有完整记录下全部的交互数据。为了保存多个相同类型的交互数据，可以建立一个数组，每次把新的信息保存到数组的下一个元素中，这样每类数据都放在一个数组里，只需将此数组的元素依次保存到数据库。但是这种方法又带来另外的问题，即定义数组时无法准确确定长度，给程序设计带来了麻烦；如果数组长度规定过大，又容易占用不必要的内存，降低仿真效率。

4. 联邦成员的时间管理

时间管理是分布式仿真中的核心概念，它包括联邦间时钟推进管理的各种服务。仿真平台可以从联邦的角度协调各联邦成员的时间推进，通过时间戳的顺序分发交互数据，确保仿真逻辑上的正确性。时间管理策略对交互数据管理有很大的影响。

HLA 把联邦成员的逻辑时间管理分为两种策略：时间控制(time regulating)和时间受限(time constrained)。时间控制将联邦成员的时间与整个联邦的时间联系在一起，它将产生带有时间戳的消息，RTI 按照时间戳的顺序(time stamp order, TSC)对消息排队，分发给感兴趣的联邦成员。采用时间控制的联邦成员可以限制时间受限联邦成员的时间推进。当用户使用 HLA 的保守时间推进机制时，时间受限的联邦成员就有一个名为 LBTS(lower bound time stamp)的属性，定义了该成员可以收到最早信息的时间。在 HLA 中，LBTS 表示本联邦成员当前能够推进时间的最大限度，任何大于 LBTS 的时间推进请求都必须等待，直到 LBTS 大于这个推进请求（LBTS 是一个不断在变化的量）。HLA 有两种消息传递顺序：RO（receive order）是延时最小的方式，RTI 按接收消息的顺序传递给成员；TSO 按照时间戳的顺序分发消息给时间受限成员。在 HLA 联邦中，联邦成员的逻辑时钟推进必须先向 RTI 发出服务请求，直到 RTI 触发该联邦成员的 TAG（time advance grant），该联邦成员的逻辑时钟才可推进到下一步。在发出时钟推进请求和回调时钟允许推进之间，联邦成员通过调用 RTI 的 TICK 函数将程序控制权交给 RTI，保证随时接收到 RTI 的回调服务。

4.1.6　分布式网络的测试

1. 测试环境配置

在进行软件测试之前，首先要对测试环境进行配置。本书介绍的 pRTI 软件测试的环境配置如表 4.1 所示。另外，需要三台以上机器，一台机器运行 RTI 服务器，其他几台机器分别运行发送成员或接收成员。注意测试时，不要启动其他应用程序以免影响测试结果。

表 4.1　测试环境配置

	配置
硬件平台	NV K5000 图卡，64GB 内存，千兆网卡
操作系统	Windows7（64 位）
网络协议	TCP/IP
开发语言	Visual Studio 2010
运行支撑平台	pRTI

2. 功能测试

功能测试要求按照联邦成员接口调用顺序分别进行单类服务及各类服务之间的交叉测试，检查 RTI 是否符合 HLA 规范的规定。根据调用关系，RTI 服务被分为两部分：一部分被包装成 RTIAmbassador 类，定义和实现联邦成员与 RTI 通信的接口，由联邦成员主动调用被包装成 FederateAmbassador 类，定义和实现 RTI 与联邦成员通信的接口，由 RTI 回调使用。

1）RTI 的功能指标

RTI 的功能指标主要是 RTI 的六大类管理服务及其他支持服务，共计 130 个接口服务。其中六大类管理服务分别是联邦管理、时间管理、数据分发管理、对象管理、所有权管理和声明管理。

2）RTI 的功能测试

RTI 的功能测试是设计一个简单的成员，用来测试 RTI 是否根据规范完成所有服务以及服务的正确性、出错处理能力等。测试程序作为一个特殊的成员，其公布订购关系如下。

对象类。公布是指选择对象表中的任何一个对象进行公布；如果公布多个，则多次选择。订购是指选择对象表中的任何一个对象进行订购；如果订购多个，则多次选择。

交互类。公布是指任选交互表中的一个交互进行公布；若公布多个，则多次选择。订购是指任选交互表中的一个交互进行订购；若订购多个，则多次选择测试 RTI 的功能时，需要设计一个简单的 FOM。该测试 FOM 中不必包含很多对象类和交互类，但一定要有对象类和交互类的继承或层次关系，用来测试公布/订购类、注册/发现对象实例、更新/反射属性、发送/接收交互能否在父子类之间正确实现。成员程序设计时可采用菜单界面，所有的 RTI 服务(除回调函数)都包含在菜单响应函数中。这样可以测试每个服务功能的正确性和异常处理能力是否完善；根据成员的执行过程进行操作，可以测试服务的一致性。

具体测试方案包括功能正确性测试、异常信息提示和边界测试等方面。下面以测试联邦管理服务的正确性为例，设计为以下几个步骤进行测试。

(1)运行一个成员，测试创建、加入、退出、销毁四个服务的正确性。

(2)运行多个成员(一般三个)，测试创建、加入、退出、销毁四个服务的正确性。

(3)改变属性和交互的传输顺序类型(reliable、besteffort 与 timestamp、receive 的四种组合)，测试四个服务的正确性。

(4)运行多个成员，测试联邦管理其他服务的正确性。

(5)运行多个成员，测试联邦管理的其他服务对联邦的影响是否符合规范的要求。

通过测试可以发现，pRTI 软件的联邦管理服务是正确的。同样，由测试的结果可知它们的其他功能也能满足应用要求。

3. 性能测试

性能测试是指在一定的测试配置条件下，在基本的网络测试基础上，对于各种性能指标及各种条件的重复测试。

(1)属性吞吐量。成员传输属性更新的最大速率受到发送成员或接收成员的限制。对于发送成员，更新属性吞吐量由每秒发送 updateAttributeValue() (UAV) 的次数来测量；对于接收成员，反射属性吞吐量由每秒接收 reflectAttributeValues() (RAV) 的次数来测量。两个平均速率的最小值才能表示为属性吞吐量。属性吞吐量的测量在两个或多个既非时间控制又非时间约束的成员间进行，记录使用不同的属性值集的大小和不同传输类型、带数据分发管理(data distribution management, DDM)与不带 DDM 时的情况。

(2)属性延迟。属性延迟可以通过在更新对象实例的时间戳属性中加入成员可得的最精确的当前时间进行测量。实际测量中通常取多次"发送-反射"消息循环的统计平均值计算时延。属性延迟的测量在既非时间控制又非时间约束的成员间进行,使用不同的属性值集大小、不同传输类型参数,并考虑带 DDM 与不带 DDM 的情况。测试时参数设置与属性吞吐量测量相同,统计次数为 5000,每个记录点测量三次后取平均值。比较最速传输模式下不带 DDM 时各 RTI 的属性延迟情况,可以看出 pRTIforHLA1.3 和 KD-RTI 的时延较小,RTI 1.3NGv6 时延稍大。

(3)消息丢失率(又叫丢包率)。丢包率的测量方法与吞吐量的测量方法基本相同。测试时统计次数设为 5000,每种情况测试 3 次。测试记录了可靠传输与最速传输方式下带 DDM 与不带 DDM 时四种情况下的丢包率。

三个性能指标的测试结果记录如表 4.2～表 4.4 所示。

表 4.2　属性吞吐量测试结果表

成员数	1	2	4	8
吞吐量/(kB/s)	612.3	313.2	108.8	79.1

表 4.3　属性延迟测试结果表

字节数	12	128	256	1024	2048
属性延迟/s	0.000462	0.000506	0.000592	0.000613	0.000717

表 4.4　属性消息丢失率

字节数	4	128	256	1024
丢包率	0.0000	0.0000	0.0000	0.0000

4.2　三维视景仿真原理

4.2.1　三维视景系统总体设计

水下维修三维视景仿真系统主要包括视景仿真模型和水下维修仿真场景两大部分。视景仿真模型指视景仿真中涉及的所有模型结构,水下维修仿真场景主要是指为了突出水下维修仿真的特点而形成的海底仿真虚拟场景。利用模块化的软件开发思想进行相应的技术研究和软件开发。

1. 基于 Vega Prime 的三维视景系统开发过程

Vega Prime 作为一个专业的视景仿真开发平台,其开发流程自成体系,图 4.9

描述了 Vega Prime 结合 Creator 进行视景仿真开发的通用流程。

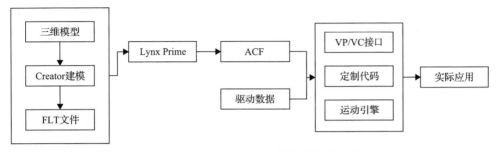

图 4.9　Vega Prime 结合 Creator 进行视景仿真开发流程图

开发流程主要如下。

（1）本体建模，构造系统中所需要的三维模型。

（2）配置文件，将建好的模型在 Lynx Prime 中导入 ACF 中，并根据实际的视景仿真需要配置 ACF。

（3）场景驱动，这部分是视景仿真的核心，这部分要根据实际的仿真需求确定仿真产生的效果，并根据实际效果在代码中添加驱动程序。

（4）实际应用，在整个系统开发完成后，将程序打包发布应用。

2. 水下维修三维视景系统模块设计

根据设计要求，仿真系统包括一个逼真的虚拟环境，通过程序加载特定格式的无人机模型文件和地形模型文件进行虚拟仿真。参照图 4.9 的开发流程，水下维修三维视景仿真系统主要包括模型构造模块、仿真数据来源模块、虚拟场景模块、仿真界面模块和辅助模块，如图 4.10 所示。

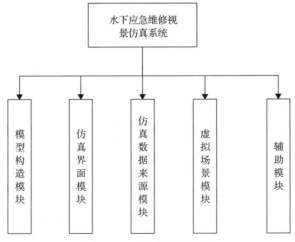

图 4.10　系统软件结构图

4.2.2　三维视景系统的开发环境

1. 系统硬件环境

1）系统硬件功能说明及整体布局

水下应急维修半物理仿真系统的硬件部分由 6 个子模块组成，如图 4.11 所示。这 6 个模块分别是操作模块、视景仿真模块、显示模块、通信模块、音频模块和控制模块。每个模块都有其独立的功能，通过模块间的协同工作来实现水下应急维修半物理仿真系统的 6 个核心功能、4 个辅助功能和其他扩展功能。

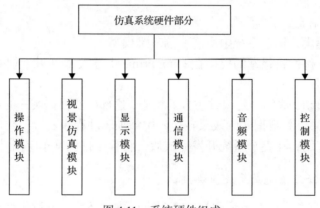

图 4.11　系统硬件组成

（1）操作模块由 1 套教练员站、2 套操作员站、1 套 ROV 工作站、1 套绞车工作站、1 套吊机工作站组成。其主要功能：在多人协同工作的过程中，负责将水下应急维修半物理仿真系统的输入信号转换成虚拟仿真系统能够识别的驱动指令。输入信号主要来自吊机、绞车等控制台，ROV 虚拟控制台和仿真系统计算机操作界面。

（2）视景仿真模块由 4 台配备高端 3D 图卡的工作站组成，该系统的特点是具有强劲的计算性能和出色的三维图形处理能力。其主要功能：根据操作模块的指令进行仿真场景的模拟计算、水下动力学数据的实时计算和视景生成。

（3）显示模块由 1 台视频矩阵、3 台立体投影机和 180°环幕组成。其主要功能：将视景仿真模块输出的实时视景信号，通过立体投影机在 180°环幕上呈现出沉浸感高、立体感强的三维立体图形。

（4）通信模块由 1 台交换机和若干 CAT6 双绞线组成，该模块的主要功能：负责各个硬件模块间的通信，操作模块和视景仿真模块间的全双工通信，视景仿真模块和显示模块间的通信，视景仿真模块和音频模块间的通信，控制模块和显示模块间的通信和控制模块和音频模块间的通信。

(5)音频模块由 1 台音频矩阵和 1 套音响系统组成，其主要功能：接收多路音频信号，输出一路音频信号。视频仿真模块输出的多路音频信号传送到音频矩阵后，控制模块中的中控主机通过对视频矩阵的控制来选择输出具体的那路音频信号，然后将该音频信号传至音响系统进行输出。

(6)控制模块由 1 台中控主机、1 台装有多窗口软件的计算机和 1 个多窗口处理器组成，其主要功能是将视景系统中产生的音视频信号进行合理的输出。通过中控主机可以控制声音的输出，通过多窗口处理器的软硬件配合可以控制视频信号的输出。

根据各个系统模块的组成和功能及它们间的联系，构成了一个完整的硬件系统。其整体布局如图 4.12 所示。

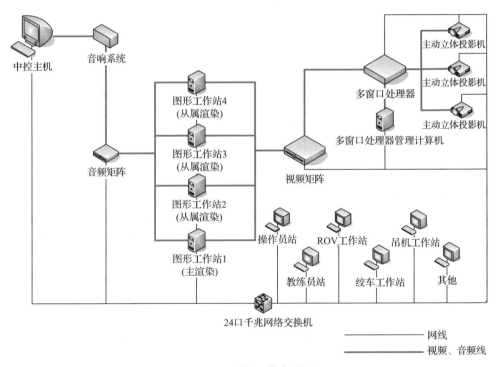

图 4.12　硬件整体布局图

2)三通道投影系统技术原理与技术指标

三通道投影系统的组成部分主要包括三台主动立体投影机和 180°环幕。其系统示意图如图 4.13 所示。

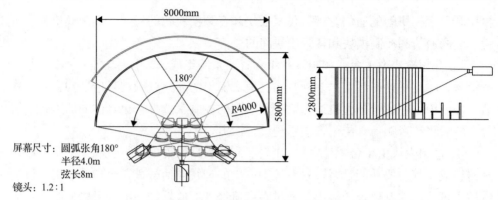

图 4.13　三通道投影系统示意图

（1）三通道投影系统技术原理。

单台图形工作站输出 120Hz 环幕高分辨率、高品质的三维场景图像。

图像信号输出至视频矩阵，视频矩阵将信号输出至多窗口处理器，通过多窗口处理器管理计算机控制图像的输出。

主动立体投影机具有边缘融合技术，能创建连续图像，保证在聚集投影时不会产生模糊重叠区，确保整个屏幕具有相同级别的光线和色彩，确保从不同角度在球面或曲面上准确投影。

多窗口处理器将图形工作站通过视频矩阵输入的 120Hz 图像信号，经过高速采集后按照环幕系统要求分屏输出成多通道 120Hz 画面，利用主动立体投影机中的边缘融合技术和曲面校正技术，最终投影到弧形屏幕上。

多窗口处理器能够实现对视频矩阵传送过来的多路信号进行选择性输出，让图形显示具有多样性。

图像处理架构为分布式控制结构，所有的输入输出通道都采用单独的专业图像处理芯片进行一对一的图像处理，中间链路没有带宽限制，增加通道不会影响带宽负荷，输入信号自动相位调整和 16 种预存场景的任意调用。

主动立体投影机具有全动式图像矫正功能，使安装调试过程中投影图像失真情况得到良好解决，能完美实现边缘融合、曲面矫正、色差矫正、多路信号源选择和切换功能。

通过设备本身、投影机或图形工作站等三种不同的途径产生同步开关信号，来控制液晶快门开关眼镜实现主动式立体显像。

通过不同场景的预设实现平面信号和立体信号的显示选择，平面信号与立体信号切换显示时，不需要重新启动设备。

（2）三通道投影系统技术指标。

①支持多通道主动立体投影。

②支持超大规模三维互动场景展示。

③主机系统指标：高性能图形工作站，可运行海量数据的仿真系统软件，运行超过 500 万面的三维场景，在 3072×768 像素的分辨率下，每秒画面帧数可达到 30。

④支持各种动画、视频内容播放。

⑤支持包括所有 PC 平台上可以播放的视音频文件格式，如 AVI、MPG、MOV 等。

⑥支持包括标清和高清影片播放，包括 VCD、DVD 等。

⑦超群的环幕展现效果。目标均要求在环幕上进行，需达到融合无明显接缝，多通道之间实时同步性能好，能够实现立体效果，以及环幕色彩一致性，亮度稳定性好。

⑧音响效果好且操作方便，调音台设计合理。音响系统设计良好，高、中低音层次鲜明，能让观众体验到 7.1 声道所带来的震撼感觉。

⑨系统易维护、易升级。整套系统所有可能出现的故障都是可预见并且可以解决的，有一套完善的售后服务体系来保证系统的稳定运转；整套系统在一定阶段内保持继续升级的能力，以获得更佳的性能或更好的配置。

⑩屏幕尺寸：圆弧张角 180°；半径 4.0m；弦长 8.0m；镜头：1.2∶1。

系统软件环境如表 4.5 所示。

表 4.5　系统软件环境

操作系统	Windows 7 专业版 64
数据库管理软件	MySQL 企业版
其他支持软件	Vega Prime 5.0
	Vortex 6.0
	Pitch pRTI
	Multigen Creator

4.2.3　水下维修三维视景

1. 三维视景仿真

视景仿真是综合运用计算机技术、图像技术、计算机交互技术和数据传输技术等进行可视化显示的一门新技术，是未来人机接口的发展趋势。视景仿真技术具有以下四个重要特征：多感知性、投入性、交互性、自主性。多感知性是指除了一般计算机技术所具有的视觉、听觉感知外，还有力觉、触觉，甚至包括味觉、嗅觉等感知；投入性是指视景仿真的真实感觉程度；交互性是指参与者与虚拟环境中各种对象的相互作用的能力；自主性是指虚拟环境中依据物理定律动作的程度。视景仿真特别适于应用在军事领域和石油能源领域，尤其是虚拟维修仿真方面。目前，视景仿真技术已成为国内外研究的一个热点问题。

视景仿真是以三维图像描述现实空间内的情况，与三维动画相比，它们之间的不同点还是显著的，主要表现在以下几个方面。

(1)视景仿真是在实时运行时对帧进行渲染，即每一帧都是在实行运行时，根据用户对运动方向的改变和选择观察点后视点的改变，重新计算生成然后渲染，如此连续下去；动画中所有帧都是预先渲染的，即动画生成器将帧的次序及视点中展示的部分场景预先设置好，然后渲染，这样的渲染耗时很长，达数小时以上。

(2)视景仿真是与用户高度交互的，用户可以控制自己的运动方向及观察视点，甚至操作场景中的对象；而动画不允许用户的交互，它只是将预先渲染好的帧按部就班地逐一显示出来，整个过程中用户仅是被动的参与者。交互式是视景仿真最重要的特征，也是视景仿真的目的所在。

(3)视景仿真中的模型相对于动画中的模型来说摈弃了一些细节上的东西以增强渲染的速度和减少延迟周期，为了达到实时渲染，这个时间越短越好，以至于用户不能感觉到。动画更侧重于美学和视觉上的效果，因为所有的动画都是预先设定和渲染的，场景中模型可以有更多的细节表现。

(4)视景仿真系统的帧速率可以根据系统的硬件设施和现实运行目标而改变，从每秒 30 帧到 60 帧不等；动画的帧速率是预先设定的，若以每秒 24 帧的速率播放，就不能再改变。

2. 视景仿真软件的两种实现方法

视景仿真软件开发一般分为两个阶段，即三维实体建模和场景驱动阶段。这里的视景仿真软件的实现主要指场景驱动阶段。目前的视景仿真软件开发按开发环境可分为底层的视景软件开发和高层的视景软件开发两种。

底层的视景软件开发是指利用 OpenGL，即开放的图形程序接口，开发视景仿真软件。OpenGL 从诞生之日起，就被很多人视为图像界的希望，并有很多人利用其开发了视景仿真系统。20 世纪 90 年代，本书作者所在的实验室也有人利用 OpenGL 开发了视景仿真系统，但最后还是归于失败，原因在于虽然 OpenGL 提供了图形程序接口，但是 OpenGL 开发周期长、编程复杂，而且随着开发的系统越来越大和系统硬件环境的限制，系统的帧速率得不到保障，有些系统的帧速率甚至只有几帧/s，这对任何视景仿真来说是无法承受的。但由于 OpenGL 具有平台无关性、与硬件无关性、显示性能优越、执行效率高、应用范围广和免费的优点，所以随着系统硬件的快速发展，目前一些简单的视景仿真系统主要还是利用 OpenGL 来开发。

随着系统硬件配置的发展，图形工作站性能得到了很大的提高，但距离视景仿真的要求仍相当遥远。近年来，市场上出现了很多高层的视景软件，当前支持实时三维视景仿真处理的软件主要有 Vega Prime、Vega、IRIS Performer、VTree 等。这些平台的底层都是基于 OpenGL 的，它们与 OpenGL 最大的不同点就在于它们都采用了生成实时的视景仿真场景所需的软件加速方法，如可见性判定和消隐技术、细节层次模型等。利用这些视景仿真开发平台，开发人员能方便、简捷、快速地开发出所需求的视景仿真系统。随着视景仿真技术越来越受重视，对视景仿真系统的需要也越来越多。基于底层的视景仿真软件开发已经不能满足社会对视景仿真系统的需求，在视景仿真开发中使用高层视景开发环境已经成为趋势。

3. 几种常见视景仿真开发平台的比较

目前，市场上的视景仿真开发平台不下数十种，并且每种平台在国内都有大量的使用者，就使用程度上来说，Vega Prime、Vega 和 OSG 这三个平台是使用最广泛的。下面对这三者之间做一个简单的比较，如表 4.6 所示。

表 4.6　视景开发平台比较

名称	Vega Prime	Vega	OSG
应用编程接口	C++	C	C++
平台	Windows，Linux，Solaris	Windows	Windows，Linux，Solaris
开源	否	否	是
软件成本	付费	付费	免费
进程/线程	多线程	多线程	多线程
图形化用户界面	有	有	无
模块化	是	是	否

结合水下维修视景仿真工程的需要，选择 Vega Prime 作为本书的开发环境，主要原因如下。

（1）Vega Prime 与 Vega 相比，Vega Prime 是 Vega 的替代品，并比 Vega 融入了更多的特性。目前，Vega 的版本已经不更新；Vega Prime 与 OSG 相比有图形用户界面，利用此界面可方便地对系统初始化，而不需要编程来实现，加速了系统的开发。

（2）Vega Prime 背后有 Multigen 公司和 SGI 公司的强力支持，这两家公司都是国际领先的视景仿真供应商。

（3）Vega Prime 中封装了很多模块，如海洋模块、分布式交互模块等，虽然部分需要付费，但正是这些模块的存在减少了系统的开发时间和系统的开发量。

4.2.4　三维视景系统开发路线

1. 技术路线

本书采用 Creator 建模环境、Vega Prime 视景仿真环境与 Visual Studio 2010 开发环境三者结合的技术路线，充分发挥各自优点，技术路线如图 4.14 所示。

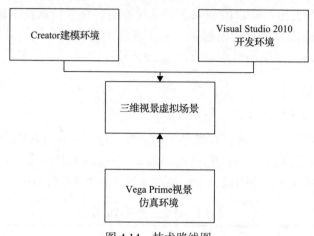

图 4.14　技术路线图

从图 4.14 可以看出，本书的虚拟场景是 Creator 建模环境、Visual Studio 2010 开发环境与 Vega Prime 视景仿真环境三者的集合，这三者相互关联，缺一不可。首先，虚拟场景中的虚拟三维实体在 Creator 中建模；然后将三维实体模型在 Vega Prime 中生成虚拟场景，并通过 Vega Prime 的交互函数对虚拟场景进行控制；最后在 Visual Studio 2010 开发环境下生成界面。本书选用 Visual Studio 2010 作为开发环境的主要原因：Visual Studio 2010 是 Microsoft Visual Studio 开发组件中最强大的可视化应用程序开发工具，是计算机界公认的最优秀的应用开发工具之一。Visual Studio 2010 提供了强大的 MFC 类库，利用 MFC 可以开发出功能强大、性能优良和界面友好的应用程序。Vega Prime 的 2013 版本需要在 Visual Studio 2010 开发环境下编译。

2. Creator 建模环境

Creator 是 Multigen 公司新一代实时仿真建模软件，它拥有针对实时应用优化的 OpenFlight 数据格式，强大的多边形建模功能及纹理应用工具，能构造高逼真度、高度优化的三维模型，并提供转换工具将多种模型格式转换成 OpenFlight 数据格式。利用 Creator 构造出的模型能与实时仿真软件紧密结合。Creator 的编辑界面如图 4.15 所示。

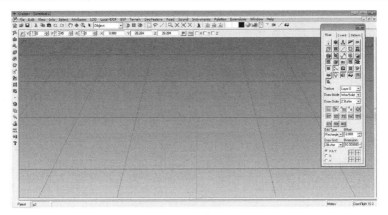

图 4.15　Creator 的编辑界面

Multigen Creator 与其他三维建模工具如 Autodesk 3D Studio Max、Auto CAD 等建模工具之间有很大的区别，最突出的表现在视景系统强调实时性，这就要求组成模型的面片数要少，而传统的三维建模更在乎的是模型的细节性。表 4.7 列出了它们之间主要的不同点。

表 4.7　Creator 与其他建模工具比较

名称	三维视景仿真模型	传统三维动画模型
特点	实时性、交互性、真实感	视觉上真是完美
建模技术	放弃以造型为主，转而用其他技术（如纹理）来提高逼真度	以造型为主，利用面片的数目提高逼真度
模型细节	细节少，突出实时性	细节要求高
主要建模工具	Multigen Creator	Autodesk 3D Studio Max、Auto CAD 等

Multigen Creator 是由一系列的核心模块组成，其主要的组成部分为 Creator Pro。Multigen Creator Pro 是一套高逼真度、最佳优化的实时三维建模工具，它能够满足视景仿真、交互式游戏开发、城市仿真及其他应用领域的需要。Creator Pro 是唯一将多边形建模和地形生成集中在一个软件包中的手动建模工具，能进行建模和地形表面的生成。

（1）Terrain Pro。Terrain Pro 是一个快速创建大面积地形数据库的工具，它创建的地形模型可以精确地接近真实世界，并带有高逼真度三维文化特征及图像特征。

（2）Road Pro。Road Pro 扩展了 Terrain Pro 的功能，利用高级算法生成路面特征。

（3）Interoperability Pro。Interoperability Pro 提供了用于读、写及生成标准格式数据的工具，主要用于雷达及红外传感器的仿真。

（4）Smart Scene。Smart Scene 是将实时三维技术应用于训练、考察和保持高效工作能力方面的先驱，它使工作者完全融入虚拟环境过程成为可能。

3. Vega Prime 视景仿真环境

Vega Prime 是美国 Multigen-Paradigm 公司推出的一款先进的开发环境，主要用于实时视景仿真、声音仿真和科学计算可视化等领域。使用 Vega Prime 进行二次开发，创建虚拟海面大气环境，渲染海洋水体光学效果，建立仿真系统场景库，存放仿真系统虚拟环境搭建所需的各个场景，在仿真系统的运行过程中呈现给操作员及观察者。结合 Vega Prime 提供的运动模式，进行场景漫游功能的开发，同时实现场景切换功能。Vega Prime 支持基于 OPENAL 的声音功能，可以满足虚拟仿真对声音的体验感要求。

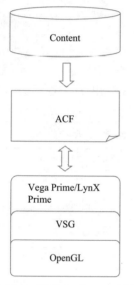

图 4.16　使用 Vega Prime 进行
开发的工作流程

1) Vega Prime 开发流程

Vega Prime 是构建在 VSG 框架之上的，它是 VSG 的扩展 API，同时包括了 LynX Prime 图形用户界面工具。VSG 是 Paradigm 公司自己的跨平台场景渲染引擎，整个 VSG 的底层是 OpenGL。VSG 包括了 vsgu（utility library）、vsgr（rendering library）、vsgs（scene graph library）三个函数库。另外 Vega Prime 还定义了另一个以 VP 开头的函数库。LynX Prime 图形用户界面工具是一个添加类实例和定义实例初始参数的编辑器。在视景仿真系统开发时，Vega Prime 初始化信息和部分系统运行信息就存储在 LynX Prime 创建的 ACF 中。使用 Vega Prime 进行开发的工作流程如图 4.16 所示。

Content：代表地形、数据库和三维模型。

Vega Prime/LynX Prime：Vega Prime 包含了创建一个应用所需的所有 API，LynX Prime 简化了开发过程，而且 LynX Prime 允许开发者无须编写代码即可创建一个应用。

ACF：包含了 Vega Prime 在初始化和运行时所需的信息。

Vega Prime 实时仿真程序由以下三部分组成。

（1）应用程序。

应用程序控制场景、模型在场景中的移动和场景中其他大量的动态模型。实时应用程序包括汽车驾驶、动态模型的飞行、碰撞检测和特殊效果，如爆炸。

在 Vega Prime 外的开发平台创建应用程序，并将文件以*.cpp 格式存档。它包含了 C++可以调用的 Vega Prime 库的功能和分类。在编辑完成后就形成了一个可执行的实时 3D 应用文件。

(2)应用配置文件。

应用配置文件包含 Vega Prime 应用在初始化和运行时所需的一切信息。通过编译不同的文件，一个 Vega Prime 能够生成不同种类的应用。ACF 为扩展 Mark-up 语言(XML)格式。

可以使用 Vega Prime 编辑器 LynX Prime 来开发一个 ACF，然后使用 Vega Prime API 动态地改变应用中模型的运动。对于实时应用来说，ACF 不是必要的，但它可以将改动信息进行译码，记录在 cpp 程序中，这样可以节省大量的时间。

(3)模型包。

可以使用 Multigen Creator 和 Model Builder 3D，以 OpenFlight 的格式来创建实时三维应用中所有独立的模型。可以使用 Creator Terrain Studio(CTS)，以 Meta Flight 格式来生成大面积地形文件，并可以使用这两种格式在 Vega Prime 中增加模型文件。

Vega Prime 开发平台作为一款专业的视景仿真软件，其开发流程自成体系。利用 Creator 等建模工具结合 Vega Prime 进行视景仿真开发的通用流程如图 4.17 所示，一般的开发过程主要如下。

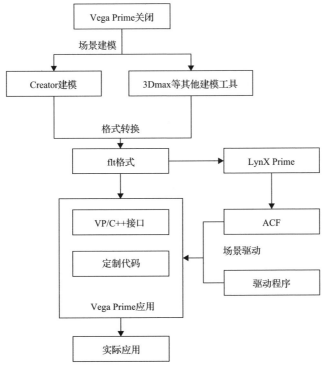

图 4.17　使用 Vega Prime 建立仿真系统流程图

(1)场景建模。使用建模工具得到符合要求的三维模型。

(2)文件使用 LynX Prime 工具导入模型，并根据实际的仿真需要进行文件配置，最后得到 ACF。

（3）场景驱动。根据实际的仿真需求，用户添加驱动程序实现预期效果，这是视景仿真程序的核心部分。

（4）实际应用。完成仿真系统的开发后，将系统发布应用。

Vega Prime 应用程序的最基本配置包括初始化（initialization）、定义（definition）、配置（configuration）、帧循环、关闭五个部分。

（1）初始化：实现变量初始化和内存分配，格式为 vp::initialize()。vpApp 类用来定义一个典型的 Vega Prime 应用的框架。

（2）定义：类实例在定义中创建和初始化，调用一个以 ACF 文件名作为参数的 define() 函数表示用哪个配置文件产生动画场景。

（3）配置：实现场景对象的初始化配置，配置成功返回 vsgu::SUCCESS。

（4）帧循环：以 begin Frame() 开始、end Frame() 结束构成整个应用程序的刷新与循环，调用 end Frame() 后更新将作用到下一帧。

（5）关闭：清除场景中的对象，内存释放，结束整个程序。

Vega Prime 应用程序流程如图 4.18 所示。

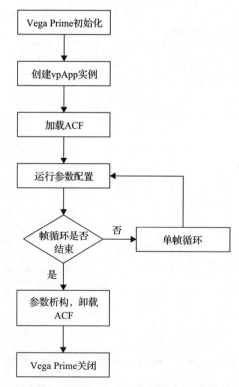

图 4.18　Vega Prime 应用程序流程图

2) 场景漫游技术

Vega Prime 定义了 vpScene、vpChannel、vpWindow 和 vpPipeline 四个相应的类实现场景显示。vpScene 是 vsNode 的容器，是一个场景的根节点，是更新和选择遍历的起点。vpChannel 控制场景的绘制区域，允许设置参数控制剪辑平面。

在场景显示中的一个重要组成部分就是观察者，它可以是固定的绝对视角，也可以是运动体相关的跟踪视点，或是直接与运动模式绑定的运动视点。

视景仿真设置的观察模式分为两类：一类是实体相关模式，如旋转模式、伴随模式、驾驶模式、关注模式，另一类是绝对模式，如手动模式，它与实体位置无关，直接调节视点到相应的位置。

Vega Prime 提供了七种运动模式，包括驾驶模式、步行模式、飞行模式等。它们均是 vpMotion 的派生类。vpMotion 可以指定任意的输入设备来控制运动，如 vpInputKeyboard（键盘）、vpInputMouse（鼠标）或者 vpInputComposite（由几个设备合成的输入设备）。另外，路径漫游模式也是一种运动策略，视点控制的部分与漫游模式一致。路径漫游是一系列的点集，这些点是 pathway 格式的数据，数据有空间位置、姿态属性值。

3) 三维海洋环境渲染技术

海洋环境虚拟仿真，需要再现包括对海面波浪的模拟、海平面以上大气环境的视景、海底地形呈现等各个元素在内的真实场景。

Vega Prime Marine 流水海洋表面模块为在实时三维仿真应用中创建极具真实感的海洋、湖泊、海岸线水流表面提供了理想的解决方案。该选项使用户能够很方便地在任何 Vega Prime 应用中添加动态真实的水流表面效果。同时，还塑造了 13 种由不同 Beaufort 标度描述的海洋状态，以及由 9 种不同海浪模型描述的海洋状态。此外，Vega Prime Marine 还支持多洋面和多观察者效果，如图 4.19 和图 4.20 所示。

图 4.19　Vega Prime Marine 示例图（文后附彩图）

图 4.20　海洋水体光学效果(文后附彩图)

海洋水体的仿真需要呈现维修机器人在下放过程、维修过程中的海水水体效果。通过对 Vega Prime 大气光照模型进行二次开发,对环境光和漫反射的调节渲染海洋水体光学效果,实现海平面以上显示普通大气环境,海平面以下随海水深度变化海洋水体光学效果随之发生改变。

4) 分布式渲染技术

Vega Prime 拥有的分布渲染模块,能够实现完全同步的多通道应用的开发,能够在多台图形节点上进行连续一致的渲染。利用 Vega Prime 分布渲染模块提供的优化渲染性能,主机系统和客户端系统以同一种配置进行互连。直观的接口结构充分满足跨平台实时 3D 应用的开发与调度需求。通常,分布渲染模块可以满足多通道连续或非连续显示的应用。任何 Vega Prime 应用均能够通过在图形界面简单添加一些设置进行分布式渲染。分布渲染模块包括能够通过局域网对多通道应用进行简单设置和配置的工具。因此,用户能够利用一个 GUI 使多通道应用高效运行。

5) 并行绘制技术

Vega Prime 拥有的多通道并行绘制模块,在不同的计算机上显示同一个应用程序的 VP 场景,多通道 VP 线程的开启在表现上指的是在主通道运行程序,实现副通道相同程序的 VP 场景的开启。

基于 Vega Prime 的多通道文件配置与基于控制台的多通道文件配置相同,主要表现为将相同的视景可执行程序分别存储到几台 PC 相同目录下,通过 Vega Prime 的分布交互配置,即 Agent 配置、ACF 实现多通道的视景仿真。

6) 180°环幕分布式绘制

通过将 Vega Prime 的分布式绘制功能模块和多通道代理的结合使用,可以高效快捷地实现 180°(或更大视角)的多通道分布式绘制功能。

本书主要采用了 Vega Prime 的分布式绘制技术,如图 4.21 所示,操作步骤如下。

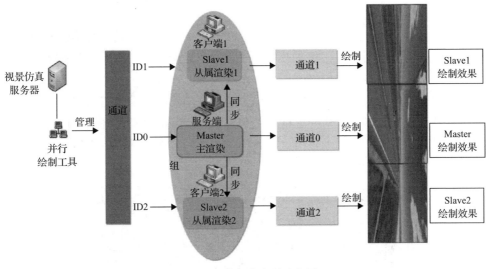

图 4.21　分布式绘制示意图

（1）创建并行绘制集群。

（2）启动分布式绘制功能模块，配置集群中各 PC 的角色。采用一个服务端 Master，两个客户端 Slave 方案。

（3）启动多通道代理，建立 Slave 与 Master 之间的连接。通过 Master 来管理 Slave，从而实现同步绘制。

（4）将绘制效果通过三台投影仪投射到 180°环幕上，如图 4.22 所示。

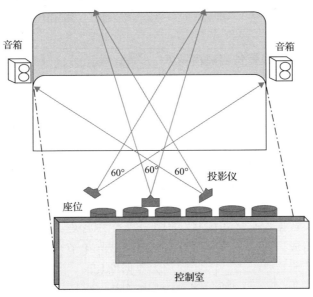

图 4.22　180°环幕投影示意图

7) 真实感照明效果

Vega Prime 的 Light Lobes 模块为 Vega Prime 应用提供极具真实感的照明效果
（图 4.23），能够创建真实的场景照明且避免产生错误的贴图效果，且支持实时帧
率下的大量移动光源模拟和用户自定义光照类型，Vega Prime 的 Light Lobes 模块
为照明光源的观察应用提供理想的解决方案。移动光源渲染技术适用于任何支持
OpenGL1.2 或更高版本的硬件平台。照明程度根据光源与地面距离的扩大而衰减，
或根据地面与观察者的距离变化，能够在一个应用中使用大量的移动光源，并通
过优化绘制时间以实现最佳表现性能。

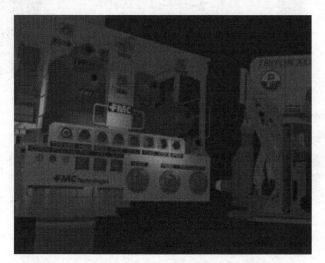

图 4.23　Light Lobes 真实感局部照明效果示例图

4.2.5　维修工具三维视景仿真建模技术

1. OpenFlight（*.flt）数据库格式

OpenFlight 数据库格式是 Multigen 公司将所要仿真的环境与对象通过数学方
法表达成存储在计算机内三维图形对象的描述数据库集合，用来通知图像生成器
何时及如何渲染实时三维景观，非常精确可靠。它是为简单的或相对复杂的实时
仿真应用设计的。OpenFlight 数据格式是 Creator 的根基，是可视化的数据库标准，
也是视景仿真领域的行业执行标准。

OpenFlight 数据库是采用树状结构层次来组织管理场景数据的。这个树状结
构由许多节点组成，每一个节点可以有子节点或兄弟节点。它的顶端是树的根，
包含了所管辖的所有子节点，因此称它为数据库（db）。数据库下面管辖了许多个
群（group）节点，如图 4.24 所示的层次结构视图。g1、g2 为群节点。群节点下面

管辖对象(object)节点，即 storage 节点。对象节点下面还可以有子对象节点，lead ro、winch f 等为子对象节点，对象节点或子对象节点下面管辖了面(face)节点。在 Creator 建模软件中，所有的模型都是由一个个的面组成，因此面是组成各种模型的基本单位。面底下还管辖许多条线，线又管辖了许多个点，但在层次结构视图中并不显示出线和点。各个节点都有各自的属性，可以在属性表里面对属性进行修改。

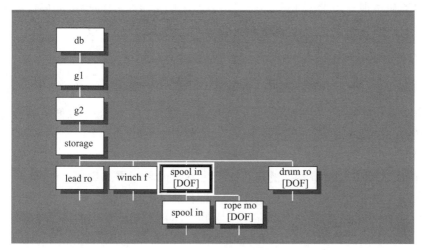

图 4.24　层次结构视图

　　层次结构是一种可视化的数据结构，主要体现在它直观地表达了数据库各个组成部分。同时，选中了层次结构中的任何节点(对象或面)之后，它的图形视图就会自动选中相应的多边形。同样，在图形视图中选中了多边形后，在层次数据库里也能显示出被选中的各个面片。这种层次结构带来了很多的方便。第一，可以把组成一个小模型的多个面集中在一个对象节点中，同样，可以把相关的对象集中到一个群节点中，这样不但优化了数据结构，而且便于查找修改。更重要的是，它与图形视图互相配合给建模带来了极大的方便。第二，对于层次里面的所有数据(包括群节点、对象节点、面节点)，都可以被复制到其他文件中，这一点对制造大规模场景来说是至关重要的，因为它允许多个人同时建造场景里的各个模型，最后可以很方便地把各个区域小模型集成在一个总的文件里，同时，如果需要修改场景里的某个模型，也可以先分离出要修改的模型，修改完后再集成进去即可。第三，层次结构还为应用可见性与消隐技术、实例技术、多层次细节(levels of detail, LOD)技术、纹理映射等策略带来了方便，能有效地降低场景中面的片数。

2. 建模过程中用到的若干技术

1)LOD 技术
LOD 技术也称多层次细节技术。为了解决可视化仿真过程中系统的实时性和模型的逼真度之间的矛盾，按照当前视点到模型对象距离的不同细节层次，距离近时调用复杂的模型，显示更多的细节，距离远时调用简单的模型，不必显示细节，以便减少计算量，保证系统的交互速度。早在 1987 年，Clark 就提出，当物体仅覆盖较小的区域时，可以用该物体描述较粗的模型绘制，以便实现快速、有效的复杂场景绘制，这就是 LOD 技术的雏形。目前，LOD 技术主要可以分为与视点相关和与视点无关两大类。前者主要在不同的误差标准尽可能保持模型外形的条件下，预先自动生成不同精细程度的简化网格模型，在系统绘制过程中根据视点的位置选择相应的网格模型进行绘制。后者则根据视点动态生成简化的网格模型。如果数据库中设置了较多的 LOD 层次，则可以用嵌套式 LOD 层次结构来表示，利用 LOD 嵌套式层次结构可以使同一对象模型的不同 LOD 层次结构的转入转出距离相互嵌套，这样系统可以避免不必要的 LOD 选择，以便更有效地进行剔除操作，提高实时系统运行效率。

利用 LOD 技术可以使同一模型对象表现出不同的细节程度，但是在不同的 LOD 层次之间进行细节转换的过程中会出现画面不连贯的现象，Creator 采用了 Morphing 方法来平滑相邻 LOD 的转换，即在相邻的 LOD 间分配一个过渡区，使不同 LOD 之间能够平滑过渡。在本书中的大面积地形设计中利用了 LOD 技术，使无人机在不同的地面高度显示的地形精确度不同，减少系统内存占用。

2) DOF 技术

DOF(degrees of freedom)技术也叫自由度设置技术，即在模型对象的 DOF 节点上设置局部坐标系和自由度的限度。使用 DOF 技术可以使模型对象具有活动的能力，DOF 节点可控制它的所有子节点按照设置的自由度范围进行移动或者旋转运动。在模型数据库中进行 DOF 设置的步骤如下：

(1)以组节点或者同级别的节点作为父节点，创建 DOF 节点。

(2)把需要设置自由度的模型对象的对应节点作为 DOF 节点的子节点。DOF 节点可以控制其子节点的运动，包括其子 DOF 节点，即 DOF 节点可以嵌套，并且 DOF 节点具有继承性，用来保证子节点能够符合逻辑的运动，最后模型的运动状态是所有起作用的 DOF 节点共同作用的结果。

(3)利用 Local-DOF/Position DOF 命令设计局部坐标系。

(4)在 DOF 节点属性中设置节点自由度范围。

(5)在 DOF Viewer 中检验 DOF 的设置效果。

3) 包围盒技术

包围盒(bounding volumes)是指一个包围着模型对象的不可见的几何形状，如长方体形、球形、圆柱形等。包围盒是该模型对象的一个保守估计，可以近似地代替模型进行一些粗略的计算。根据包围盒方式不同可将包围盒分为沿坐标轴的包围盒 AABB、有向包围盒 OBB 及多层树级包围盒。

包围盒技术主要用于实时系统交互不同过程中不同模型间的碰撞检测，实时系统只需判断模型的包围盒是否相交即可判断是否发生了碰撞，非常有效。如果不使用包围盒技术，则需要遍历所有的多边形来判断是否和其余的多边形相交叉，实时速度下降很多。本书系统中的碰撞检测就是采用包围盒技术。

3. 地形建模

对于虚拟仿真，地形是一个非常重要的组成部分[46]。ROV 的运动需要地形的对比才能够衬托出来；视景仿真中的地形和天空往往作为整个画面的背景，地形的逼真度决定了整个视景仿真画面的质量。

1) 地形建模概述

要建立一个视景仿真应用的地形是一个非常复杂的工作，但可以归纳为典型的三个步骤。

搜集有关素材，它包括各种各样的模型数据，如表示地形的海拔数据、表示河流山川道路等的文化特征数据、视景中所需要地形的尺寸及地形纹理等。

根据这些素材建立三维实时地形模型，包括地形模型的设计、纹理设计制作等，并按照要求为地形添上控制参数、等高线显示属性等特性后就能逼真地形。

为了满足仿真的需要，减少系统开销，最后需要对地形模型进行修改，修改原则是"合并可以合并的面，删除不必要的面"，除了上述之外，还需要将地形模型导入 Vega Prime 中，在漫游状态下观察地形，遇到不平滑的突起或者凹陷时则退出修改，不断重复上面的工作直到地形适合所需求的仿真要求为止。下面将按这三个步骤构建一个典型的地形实体模型。

2) 地形数据源

构建地形的原始数据是一组地表高程采样点，即高度场。高度场是一组以栅格形式存储的数据，具体来说，就是高度场的每一个数据结构都代表了一个地形数据采样点，存储了这个点的经度、纬度和高度数据。高度场一般由地质勘测组织根据实地勘测数据或从灰度卫星照片上获得的数据采样而来。采样点的密度越小，数据的经度也越高，与实际地形的差异也就越小。一般采样点是按照经度和纬度方向等距分布，距离为 10～1000m。地形数据是建立三维地形模型的基础。可以提供地形原始信息的数据格式有很多种，常见的有美国地质勘探局（United States Geological Survey）的 DEM 格式，美国国家图像与绘图局（National Imagery and Mapping Association）的 DTED 格式，DTM 格式即数字地图模型（digital terrain models），DRG 格式即数字栅格地图（digital raster graphic）。这些原始数据格式用不同格式的规范描述了特定地区的高程图，但是这些格式的地形数据并不能直接为 Creator 所用，而必须先将它们转化为 Creator 专用的数字高程数据（digital elevation data，DED）格式，DED 是 Multigen-Paradigm 公司为 Creator 地形创建工具开发的统一高程图格式。

3）地形生成过程中的一些关键技术

Multigen Creator 的地形建模模块 Terrain Pro 是一个快速创建大面积地形数据库的工具，它可以使地形精确接近真实世界，并带有高逼真度三维文化特征及图像特征。在地形建模过程中，值得关注的是投影方式的选择和地形转换算法的选择。

投影变换就是指地球表面上的点与投影平面上点之间的一一对应关系。其本质就是利用一定的数学法则把地球表面上的经纬线网表示到平面上。凡是地理信息系统就必然要考虑到投影变换，投影变换的使用保证了空间信息在地域上的联系和完整性。在各类地理信息系统的建立过程中，选择适当的投影变换是首先要考虑的问题。由于地球椭球体表面是曲面，而地形通常是要绘制在平面图纸上，因此制作地形时首先要把曲面展为平面，然而球面是个不可扩展的曲面，即把它直接展为平面时，不可能不发生破裂或皱褶。若用这种具有破裂或皱褶的平面制作地形，显然是不实际的，必须采用特殊的方法将曲面展开，使其成为没有破裂或皱褶的平面。Multigen Creator 中提供了地图投影，地图投影既能表示为平面的地球，也能近似表示为有曲度的地球。因为地球不是真正意义上的圆球，所以不同的投影方式在某个特定的地区可以弥补地球的不规则性。在赤道和两极附近的投影方式有天壤之别。投影方式的选取取决于地形的坐标位置、所覆盖区域的大小及形状。投影方式的选取原则是最大限度地降低所生成地形的扭曲度。

地图投影面板提供了 5 种投影方式。

（1）Flat Earth：视经纬度为 X、Y 坐标，生成矩形地形数据。该投影方式通常适用于东西向较长且远离两极的区域。

（2）通用横墨卡托坐标投影（universal transverse Mercator projection, UTM）：适用于南北向较长，或沿着子午线的区域，沿着子午线方向的地形就越精确；反之，东西向离子午线越远，扭曲度就越大。

（3）Geocentric：一种圆形地球投影方式，适用于大地形，或要求仿真地球表面曲度。

（4）兰勃特正性圆锥投影（Lambert conic conformal projection）：适用于两个标准的平行边界区域。在两个边界之间，所有的经度线都垂直于纬度线。在北纬84°至南纬80°之间，高纬度飞行所见的区域非常精确；越向两级，变形越明显。

（5）梯形投影（trapezoidal projection）：一种方位角投影。突出中心区域，四周离中心越远，变形越明显，适用于 1°（经度）×1°（纬度）以内的小地形。

将数字高程原始数据转换成 Creator 所能识别的 DED 格式后, Creator 是采用标杆重新构建地形的, 通常标杆间的间隔是原始数据格网的间隔。

4) 三维地形的生成

Multigen Creator 的地形转换工具可以将真实世界的地理高程数据方便地转换为用于创建虚拟场景的多边形场景数据库。由于缺少真实的地形数据和地形的纹理特征, 本书的三维地形的数据源是采用 Creator 自带的一个三维数据。具体转换过程如下。

(1) 在 Creator 的地形窗口中读入 DED 格式文件。在 Creator 中选择新建一个地形工程, 导入 DED 文件, 打开地形窗口。

(2) 设置 DED 高程数据转换为三角化多边形的控制参数。在 Project 面板中设置 DED 文件、控制参数文件、特征参数文件等属性文件。在 Map 面板中选择数据库的长度单位、经纬度坐标, 投影方式选择 Flat Earth 方式。在 Triangle 中选择 Delaunay 地形转换算法。在 Texture 面板中设置地形纹理。由于本地形面积相对总的地形面积还是属于较小地形, 所以并不需要设置 Batch 面板参数, Batch 读入面板主要用来设置批处理, 批处理就是将一整块地形分割成许多块小的地形, 在运行时根据需要加载显示的那一块地形。

(3) 设置控制等高线显示的属性。等高线是地图上连接具有相同高度点的线。一条等高线表示一个高度范围。在地形窗口左边的等高线属性控制面板中对地形等高线的属性进行设置。在等高线属性控制面板中设置等高线的表面颜色、材质、纹理, 并且根据实际需要改变等高线。

(4) 定义 LOD。LOD 设置控制显示不同复杂度的地形。最高级的 LOD 显示距离视点最近的地形, 其包含最多数量的修饰多边形。较低级的 LOD 显示用较少的多边形修饰的地形。在 Creator 地形窗口中可方便地为地形数据添加 LOD。由于无人机飞行时的飞行高度有限, 所以并不需要插入多级 LOD, 只需设置两级 LOD, 分界点为 1000m。当无人机飞行高度低于 1000m 时, 系统自动调用精度较高的地形模型, 当无人机飞行高度高于 1000m 时, 则系统调用精度稍次些的地形模型。在上述参数设置完毕后, 就可以在地形窗口中生成地形场景。

(5) 在 Vega Prime 中测试地形。测试方法是: 在漫游状态下观察地形, 遇到不平滑的突起或者凹陷时则退出在 Creator 中修改模型。经过不断测试, 直到得到能适应仿真的地形模型。Vega Prime 中显示建好的地形。经过测试, 此地形在高 LOD 下大小为 105000m×90000m, 面片数为 7846。而在低 LOD 下大小同为 105000m×90000m, 但面片数减小为 4854。这样系统在渲染低 LOD 的地形时只需要少许的面片数同样能达到预期的仿真效果, 减小了系统的损耗, 符合系统设计的要求。

4.3　动力学仿真原理

4.3.1　基于 Vortex 的实时动力学仿真

物理引擎 Vortex[47]是一个模块化的平台，通过构建实时交互的解决方案，来完成任务培训、现场可视化、计划和原型等方面的仿真工作。Vortex 在动力学仿真方面，兼顾了实时性和准确性，并且提供可视化建模方法。Vortex 能够完成刚体动力学、绳索系统及水动力学方面的物理仿真工作。

1. Vortex SDK

Vortex 丰富的接口及良好的框架为动力学仿真应用的设计与开发提供了较好的支持。作为一个模块化的物理仿真引擎，Vortex SDK 主要由 Vortex Framework 和 Vortex Dynamics 两个模块组成。

Vortex Framework 是一个可扩展的软件应用框架，使各个模块之间能够结合到一起。Vortex Framework 是一个软件应用程序层，用于多通道可视化、分布式仿真、网络通信及软件集成控制，使 Vortex 的动力学仿真应用具有良好的扩展性。它还提供了图形化接口，支持 OSG 和 Presagis Vega Prime TM，能够将物理仿真与场景仿真进行集成，为开发人员提供了更多的便利。Vortex 框架如图 4.25 所示，在应用程序开发过程中，Vortex 框架应用层作为中间层，对客户仿真应用层和 SDK 底层之间进行了有效的衔接。

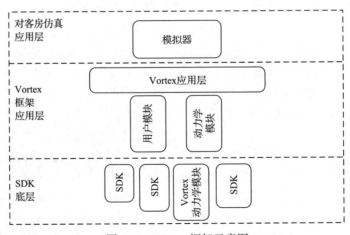

图 4.25　Vortex 框架示意图

Vortex Dynamics 是 Vortex 的技术核心，主要用于准确地计算物体的物理运动及虚拟环境移动物体的真实碰撞。Vortex Dynamics 实现了完整的实时多体动力学仿真，能够快速和稳定地进行碰撞检测，而且不受机制结构的限制。Vortex Dynamics 也是一个为重型设备、机器人设备、车辆、绳索系统及传感器系统提供实时动力学仿真的库工具包(library toolkit)，它包括一个 API，可以与其他系统进行交互操作。

2. 动力学仿真系统解算机制

Vortex 动力学解算周期与视景仿真周期一一对应，如图 4.26 所示。动力学解算周期分为前处理阶段、动力学解算阶段及后处理阶段三个阶段。

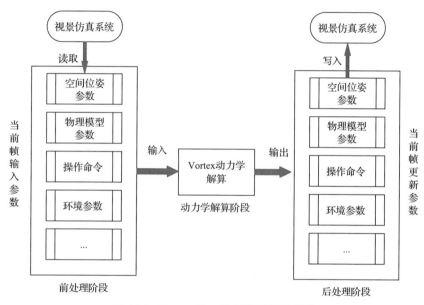

图 4.26　Vortex 动力学解算周期示意图

(1)前处理阶段主要任务为：首先读取当前帧的动力学环境参数，并据此从视景仿真系统中读取需要进行动力学仿真计算的几何模型空间位置和姿态信息，然后在动力学空间中加载相应的物理模型；接下来加载当前的模型约束信息、表面材质信息列表及操作命令信息和其他配置参数等；最后将信息加载到解算器后触发动力学解算过程。

(2)动力学解算阶段主要任务：根据当前物理模型参数及仿真空间的事件信息，对动力学空间中的所有动力学模型进行仿真事件判定(如是否发生碰撞、约束状态是否改变等)，并根据各个模型在仿真循环周期时间内的物理仿真参数和仿真事件进行动力学解算，得到当前帧所要更新的参数值，作为后处理阶段的环境参数，并触发后处理阶段。

(3)后处理阶段主要任务：根据动力学解算阶段得到的相应物理参数更新动

力学空间中当前帧的所有模型动力学参数、材质参数及约束、事件等属性和信息，并将物理模型的空间位置和姿态信息输出到视景仿真系统中，作为相应的几何模型空间状态进行绘制。这三个解算阶段将仿真空间中当前帧的所有物理模型的动力学参数进行更新，确保了虚拟仿真世界中的所有模型在每一帧的运动效果都具有物理真实感。

3. Vortex 动力学仿真

Vortex 通过层级结构的方式，将刚体抽象为拥有动力学和运动学属性的物理模型，进而实现了碰撞检测和刚体约束等多体动力学的特性。Vortex 的碰撞检测算法的特点是解算速度快，具有较高的实时性。Vortex 提供了多种约束类型，还支持自定义约束类型。

1) Vortex 层级结构

Vortex 的相关概念包括场景(scene)、机制体(mechanism)、集合体(assemblies)、约束(constraint)、部件(part)及碰撞检测几何体(collision geometry)等。这些概念在 Vortex 中构成层次结构，图 4.27 为 Vortex 的层级结构图。

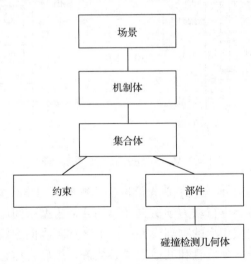

图 4.27　Vortex 的层级结构图

场景位于 Vortex 项目中的最高层级，在场景中可以定义重力等世界属性，也可以通过添加图形和声音来实现现实的环境。场景可以包含一个或多个机制体和一个地形。机制体是下一个层级，包含一个或多个集合体。在机制体中拥有几何模型、控制器(如操纵杆)、扩展内容(如光、引擎噪声)及 Vortex 模块(如车辆模块)等信息。集合体包含多个约束和部件，在集合体中，约束将有联系的各个部件结合到一起，限制了部件的运动，有助于模拟现实的动作和行为。约束主要用于限制刚体的自由度，通过约束可以将各个部件联系成一个整体。部件是刚体，可以与其他部件发生碰撞。它们具有碰撞几何形状，用来实现多体之间的碰撞检测。碰撞检测几何体在仿真环境中来确定接触位置，定义了刚体的质量属性和材料属性。

2）Vortex 碰撞检测

碰撞检测几何体在仿真环境中可以准确定位部件之间的接触位置，同时简化部件复杂的几何外形，进而提高仿真效率。一旦将部件与碰撞检测几何体关联，就可以定义它的质量属性，如质量、质心、惯性张量。还可以定义它的材料特性，如橡胶车轮，也可以设置接触点材料属性，如摩擦。设置碰撞检测几何体很重要，因为它们决定了两个部件在运行时的交互反应。

碰撞检测几何体的基本形状有光滑和非光滑之分。当对象连续接触时，光滑的几何体产生的碰撞比较流畅，光滑的几何体包括箱体(box)、球体(sphere)、圆柱体(cylinder)、胶囊体(capsule)等。使用这些基本类型，以组合的方式，可以创建出复杂部件的碰撞检测几何体。非光滑的几何体包括三角网格(triangle mesh)和凸起网格(convex mesh)等，这些碰撞网格是由三维几何模型的网格信息生成的，虽然与几何模型匹配的程度很精确，但是会降低系统的效率和实时性。图 4.28 列举了几种光滑碰撞检测几何体的基本形状，在物理建模过程中它们会被频繁地使用。

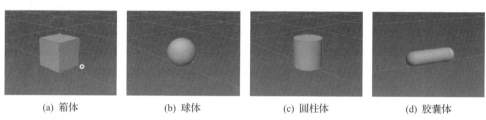

(a) 箱体　　　　　　(b) 球体　　　　　　(c) 圆柱体　　　　　　(d) 胶囊体

图 4.28　光滑的碰撞检测几何体基本形状

3）Vortex 刚体约束

约束主要是对刚体或作用力的限制。自由移动的刚体拥有 6 个自由度，而约束的作用就是移出其中的一个或多个自由度。例如，按在门框上的门，受到的是铰链类型约束，只有一个自由度。Vortex 包含多种约束类型，常用的约束有相对位置和方位(relative position relative orientation, RPRO)约束、移动关节(prismatic joint)约束、铰链(hinge)约束和球窝关节(ball and socket joint)约束等，如图 4.29 所示。除了以上四种约束类型，Vortex 还提供了螺纹连接(screw joints)约束、弹簧(spring)约束、绞盘(winch)约束和齿轮接触(contact gear)约束等，每一种约束类型都对应特定的应用场景。

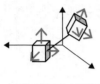
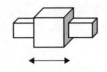

　(a) 相对位置和方位约束　　　(b) 移动关节约束　　　(c) 铰链约束　　　(d) 球窝关节约束

图 4.29　Vortex 约束示意图

　　相对位置和方位约束是一种基于四元数的多功能约束，主要用于控制两个部件之间的相对变换。相对位置和方位约束连接的两个部件会一直保持相对的距离和角度，这就意味着被约束部件的六个自由度都被移除了。

　　移动关节约束只保留了一个由位移坐标控制的线性自由度，用于确定两个机构之间的直线运动。移动关节约束限制了另外两个线性自由度和三个角度自由度，例如，滑块只能在滑槽中滑动，但是滑块和滑槽的相对方位不能发生变化。

　　铰链约束通常用于连接两个固体，并且允许它们在一定的角度范围内旋转。理想状态下，被铰链连接的两个对象可以围绕固定轴旋转。Vortex 中的铰链约束限制了五个自由度，由一个转动轴来固定两个刚体的位置和姿态。铰链约束常用于设置一些旋转部件，例如将门固定在门框上，或者是将一个支杆安装到支点上。

　　球窝关节约束将两个部件固定在同一位置的点，球形部件和球窝部件的中心重合在一起。球窝关节约束移除其他三个自由度，因此部件之间只能围绕着公共点旋转。

　　4. Vortex 建模方法

　　在多体动力学仿真过程中，首先要建立具有动力学(dynamics)和运动学(kinematics)属性的物理模型。动力学关注力对物体运动的影响，主要包括力和扭矩等参数；运动学运用几何方法来研究物体的运动，主要包括位置和姿态等参数。多体动力学仿真中还涉及碰撞检测和刚体质量分布等问题，这些都在物理模型中给予了解决。

　　1) 建模工具

　　Vortex 有两种建立物理模型的方法。第一种方法是在程序中调用 Vortex Dynamics 中的接口函数完成建模，这种建模方式要求比较高的编程能力，而且生成的物理模型不便于调试。第二种方法是可视化建模方法，自 Vortex 6.0 版本开始，提供了专门用于建模的工具 Vortex Editor。Vortex Editor 是一个可视化建模工具，以所见即所得的编辑模式，将建立的模型显示给用户，使修改和调试物理模型的过程更加简单。

　　Vortex Editor 提供四种编辑器，即场景编辑器、机制体编辑器、集合体编辑器和部件编辑器，分别用于创建和修改不同级别的 Vortex 组件。场景编辑器用于设置仿真场景，机制体编辑器用于创建机制体，集合体编辑器用于配置集合体，部件编辑器用于生成部件。四种编辑模式在 Vortex Editor 中的表示如图 4.30 所示，每一种编辑模式下都生成保存模型信息的文件，在仿真应用程序中可以从文件中读取物理模型信息。

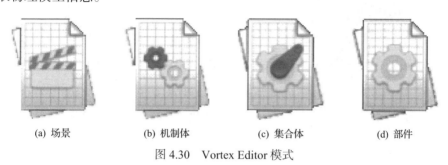

| (a) 场景 | (b) 机制体 | (c) 集合体 | (d) 部件 |

图 4.30　Vortex Editor 模式

在场景编辑器中可以对机制体进行布局，以及增加输入控制等扩展。场景中至少要加入一个机制体，因为机制体包含着各种动力学对象，是仿真测试的核心；如果仿真应用中只需要建立一个机制体，那么不用将其加入场景，可以直接导出物理模型。场景编辑器中还可以建立绳索系统和地形等扩展应用，为这些扩展应用提供了接口。

机制体编辑器设置机制体时，首先要导入三维几何模型，Vortex 能够使用 flt 等文件格式的几何模型；然后生成与几何模型匹配的集合体、部件等 Vortex Dynamics 组件。除此之外，机制体编辑器可以对多个集合体之间进行连接，还可以配置 VHL（Vortex high level）接口。Vortex 的 VHL 接口用于简化工作流程，只需定义机制体输入值、输出值和参数值的一个子集，系统集成人员就可以不用编码或脚本来修改这些值。

集合体编辑器用于配置部件的物理属性及部件的约束关系。集合体编辑器主要有以下四个方面功能：第一，将部件加入集合体中；第二，设置部件的位置和姿态及修改角速度和线速度；第三，增加或修改约束；第四，设置部件的休眠阈值（threshold steps）。在仿真场景中，认为静止的部件是休眠了，部件休眠是一种优化技术，可以减少部件的计算时间，提升仿真系统的实时性能。当部件的速度和加速度持续低于给定的阈值时，将自动进入休眠状态；当部件受到作用力时就会被唤醒，可以在仿真中进行动力学和运动学解算。

部件编辑器用于设置部件的碰撞检测几何体形状和材料等属性。如图 4.31 所示，在 Vortex Editor 中设置部件质量属性。由于部件自身没有体积，所以它不能与场景中的其他元素发生碰撞，为了解决这个问题，需要为部件增加碰撞检测几何体。碰撞检测几何体主要用于刚体之间的碰撞、流体浮力的计算和流体的阻力计算。

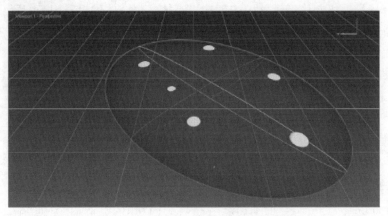

图 4.31　Vortex Editor 设置部件质量属性

　　Vortex Editor 建立物理模型的过程如图 4.32 所示，首先要在模型中创建场景、机制体、集合体和部件这四种组件，然后设置和调试物理模型，最终将符合需求的物理模型导出，提供仿真应用程序调用。

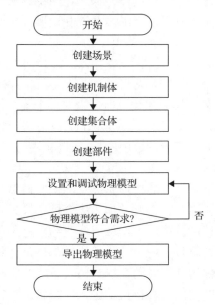

图 4.32　Vortex Editor 建立物理模型流程图

　　2) 刚体建模

　　刚体在 Vortex 中用部件来表示，它的形状和质量属性是可以配置的。刚体的形状是指碰撞检测几何体的形状，碰撞检测几何体的位置和体积对质量属性有一定的影响。碰撞检测几何体是实现碰撞检测不可缺少的属性，如果不设置刚体的形状，就不会与其他的刚体进行碰撞检测。当然，也可以设置碰撞检测规则，取消两个刚体之间的碰撞检测。

在刚体建模时，还要设置材料属性。不同的材料（如橡胶、金属和布料等）决定了部件的材质和特性，甚至影响发生碰撞时的反应。Vortex 在计算两个刚体碰撞时，会自动引入两个刚体的材料特性，通过查找两种材料接触特性表，来准确计算两者在碰撞之后的状态。

刚体之间除了进行碰撞检测之外，还存在着一定的约束关系。因此，约束将多个部件组成一个有机的整体。可以将部件看成一个机具的零部件，在部件之间建立约束关系，则是将零件组装成整体的过程。刚体建模流程图如图 4.33 所示。

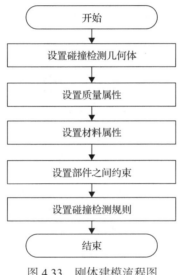

图 4.33　刚体建模流程图

3）绳索建模

绳索系统通常是设备机具的一部分，在起重机和水下器具中都要使用大量的绳索。绳索系统的主要功能是起重、提升和下降。构建绳索系统时，必须正确配置它的机制体，以确保准确地完成整个机制体的仿真行为。首先，要明确绳索系统在机制体中的完整结构，例如，要清楚绳索系统是否使用滑轮、戒指和绞盘；其次，在组装完成时要正确设置集合体中的约束。例如，滑轮的约束控制模式应该设置为自由（free）而不是机动（motorized）；最后，还要熟悉绳索系统的组件。

Vortex 的绳索系统由端点（endpoints）、中间点（midpoints）和绳索段（segment）组成，图 4.34 是一个绳索系统结构示意图。端点是指绳索的起点和终点，因此，一个绳索系统的端点个数不超过 2，Vortex 绳索的端点类型有绞盘（winch）和附着点(attachment point)。中间点是绳索需要经过的点，一个绳索系统可以没有或者有多个中间点，Vortex 绳索的中间点类型有滑轮(pulley)和圆环(ring)。绳索段是位于两点之间的绳索，有三种类型：可变长度绳索段(variable length segment)，即绳索的长度能够加长或缩短；柔性绳索段(flexible segment)，即绳索形状的变化依赖于冗余度；定长绳索段(fixed length segment)，即由于两端的相对位置不变，绳索的长度不会变化。

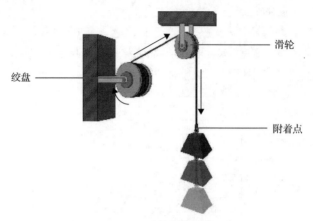

图 4.34　Vortex 绳索系统结构示意图

正如前面提到的，在构建绳索系统之前必须创建绳索所在的机制体，一旦机制体到位，就可以定义绳索系统的基础结构。最简单的绳索系统只需要定义两个端点，而复杂的绳索系统可能需要定义很多中间点。在 Vortex 中对绳索建模时，只需要设置绳索的端点、中间点和绳索段的类型和属性，然后 Vortex 会自动生成一个绳索系统的物理模型。在 Vortex Editor 中对绳索系统建模有较好的支持，对绳索系统可以进行可视化建模，这在一定程度上减少了绳索系统建模的复杂性，提高了建模效率。

4) 流体建模

Vortex 支持水动力学虚拟仿真，当动力学仿真对象处于流体中时，会受到浮力和阻力的作用。流体与部件之间的作用取决于部件的碰撞检测几何体的体积和形状；如果部件是球体或者圆柱体，部件还会受到马格纳斯力(Magnus force)的影响；除此之外，部件在流体中还会受到附加质量的影响。当部件处于流体中时，Vortex 会自动对这些作用力进行解算。

简单的流体只有一个上表面，这个表面可以是平面，也可以是地形。在表面以下都是流体区域，还要设置流体密度和流体流速。根据需要可以设置流体的阻尼系数和黏滞系数等参数。Vortex 的流体虚拟仿真，如图 4.35 所示。

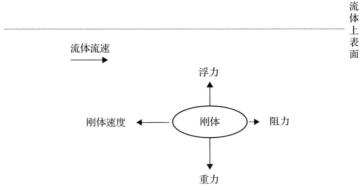

图 4.35　Vortex 的流体虚拟仿真

5. Vortex 与 Vega Prime 的集成

为建立实时动力学仿真环境,需要将动力学解算系统、视景仿真系统及模型库进行有机结合。Vortex 和 Vega Prime 均具有进行场景编辑和初始化配置的功能,能够生成各自的环境初始配置文件,用于动力学仿真系统的初始化。更为复杂的仿真过程则采用它们提供的 SDK 类库进行二次开发,实现仿真模型的实时计算和绘制、场景调度管理、相机(视点)控制、自定义动力学响应方式等功能,其系统集成架构[48]如图 4.36 所示。

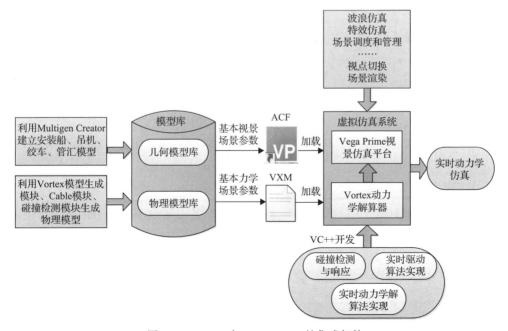

图 4.36　Vortex 与 Vega Prime 的集成架构

4.3.2 动力学仿真的实现

在动力学仿真引擎 Vortex 的基础上，设计实现了水下应急维修仿真系统中的动力学仿真模块[49]。在水下应急维修仿真系统中将视景仿真与动力学仿真相结合，能够让用户沉浸于有较高物理真实感的虚拟仿真场景。在设计实现系统的动力学仿真模块时，主要完成以下几个方面的工作。

(1) 建立水下生产系统中各个仿真对象的物理模型。物理模型为仿真对象增加了动力学属性和运动学属性，是动力学仿真不可缺少的部分。为了提高系统仿真的实时性，对物理模型进行了优化和简化工作。

(2) 构建水下应急维修作业任务。

(3) 搭建以场景(scene)、实体(entity)和控制器(controller)为基础的仿真框架。该框架将底层的 Vortex API 封装，降低了应用程序与 Vortex 之间的耦合度，并且方便仿真应用的开发与扩展。

(4) 完成动力学仿真模块的开发与集成。将动力学仿真与视景仿真相结合，并且实现了物理模拟器与动力学仿真模块的通信。测试表明，动力学仿真具有较好的实时性。

1. 物理模型设计

在视景仿真中的三维几何模型不具备任何物理属性，使用动力学仿真引擎 Vortex 可以在仿真系统中实现动力学仿真，使仿真对象的运动更符合客观世界的物理规律。为了实现动力学仿真，建立仿真对象的物理模型是不可缺少的步骤。在虚拟仿真中，动力学引擎将物理模型的运动学和动力学参数进行解算，得出物理模型在物理世界的位置和姿态等数据，最终根据这些数据更新虚拟场景中几何模型的位置和姿态。因此，物理模型与几何模型之间的关系十分密切，物理模型的建立通常是以几何模型为基础的。在水下应急维修仿真系统中，需要对众多生产设施和维修机具仿真，由于这些仿真对象的结构和功能不同，建立物理模型的方法也不同。

1) 286 深水作业船建模

286 深水作业船(即多功能水下工程船)是中国石油海洋工程有限公司(以下简称海工公司)"十二五"期间首个大型船舶投资项目，是完善深水船队建设的关键船型，是海工公司目前的急需船型，总体技术指标达到国际一流先进水平，是国内建造的同类船舶中，技术最复杂、建造难度最大的船舶。

深水水下应急维修仿真系统采用的母船是 286 深水作业船，该船配备 400t 作业能力的吊机系统，在应急维修作业时可以完成维修机具的下放与回收功能。286 深水作业船的三维几何模型如图 4.37 所示，吊机由吊臂、吊钩和绳索系统等部分构成。在吊机进行起重作业时，吊臂能在水平方向旋转，并且在垂直方向升降，吊钩通过绳索系统可以控制吊钩的升降。

图 4.37　286 深水作业船三维几何模型

286 深水作业船可以分为船体和吊机两个部分进行建模。由于船体对整个动力学仿真影响比较小，因此将船体部分的物理建模简化，只需要依据船体的外形构建模型，使用基本的碰撞检测几何体形状，可以组合出船体的基本轮廓。

吊机是整个模型中的关键部分，吊臂的升降由绳索系统控制，卷扬机的旋转控制绳子的收放，绳子的收放则将吊臂抬起和下放；而吊钩的升降由另一个绳索系统控制，绳索的伸缩带动吊钩位置升起和下降；而吊机的水平旋转由立柱控制，立柱与船体建立的是铰链约束。286 深水作业船的物理模型如图 4.38 所示。

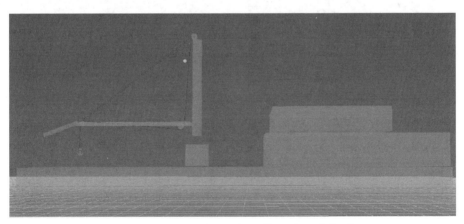

图 4.38　286 深水作业船物理模型(文后附彩图)

2) 采油树和管汇建模

采油树和管汇都被安置在海床上，是水下生产系统中重要的生产设施，两者的物理模型设计存在相似之处，都是由主体结构和操作面板组成。主体结构部分并不要求十分精确的动力学解算，但是需要碰撞检测，因此主体结构的物理模型由 Vortex 最基本的碰撞检测几何体组合而成，只要保证大致的轮廓能够与几何模型一致即可。操作面板是操作采油树和管汇的关键部件，需要精细的物理模型，由于操作面板按钮的几何形状比较规则，采用长方体检测体便可以满足要求，为了支持按钮的旋转操作，将按钮与主体结构之间建立铰链约束。水下采油树和水下管汇的几何模型与物理模型如图 4.39 和图 4.40 所示。

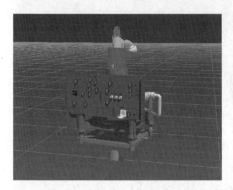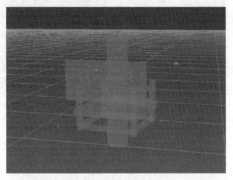

图 4.39　水下采油树的几何模型和物理模型（文后附彩图）

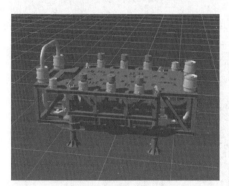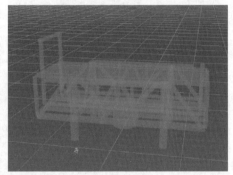

图 4.40　水下管汇的几何模型和物理模型（文后附彩图）

3）ROV 建模

ROV 是水下维修作业中重要的设备，整个深水水下作业离不开 ROV。ROV 主要由三个部分构成：ROV 主体部分是一个长方体结构，带有的动力设备能够使其在水下运动和旋转；ROV 左机械臂可以进行伸缩和旋转操作，是一个五自由度的定位臂，机械爪可以完成夹持操作，在作业时可以将 ROV 固定；ROV 右机械臂比较灵活，是一个七自由度的驱动臂，由多个关节构成，能够完成抬放和旋转等操作，机械爪可以夹持，能够完成复杂的作业操作。ROV 的三维几何模型和物理模型如图 4.41 所示。

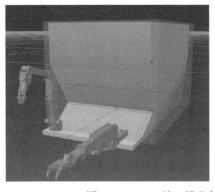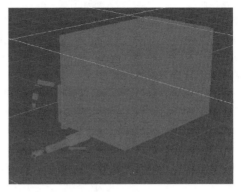

图 4.41　ROV 的三维几何模型和物理模型(文后附彩图)

4) 提管架建模

提管架(pipeline lift frame, PLF)是海底管道维修的主要机具之一,可以将海底管道提起一定高度,使其离开海床,为维修操作提供一定的空间。提管架主要由主体支架和机械爪两部分构成。主体支架在建立物理模型时,不需要考虑细节问题,基本的碰撞检测几何体就可以满足要求;机械爪在建模过程中要建立约束,限制机械爪的自由度,机械爪还要支持夹持操作。机械爪的夹持操作在应用程序中实现,不能在物理模型中解决。提管架的三维几何模型和物理模型如图 4.42 所示。

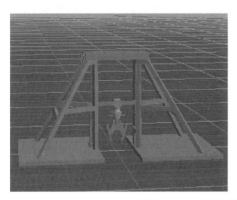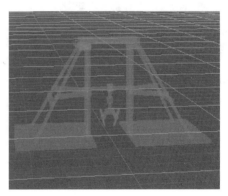

图 4.42　提管架的三维几何模型和物理模型(文后附彩图)

5) 连接器安装工具建模

在深水水下生产系统中,水下连接器安装工具主要用于跨接管与水下设备的连接,是密封圈更换维修作业中的重要机具之一。水下连接器安装工具由驱动板、操作面板等部分组成。连接器安装工具的操作面板如图 4.43 所示,在操作面板上排布着操作按钮和插槽。在物理建模时,驱动板与主体结构之间建立了移动关节约束,以保证其上下方向的运动;操作面板上的操作按钮要建立铰链约束,使按钮能够旋转；操作面板上的插槽可以看成是孔洞，Vortex Editor 不支持孔洞的可视化建模，因此采用组合的方式构造出孔洞。连接器安装工具的几何模型和物理模型如图 4.44 所示。

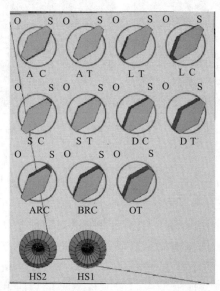

图 4.43　连接器安装工具的选择面板

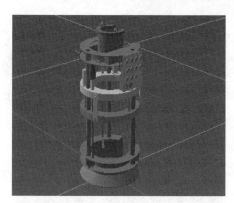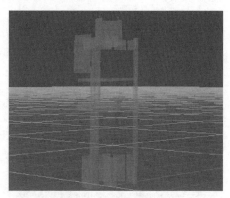

图 4.44　连接器安装工具的几何模型与物理模型（文后附彩图）

2. 动力学仿真框架设计

　　为了便于实现应急维修仿真系统中的动力学仿真，在 Vortex 动力学物理引擎的基础上设计实现了动力学仿真框架。通过对维修系统的分析和抽象，使用软件工程中面向对象思想，构建出以场景、实体和控制器为基础的仿真框架。场景是整个仿真框架的核心，作为实体和控制器运行和响应的场所，它更像一个能够让演员表演的舞台。场景具有唯一性，也就是在仿真框架中有且仅有一个场景。导演(director)是仿真框架中的组织者，它的作用是将实体和控制器注册到场景中，并将控制命令传递到控制器中。图 4.45 为仿真框架类图。

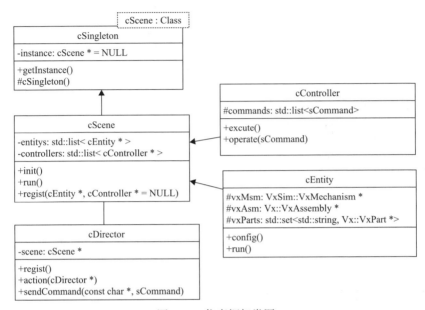

图 4.45　仿真框架类图

实体是仿真框架中的参与者，是具有动力学属性的生产设备和维修机具，可以把它看成可以登台表演的演员。实体也是对 Vortex Dynamics 深层次的封装，简化了应急维修系统的开发。实体类作为父类，派生出 ROV、Crane、Tree、ConnectTool 等子类。图 4.46 为实体类图。

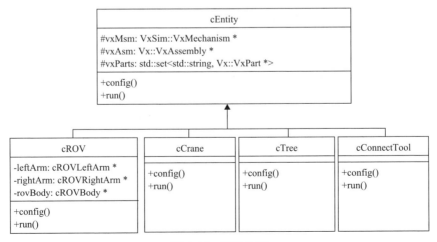

图 4.46　实体类图

在 ROV 类中重新实现了从父类实体继承的方法，除此之外，还要实现 ROV 特有的操作，如行走（walk）等。左臂类（ROVLeftArm）、右臂类（ROVRightArm）和身体类（ROVBody）三部分组成了 ROV 类。ROV 的一些操作将调用这些类。ROV 类图如图 4.47 所示。

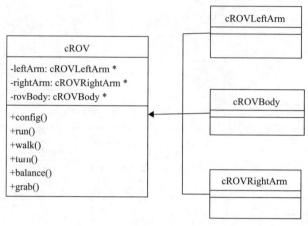

图 4.47　ROV 类图

控制器是仿真框架中的控制单元，它将接收和响应作用于实体的命令，因此它是舞台上的传话筒，为动力学仿真系统响应各种输入的操作提供了接口。在仿真系统中，只需要对 ROV 和吊机进行控制，因此 Controller 派生出 ROVController 和 CraneController 两个子类，完成对模拟器的响应。图 4.48 为控制器类图。

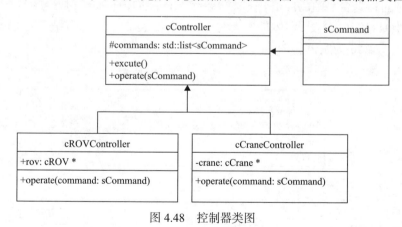

图 4.48　控制器类图

3. 作业场景搭建

为了完成深水水下应急维修作业虚拟仿真，需要搭建维修作业的仿真场景，配置各个机具、设备姿态和位置。作业场景影响应急维修作业的推进，如果作业场景中仿真对象配置不准确，不但破坏仿真的真实效果，而且会导致仿真操作无法进行。

　　"管汇连接器密封圈更换"案例中，可以将作业场景分为水上的母船作业场景和水下作业场景，分别如图 4.49 和图 4.50 所示。水上作业场景是指海水表面作业区域，主要有作业船与吊机等；水下作业场景是指水下生产作业区域，主要有采油树与管汇等。

图 4.49　母船作业场景搭建（文后附彩图）

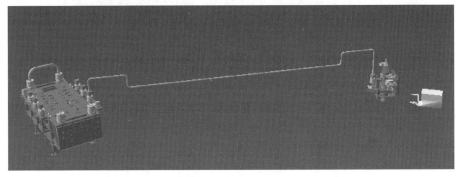

图 4.50　水下作业场景搭建（文后附彩图）

4. 视景仿真集成

　　Vortex 构建的物理仿真为仿真系统增加了动力学和运动学特性，使仿真系统具有高度的物理真实感。应急维修仿真系统在进行物理仿真过程中，还要进行视景仿真，因此需要将物理仿真与视景仿真集成在一起。视景仿真平台采用的是 Vega Prime，Vortex 对 Vega Prime 提供了较好的支持。

　　在 Vortex 中，将物理模型导出为 ACF，使用 Vega Prime 的可视化工具 LynX Prime 将该 ACF 导入要配置的仿真场景中，配置 vpVortex 中的实例 VxUniverse，并且与场景关联，便可以完成场景配置工作。

　　在实时仿真过程中，视景仿真与物理仿真保持每一帧同步刷新，物理引擎解算的位置和姿态用来调整几何模型在视景仿真场景的位置和姿态。对于仿真应用程序中对物理模型的任何控制都会在虚拟场景中体现出来。母船作业场景如图 4.51 所示，海底作业场景如图 4.52 所示。

图 4.51　视景仿真中的母船作业场景

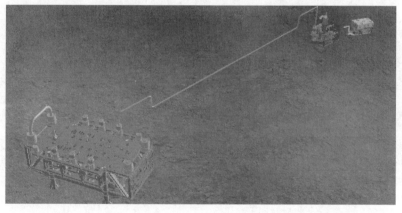

图 4.52　视景仿真中的海底作业场景

5. 作业功能实现

1）ROV 操作功能

　　由于作业场所位于 1500m 深的海床，作业人员不能潜入如此深的海底作业，需要操控 ROV 完成水下作业任务，因此 ROV 在深水水下应急维修中扮演重要角色。对于整个应维修仿真系统来说，ROV 功能的实现直接关系到仿真作业是否能够进行。

　　在 ROV 的物理模型中，已经实现了 ROV 的基本操作，如 ROV 机械手和机械臂运动等，如图 4.53 和图 4.54 所示。除此之外的其他功能需要在程序中实现，例如，要考虑 ROV 自身的平衡问题，ROV 悬浮于海水环境中，会受到流体等作用，要求保持 ROV 的姿态稳定；另外，机械手的抓取需要考虑压力和摩擦等因素，仅仅依靠物理模型是不能实现的，图 4.55 为机械手旋转按钮作业操作。ROV 在维修仿真中，并不是孤立存在的，需要接收控制命令，并对操作命令做出响应。

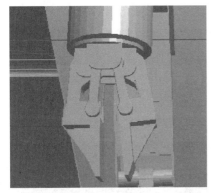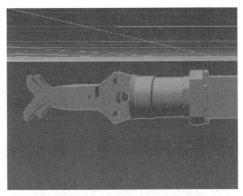

图 4.53　ROV 机械手操作

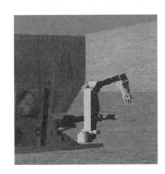

图 4.54　ROV 机械臂操作

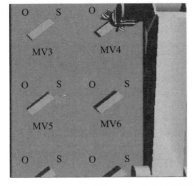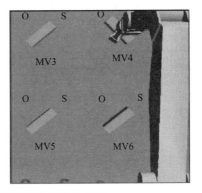

图 4.55　ROV 机械手旋转按钮作业操作

2) 吊机操作功能

吊机是下放和回收维修机具的重要设备，它将维修机具运送到指定的作业场所，是应急维修作业中不可缺少的设备。吊机的基本仿真操作也是在物理模型中实现的，如吊臂的摆动和吊钩的下放等。相对复杂的操作需要在应用程序中实现，如吊钩对吊放设备的勾取。由于吊机下放速度比较慢，需要下放的时间比较久，为了减少仿真时间，还要控制下放的进度。图 4.56 为吊机作业操作。

图 4.56　吊机作业操作

4.4　水下应急维修半物理仿真系统硬件平台

水下应急维修半物理仿真系统硬件由 6 个子系统组成，其名称及功能如表 4.8 所示。水下应急维修半物理仿真系统硬件组成如图 4.57 所示。

表 4.8　水下应急维修半物理仿真系统硬件组成

子系统	功能
操作子系统	生成操作场景的指令
显示子系统	实时显示场景动画
通信子系统	保障各子系统间通信
音频子系统	同步输出场景音效
中控子系统	控制音、视频信号输出
解算子系统	根据操作子系统的指令，仿真出相应的视景，同时将视景图像传递给显示子系统

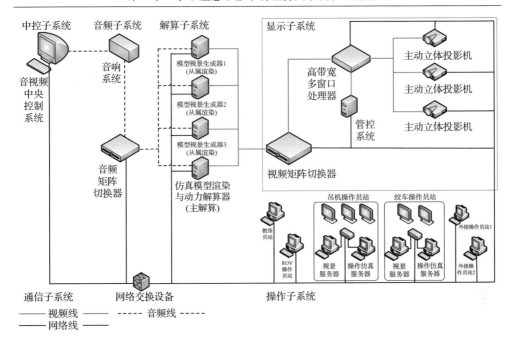

图 4.57　系统硬件组成

操作子系统是水下应急维修半物理仿真系统的信号输入端,包括1套教练员站、1套 ROV 操作员站、1套吊机操作员站、1套绞车操作员站和2套外接操作员站。显示子系统是将水下应急维修半物理仿真系统的机具模型、操作过程等所有内容向观众展示的平台,包括 3 台主动立体投影仪(比利时 Barco Galaxy NW12)、1 个高带宽多窗口处理器、1 个视频矩阵切换器等。

通信子系统负责水下应急维修半物理仿真系统信号的传输和交换,主要包括 1 台网络交换设备。

音频子系统用以播放水下应急维修半物理仿真系统的音频信号,主要包括 2 台前置音箱、2 台后置音箱、1 台中置环绕音箱、1 台重低音音箱、1 台功率放大器、1 台调音台和1 台音频矩阵切换器。

中控子系统为水下应急维修半物理仿真系统建立一整套灵活方便的工作室控制环境,使环境灯光、音响、投影设备控制集中,可大力提高使用者工作效率。

解算子系统主要负责水下应急维修半物理仿真系统的解算和渲染,包括 1 台仿真模型渲染与动力解算器、3 台模型视景生成器。

第5章 水下应急维修半物理仿真系统接口设计方法

5.1 系统结构设计方法

5.1.1 系统逻辑结构设计

根据水下应急维修半物理仿真系统的任务目标、系统架构、维修操作流程，从分布式动力学仿真的角度，基于 HLA 水下应急维修半物理仿真系统[50]的联邦设计思路如下。

(1)水下应急维修半物理仿真系统设定为 HLA 联邦。

(2)一个应急维修案例设定为联邦执行。

(3)承担维修训练中动力学仿真任务，具备较大独立性的仿真实体设定为联邦成员。

(4)仿真实体的操作流程及仿真实体之间的关系经过标准化、抽象化建立联邦的对象模型。

基于以上设计思路，将基于 HLA 水下应急维修半物理仿真系统划分为六个联邦成员，水下应急维修半物理仿真系统的逻辑结构如图 5.1 所示。

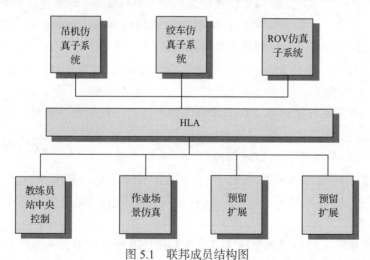

图 5.1 联邦成员结构图

5.1.2 联邦成员的功能划分

水下应急维修半物理仿真系统是由多个联邦成员构成的开放式仿真系统，其联邦成员总体划分为六个联邦成员，分别为教练员站中央控制成员、作业场景仿真成员、吊机仿真子系统成员、绞车仿真子系统成员、ROV 仿真子系统接口成员、扩展成员。通过综合分析系统的需求，联邦成员功能的划分如下。

(1)教练员站中央控制成员主要功能是对仿真联邦进行管理和对仿真流程进行控制，其中仿真联邦管理包括联邦执行的创建、撤销，联邦成员的加入、退出、同步等，仿真流程控制包括对作业的初始化参数的配置，对操作员站的监控和管理，以及对整个仿真流程的控制，如仿真的暂定、重演和回放。

(2)作业场景仿真成员主要功能是实现整个深水维修作业场景的演示，包含所有的生产系统、作业工机具仿真模型、环境模型。在每个仿真步长里完成动力学结算，并且将动力学结算的结果通过 HLA 传输到订阅该参数的联邦成员。

(3)吊机仿真子系统成员主要功能是在吊机模拟器实现吊机操作场景的演示，包括跨接管、法兰等多种设备与维修工具，并接收作业场景仿真成员的动力学结算结果显示设备的位姿。

(4)绞车仿真子系统成员主要功能是在绞车模拟器实现绞车操作场景的演示，其操作流程与吊机仿真子系统成员类似。

(5)ROV 仿真子系统成员实现与 ROV 仿真子系统的交互，以及 ROV 操作场景的演示，并通过桥接技术来实现多联邦的互连。作业场景仿真成员根据获得的位置和姿态数据实现对 ROV 维修过程的仿真，根据各仿真成员的需求，发送 ROV 操控命令。

(6)扩展成员主要作为预留的联邦成员来提高系统的扩展性。

5.2　分布式动力学仿真的交互设计方法

建立对象模型(FOM 和 SOM)的过程就是对分布仿真中需要交互的数据进行抽象和建模。建模方法通常有两种：一种是在没有任何可供参考的资料的情况下，从最基本的步骤开始，另一种是借鉴类似的仿真系统或对已有的系统进行 FOM 与 SOM 的移植。

结合水下应急维修半物理仿真系统的分布式动力学需求，开发 FOM 和 SOM 模型主要包含以下五个阶段。

(1)仿真任务的实体类型和活动的抽象与建模。

构建对象的初始阶段，首先确定联邦执行过程中所有的实体类型和涉及的活动(行为)，并且明确仿真培训中每个实体所承担的任务、实体与活动的关系、活动发生的条件等。

这一阶段工作主要包括两方面内容：①实体的抽象和建模，分析仿真任务中所有的实体,对实体进行总结和抽象,确定实体类型和实体类型的层次模型。②活动的抽象和建模,分析各个实体在仿真任务过程中所有可能的活动(行为),对活动进行总结和抽象,确定活动的类型和层次模型。

(2)分解仿真任务,确定仿真实体间的交互。

根据上一阶段中对仿真实体和活动的分析结果,将联邦执行所完成的仿真任务分解为不同的子任务,并明确实体对应的联邦成员及联邦成员需完成哪些任务。在此基础上,进一步分析各个联邦成员之间的交互,并明确交互与联邦成员所包含仿真实体和活动的关系。

(3)确定 FOM 中的对象类和交互类。

此阶段,需要定义各个联邦成员 FOM 中的对象类和交互类,完成 FOM 中的对象类结构表和交互类结构表,以及 FOM 词典中对象类和交互类定义表格。对象类和交互类设计图如图 5.2 所示。

首先,进一步总结前两个阶段所确定的实体类型和活动,根据仿真系统中仿真数据管理策略、联邦成员仿真任务的要求,确定所有实体、事件所对应的对象类和交互类。一般情况下,使用对象类对实体建模,使用交互类对活动建模,对象类和交互类并没有严格的使用限制。

其次,确定 FOM 对象类结构表和交互类结构表的内容,其中包括对象类和交互类的继承关系,在初始阶段对实体和活动类型在抽象的基础上进行了对象类和交互类建模,从而得到两者的层次关系,确定相互之间的继承关系,并根据此关系书写对象模型模板的对应结构表。

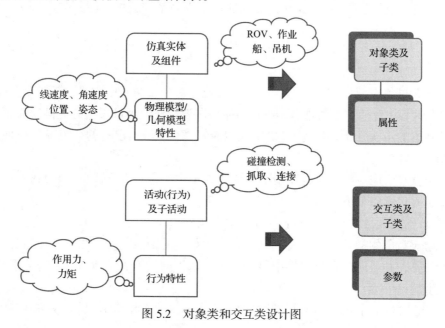

图 5.2　对象类和交互类设计图

最后，书写 FOM 词典中对象类和交互类定义表，便于解释 FOM 中各个表中对象类、交互类的含义。

（4）生成 SOM 草案。

在完成 FOM 的对象类结构表和交互类结构表后，各个联邦成员开发 SOM 草案。

确定 SOM 中的对象类与交互类，由于 SOM 对象类结构表和交互类结构表是 FOM 中相应表格的子集，所以 SOM 可以根据需要直接在 FOM 中选取对象类和交互类，从而形成 SOM 的两类结构表。

分析联邦成员和联邦执行的仿真任务，设计 SOM 中每个对象类的属性及每个交互类的参数。这样可生成 SOM 草案中的属性表、参数表、SOM 词典。

（5）集成 SOM 草案，生成 FOM。

本阶段主要对上一阶段生产的 SOM 草案进行合并，形成联邦执行的 FOM。由于在 SOM 草案中，存在对象类属性和交互类参数的不同，因此需要协调彼此产生的差异。

进行属性名和参数名的一致化处理。属性名和参数名的一致化处理的依据是 SOM 词典中的属性与参数定义表，消除相同属性重复命名和不同属性重名，整理出 FOM 词典的属性定义表、属性表草案，交互类参数一致化处理与以上阶段相同。经过属性名和参数名的一致化处理之后，SOM 草案中对象类和交互类参数具有统一的命名，并能够保证与 FOM 中对应的命名一致。

对属性特性和参数特性的一致化处理，相同属性或参数在各个 SOM 中的特性可能不一致，因此需要对各个 SOM 草案进行协调，以取得一致性结果，保证交互数据建模的正确性。

通过以上 SOM 的综合处理，最后得到 FOM 模型中的属性表、参数表和 FOM 词典中的属性定义表及参数定义表。这样通过集成对象类结构表和交互类结构表得到正式的 FOM，之后根据正式的 FOM 修改 SOM 草案中的属性和参数特性，形成最终的 SOM。

FOM、SOM 中的数据主要包括对象类、交互类及描述这些类的属性或参数的说明：①对象类结构表，记录成员或联邦的所有对象类名称并描述该类的继承关系；②交互类结构表，记录成员或联邦的所有交互类名称并描述该类的继承关系，如表 5.1 所示；③属性表，详细说明成员或联邦中对象属性的特性；④参数表，详细说明成员或联邦中交互参数的特性。

表 5.1 交互类订阅发布表

成员	全局交互类 (IC1GControl)	管汇交互类 (IC2Manifol dGControl)	采油树控制面 板交互类 (IC3Christmas TreePane)	管汇控制面板 (OC4SManifold Plane)	ROV 交互类 (IC5ROVControl)
教练员站中央控制成员	P	S	S	S	S
吊机仿真子系统成员	S	S			S
绞车仿真子系统成员	S	S			S
ROV 仿真子系统成员	S	S	S	S	P
作业场景仿真成员	S	P	P	P	S

注：S（subscribe）表示订阅，P（publish）表示发布。此处不讨论预留扩展成员。

5.3 第三方软件接口

用户可以定制用户界面和可扩展模块。它可进行最大可能的定制，用户可根据自己的需求来调整三维应用程序，能快速设计并实现视景仿真应用程序，用最低的硬件配置获得高性能的运行效果。此外，用户还可开发自己的模块，并生成定制的类。

分布式仿真的交互设计目的是实现节点之间的互操作，即设计动力学仿真节点之间的数据接口，仿真节点所提供的数据（参数）是否能够满足动力学仿真的交互需求。在确定分布式系统由哪些节点组成之后，需要详细分析联邦成员之间交互需求、交互的数据及特性等，最终确定联邦的对象类和交互类。可以参考 ROV 仿真子系统的交互方案，对分布式动力学仿真的交互进一步研究。对于能够进行独立动力学仿真的子系统（如 ROV 仿真子系统），设计如图 2.16 所示的接口方式。

ROV 仿真子系统能够进行独立动力学仿真，所以 ROV 的运动状态由其子系统负责解算，并且能将相关数据通过 HLA 发布到视景仿真联邦成员中。ROV 与主场景的交互（如碰撞检测、抓取等）则由应急维修系统的视景仿真服务器进行解算，并将解算结果反馈到 ROV 仿真子系统。目前通过 HLA 的发布订阅机制基本实现了 ROV 运动状态同步及与主场景的交互。

（1）ROV 运动状态同步实现方法（图 5.3）。

ROV 运动状态除了整体的位置和姿态之外，还包括 ROV 其他各个部件（如左机械臂、右机械臂等）的状态，而这些部件状态是由所设置 DOF 节点的数值变化决定的，所以 ROV 对象类设计的方案是：由于 ROV 是在仿真时间里持续存在的实体，故将该类设定为对象类，其中属性包括 ROV 的线速度与角速度及各个 DOF 节点的线速度与角速度。

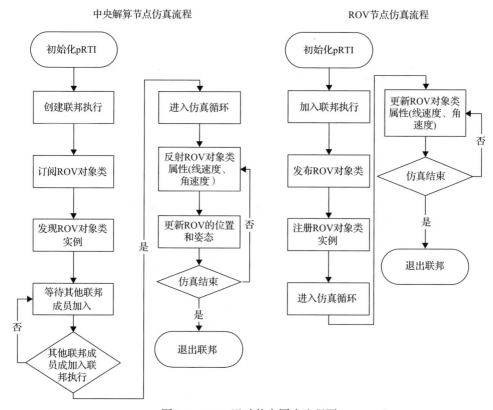

图 5.3　ROV 运动状态同步流程图

（2）ROV 与主场景的交互实现方法。

在仿真运行的每一帧，视景仿真服务器根据 ROV 的运动数据实时检测是否产生碰撞，如果检测到碰撞，则发送一个碰撞的交互类到 ROV 子系统，其中交互类的参数包括碰撞所产生的力、力矩等，ROV 通过接收此参数来计算出其运动状态。

第6章　水下应急维修方法及工机具

6.1　水下应急维修方法

6.1.1　海底管道点泄漏的夹具快速止漏法

　　管道维修方式的选择不仅依据管线损坏程度大小、维修系统能力及作业支持船舶而定，还要视管径、水深、海底埋设深度、破坏位置、应急性或永久性维修措施、维修时间长短、现有其他设备及所需费用等情况而定[51]。海底管道维修的一种事故类型是海底管道的点泄漏。对于此类事故的维修，其需求也将因这些影响因素的变化而不同，相应的维修过程也就有所变化。因此，需要首先将所有这些影响因素进行分析总结，而后归纳成几种类型，每种类型对应一种具体的维修方法，即维修时将使用相同的维修工具和维修方式。总之，就是不同维修工况对应不同维修任务需求，在维修方法研究中就要设计多种海底工况用于仿真维修。

　　对于单个维修任务，尽量依据具体的维修案例作为依据，以使仿真工况接近于案例的工况。管道泄漏点的大小形状接近于真实情况，维修过程接近案例维修过程，这样才能使整个维修过程有依据，并给予参加培训的维修人员更加准确的认识。

　　对于不同水深级别，维修工艺将会有很大差异，相应的水下维修设备应能满足维修工艺的需求。尽管具体工况不同，对应的维修方案多样，但总体上要求的大体维修流程如图 6.1 所示。

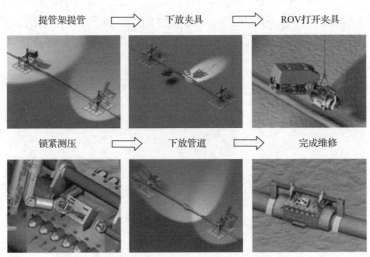

提管架提管 ⟹ 下放夹具 ⟹ ROV打开夹具

锁紧测压 ⟹ 下放管道 ⟹ 完成维修

图 6.1　管道点泄漏夹具维修

1. 500m 水深海底管道点泄漏的夹具快速止漏法

1)工机具设备库需求

(1)安装船:配备带深沉补偿的绞车/吊机,能够装备 ADS 作业设备和 ROV 作业设备,能够通过锚缆或者动力定位系统进行准确的定位,保证作业精度。

(2)ROV:对于浅海域,可以由人工潜水作业来代替完成,或者代替完成部分作业。其任务主要包括观察和对冲吸泥设备、提管架及液压夹具的操作。根据需要完成的任务知道,ROV 模型的要求有对 ROV 的运动控制单元、两个机械手的操作控制单元、摄像头实时观察单元。

(3)冲吸泥设备:各国规定不同海底管道有不同的埋设要求,一个国家在不同环境下管道的埋设也有不同的规定,因此会出现有的管道是埋设的,有的管道是没有埋设的。对于有埋设的管道就需要有冲吸泥设备在管道的需要维修位置冲挖出作业面。该设备需要 ROV 辅助操作,ROV 控制冲吸泥设备对海底的泥冲开过程仿真,因此需要该设备可完成的动作及其操控部位的情况。另外需要工作在 500m 水深的该设备的工作能力参数。

(4)提管架:主要实现将管道提离海床便于对管道维修的工序。维修过程需要两台,它也需要 ROV 对提管架的操控来实现,因此也需要有 ROV 对其操作的接口,如提管架抓/放管的控制开关、提升/下放的操作等。模型需求通过对一个真实的设备建模即可。

(5)夹具:封堵管道点泄漏,管道尺寸不同需要的夹具也不同,因此需要适合若干个管道模型的夹具以备选择使用。

(6)ADS:机械手能够对夹具和提管架进行操作,具有液压动力输出的快速接头,能够提供液压动力输出,工作水深不小于 500m,带照明设备,配备视景采集设备和通信设备。

(7)冷切割机:用来切割双层管的外管,露出内管进行夹具维修。工作水深为 500m。

(8)去涂层、焊缝工具:能够在 ADS 和 ROV 的操作下对管道进行维修,达到夹具安装所需的维修质量,工作水深为 500m。

(9)管端打磨工具:用来对管端进行进一步处理,包括去毛刺、光滑度处理,能够在 ADS 和 ROV 的操作下对管道进行维修。工作水深为 500m。

(10)测量工具:包括直度、椭圆度的测量,可在 ADS 或 ROV 操作下进行测量。

2)仿真需求

(1)有 ROV 模拟器、绞车/吊机模拟器、ADS 仿真模型,操作人员可以通过模拟器控制仿真模型。

（2）操作人员可以控制绞车/吊机模拟器，控制仿真系统中提管架的下放、提升和回收的过程，控制仿真系统中夹具、ROV 的下放和提升。

（3）500m 水深要求能够展示两种维修方案，即有埋管和无埋管工况的维修方案。无埋管工况：安装提管架提升管道、下放液压夹具、安装夹具至破坏处、关闭拧紧夹具测试密封、下放管道、回收提管架、作业面回填；整个过程需要潜水员支持完成。有埋管工况：冲吸泥设备挖开作业面、安装提管架提升管道、下放液压夹具、安装夹具至破坏处、关闭拧紧夹具测试密封、下放管道、回收提管架；整个过程需要潜水员支持完成。

2. 1500m 水深海底管道点泄漏的夹具快速止漏法

1）工机具设备库需求

（1）安装船：配备大于 1500m 作业水深的绞车/吊机，能够装备 ROV 作业设备，能够通过动力定位系统进行准确的定位，保证作业精度。

（2）ROV：首先满足 1500m 作业深度要求，其他的动作能力及功能模块与 500m 水深的要求一样。

（3）HOV：可以携带。

2）仿真需求

（1）有 ROV 模拟器、绞车/吊机模拟器的实物模型，操作人员可以通过模拟器控制仿真模型。

（2）操作人员可以控制绞车/吊机模拟器，控制仿真系统中提管架的下放、提升和回收，控制仿真系统中夹具、ROV 的下放和提升。

（3）1500m 水深要求能够展示一种维修方案，即无埋管工况的维修方案。安装提管架提升管道、下放液压夹具、安装夹具至破坏处、关闭拧紧夹具测试密封、下放管道、回收提管架；整个过程需要 ROV 支持完成。

6.1.2　海底管道破损段的跨接管替换方法

这类维修工艺仿真的实现要有维修对象和工况库、足够的维修设备和工具库、维修方案库、维修工具设备的控制设备才能实现破损管段的跨接管替换仿真功能[52]。对于维修对象和工况库的实现需要生成对象和环境的功能模块，该模块能够提供足够的破损管道的类型作为维修对象以及工况类型，不仅要有以实际案例支持的便于进行维修方法的演练和培训，还要有构想或者新出现的对象和工况便于进行一些维修实验研究。这里也要求建立 500m 和 1500m 水深两类维修库。主要维修流程如图 6.2 所示。

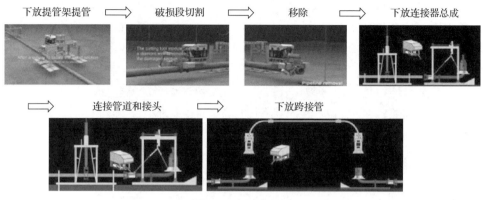

图 6.2 主要流程图

1. 500m 水深海底管道破损段的跨接管替换方法

1) 工具和设备库需求

(1)安装船：配备大于 500m 作业水深的绞车/吊机，能够装备 ADS 作业设备或者 ROV 作业设备，能够通过锚缆或者动力定位系统进行准确的定位，保证作业精度。

(2)提管架：需要两台可达到 500m 水深作业能力的提管架，能够提升各种管径到可作业的高度，提升高度根据维修工具尺寸确定，最好根据已有的维修案例中用到的提管架进行虚拟仿真。

(3)冷切割机：选用使用较多的钻石线切割机，或用安装在工具上的切割锯切割金属，切管直径范围可达 1″~22″(2.54~55.88cm)，主要用来切除双层管的外管，从而露出内管进行夹具维修，此工具由 ROV 操控作业。

(4)去涂层和焊缝工具：在许多案例中都用到管线外涂层清除设备，对可能用到的去各种涂层的工具都要仿真。

(5)索具：用于将切管回收到海上，属于小型工具，易于实现。

(6)导向架：用于固定管段并安装龙门托架起导向作用，需调研案例中使用的导管架结构。

(7)龙门吊托架：用于将夹紧与密封液压连接器(gripping and sealing hydraulic connectors，GSHC)弯毂组块连接到切管终端并支撑管端。

(8)GSHC：机械、液压密封和连接技术的结合，已成为海底管道连接的连接管道与跨接管的主要设备。

(9)管线终端测量系统：用于测得所需的跨接管段的参数便于海上建造。

(10)跨接管段：用于替换破坏管段，根据案例数目配备相同数目的跨接管段。

(11)焊接机器人：针对 Statoil 公司设计的干式高压焊接技术-熔化极气体保护电弧焊进行填角焊接工艺的新型焊接机器人，或可满足该案例的国产焊接设备。

(12)套筒的机械连接器：切除损坏管道后，采用套筒的机械连接器进行预密封。

(13)夹具连接器：用于破坏管段较短的原管与膨胀弯的连接。

(14)干式舱：某项目水下干式管道维修系统课题的干式舱进行仿真，该干式舱只适用于 60m 以浅的管道维修，且多用于较短管段的替换。

(15)ROV：能够观察并辅助其他设备操作，带照明设备，配备视频采集设备，配备声呐避碰系统，可以利用另外的机械手或者动力进行定位，配备各种管段替换时进行的各种操作的工具。

(16)ADS：机械手能够顺利操作各种设备和工机具，具有液压动力输出的快速接头，工作水深不小于 500m，带照明设备，配备工具携带装置。

(17)管端打磨工具：用来对管道表面进行进一步处理，包括去毛刺、光滑度处理，能够在 ROV 的操作下对管道进行维修。工作水深为 500m。

(18)检漏设备：使用声学检测设备，由 ROV 携带并沿管道线路检测漏点位置，作业水深不小于 500m。

2)仿真需求

(1)有 ROV 模拟器、绞车/吊机模拟器、ADS 仿真模型，操作人员可以通过模拟器控制仿真模型。

(2)维修的管段破坏要有两种以上，可以根据管径和损坏大小不同分类。

(3)维修用的工机具要求满足管道需要，即要配套可用。

(4)根据管道连接器和干/湿式维修环境分成多种维修方案，根据需要展示三种方案，重点是第一种方案和第三种方案，第二种方案需要该水深的干式舱提供支持，若没有就不进行该方法的仿真。

第一种方案是使用 GSHC：①查漏并预封堵；②安装提管架，并提管；③系提管索具；④切管并回收至海上；⑤在切管终端安放导向架；⑥导向架上安放龙门吊托架；⑦系 GSHC-弯毂组块；⑧锁紧 GSHC 至龙门托架上回收龙门吊架和提管架；⑨在另一端重复上述第⑤～⑧步；⑩进行膨胀弯测量建造及安装；⑪复原。

第二种方案是使用套筒的机械连接器：①查漏并预封堵；②下放焊接机器人系统；③清除涂层；④切管；⑤下放带套筒的膨胀弯和提管架；⑥提管，中线对准，膨胀弯和管道连接，预密封；⑦安放焊接机器人，对套筒端填角焊；⑧回收提管架；⑨进行管道另一端的焊接连接；⑩复原。

第三种方案是使用夹具连接器：①查漏并预封堵；②安装提管架，并提管；③切损坏管段；④ROV 操控进行封堵，管道终端处理，以及重新调整 A 吊位置；

⑤重新调整 A 吊位置，进行测量、制造和安装带夹具连接的膨胀弯；⑥管道放回海床，回收 A 吊；⑦复原。

2. 1500m 水深海底管道破损段的跨接管替换方法

1500m 水深海底管道破损段的跨接管替换作业与 500m 水深类似，只是由于水深增加，各个工具的密封等级和耐压等级要相应提高，而且 ADS 潜水操作和干式舱将不能应用，不要仿真干式舱维修。作业方式可变为 HOV 携带 ROV 进行。

6.1.3　海底管道破损段的不停产抢修方法

这类维修仿真的实现[53]要有维修对象和工况库、足够的维修设备和工具库、维修方案库、维修工具设备的控制设备，才能实现破损管段的不停产维修仿真功能。对于海底管道的不停产维修是有不少维修案例和经验的，汇总这些案例中使用的维修管道、设备工具、工艺的参数和数据来建立有事实依据的不停产维修仿真至关重要，这些数据是仿真系统具体的需求。不停产维修仿真流程如图 6.3 所示。

切除变形的管段　　　　　　安装机械连接器　　　　　　管道修复完毕

图 6.3　不停产维修仿真流程

1. 500m 水深海底管道破损段的不停产抢修方法

1) 工具和设备库需求

(1) 安装船：配备大于 500m 作业水深的绞车/吊机，装有升沉补偿装置，能够装备重载 ROV 和 ADS 作业设备，能够通过锚缆或者动力定位系统进行准确的定位，保证作业精度。

(2) ADS：机械手能够操作水下三通、封堵机、管道工具等各种设备和工机具，最大工作水深为 500m，带照明设备，配备视景采集设备和通信设备，配备操作各种工机具设备的工具。

(3) ROV：机械手能够操作水下三通、封堵机、管道工具等各种设备和工机具，具有液压动力输出的快速接头，带照明设备，配备视频采集设备，配备声呐避碰系统，可以利用另外的机械手或者动力进行定位，配备操作各种工机具设备的工具。

(4) 去涂层和焊缝工具：在许多案例中都用到管线外涂层和焊缝清除设备，实际维修中可能要用到多种涂层的去除工具，要求对各种去涂层和焊缝工具进行建模，明确操作方式。

(5)管道测量工具：在已清理的海管表面进行海管直度和椭圆度测量，看其是否满足要求，并在开孔部位按照时钟位置，利用超声波进行海管壁厚检测。调研这些工具并建模。

(6)机械三通：需要配套的一组机械三通来连接原管道，还需要一组旁路机械三通来连接旁路管道。三通上面可以安装测量装置。

(7)开孔机：需要与三通设备相配套，数量为1台。明确使用管道尺寸。

(8)封堵机：需要与三通设备相配套，数量为2台。明确使用管道尺寸。

(9)旁路管道：根据需要预制，系统应该预制各种长度尺寸的旁路管道用来选择，同时还要安装与旁路三通连接的接头。

(10)切管工具：选用使用较多的钻石线切割机，也可用安装在工具上的切割锯切割金属，切管直径范围可达1″~22″(2.54~55.88cm)，此工具由ROV操控作业。

(11)索具：用于将切管回收到海上，属于小型工具，易于实现。

(12)连接器：连接器的不同使更换管段时的连接方法有所不同，主要有法兰连接、夹具连接、套筒的机械连接器和GSHC等。根据已建模的待维修管道进行建模。

(13)更换管段：长度及两端的连接器由连接器而定，系统中备选用。

(14)焊接机器人：针对干式维修中不同的连接器可能会用到焊接设备，但工具库内必须有。

(15)干式舱：以海工的863项目水下干式管道维修系统课题的干式舱进行仿真，该干式舱只适用于60m以浅的管道维修，且多用于较短管段的替换。若没有500m水深的干式舱则不需要仿真。

(16)冲吸泥设备/提管架：根据海床地质条件，不能进行冲吸泥作业的可以用两个提管架代替，通过提管获得所需的作业空间，都需要建模存入工具库，作业水深不小于500m。

2)仿真需求

(1)有ROV模拟器、绞车/吊机模拟器、ADS仿真模型，操作人员可以通过模拟器控制仿真模型。

(2)维修的管段破坏要有两种以上，可以根据管径和损坏大小不同分类。

(3)维修用的工机具要求满足管道需要，即要配套可用。

(4)该维修涉及的操作较多且复杂，需要两台以上ROV及吊机、绞车的协同作业，要求找出配合的作业部分。

(5)要模拟60m以浅工况的水下干式维修，这个要以海工的维修案例进行仿真。

(6)要求模拟湿式维修作业过程，这种维修与管段的跨接管替换维修过程相同，只是多了不停产维修的工序，需要在替换管段前建立旁路和封堵，所以根据连接器不同也可以分成三种方案；这种维修与法兰维修过程相同。这里只列出主体方案。

清除海底管道上的配重层及防腐涂层，并进行打磨处理，达到表面平滑为止。测量管道壁厚、圆度、椭圆度，满足要求后，在海管的一端安装水下机械三通和开孔机，在不停产的情况下开孔。在海管变形的另一端水下安装另一个机械三通，并安装开孔机，在不停产的情况下开孔。在水下安装封堵机和旁路三通。在旁路管道预制后，按照压力试验的要求进行试压，然后在水下安装旁通管道。打开三明治阀，用封堵机堵住更换的管道，输送介质从旁路通过。将需更换的管道泄压，并检查封堵的密封度。在封堵及旁路管道运行安全、可靠的情况下，把变形段海管(需更换段海管)用冷切割设备切除掉。在管道的两个切割端分别安装机械连接器，测量两个法兰之间的长度，按此长度在水上预制带球形法兰的替换管段。在不停产的情况下，在水下安装带有球形法兰的替换管段。平衡管道压力。将封堵头打开并关闭三明治阀。将旁通管道泄压，并在水下拆除旁通管道。清除封堵机。放入内锁塞柄。封好盲板，对海底管道冲泥区域进行海床表面的复原，包括必要的沙袋覆盖。

2. 1500m 水深海底管道破损段的不停产抢修方法

1500m 水深海底管道破损段的不停产维修作业与 500m 水深类似，只是由于水深增加，各个工具的密封等级和耐压等级要相应提高，而且 ADS 潜水操作和干式舱将不能应用，不需要干式舱维修仿真。作业方式可变为 HOV 携带 ROV 进行。

6.1.4　海底管道法兰连接修复方法

海底管道的破坏大体上可以分成如下三类。

第一类是局部小破坏，如小孔或小裂纹泄漏。这类泄漏通常是由局部腐蚀或焊接缺陷造成的。

第二类是局部破坏，需要在钢管外面加钢保护套或用短管替换被破坏的部分。这类破坏最常见，如船锚钩挂。

第三类是在相当长的管段上出现大范围破坏，造成管道轴向强度大大降低。这种情况需要用长管段替换被破坏的部分。

法兰连接修复方法是将有缺陷或遭破坏的管段切掉，在切掉的两个管端各安装一个内表面带凹槽的法兰连接器，形成整体的金属对金属的密封。用法兰连接器修复管道的优点：采用旋转法兰或球形法兰，降低了对法兰连接器端面与原管轴线垂直度的要求，费用较低。用法兰连接器修复管道的缺点：切割和安装管道所花费的时间比较长，需要的设备也比较多。

这种方法维修前要对泄漏管段进行检测，要考虑管径、水深、海底埋设方式、破坏位置，需要切除管段的长度等因素。然后确定切割点，准备维修工具和设备。此方法用到法兰连接器，支持母船、ROV、ADS、钻石线切割机、提管架、管道涂层清除器、冲泥泵，如果管道埋设在海底还需要挖沟机。

1. 500m 水深海底管道法兰连接修复方法

在维修前要将管道上覆盖的泥土沿泄漏点两侧冲开，露出管道，然后采用 ADS 测量损伤部分尺寸，依此确定切割长度和切割点。随后的大致维修过程如图 6.4 所示。

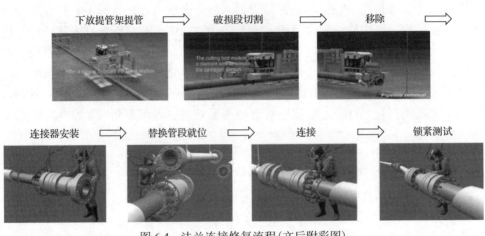

图 6.4　法兰连接修复流程(文后附彩图)

1) 所需设备和工具要求

(1) 支持母船：配备大于 500m 作业水深的绞车/吊机(带升沉补偿装置)；能够提供新管段的焊接；能够通过锚缆或者动力定位系统进行准确的定位。

(2) ROV：带照明设备，配备视频采集设备，配备声呐避碰系统，能为法兰连接提供动力，能辅助钻石线切割机、管道涂层清除器作业，作业水深为 500m。

(3) ADS：辅助法兰的对接、拧紧，有测量功能，作业深水为 500m。

(4) 钻石线切割机：满足管径要求，作业水深为 500m。

(5) 提管架：提升高度 8ft(1ft=0.3048m)，提升力大于 50t，作业水深为 500m。

(6) 管道涂层清除器：满足管径要求，作业水深为 500m。

(7) 管道毛边清除器：去除管道切割后产生的毛边，作业水深为 500m。

(8) 冲吸泥泵：作业水深为 500m。

(9) 法兰连接器：法兰连接器有两部分，一部分连接待维修管端，另一部分连接新管端；连接新管端部分在母船上完成焊接，连接待维修管端部分在水下完成焊接；密封耐压等级应该满足 500m 水深；当切除管段后的两管端不在一平面时，法兰连接器有一定的适应能力。

2)仿真系统要求

(1)有 ROV 模拟器、绞车/吊机模拟器、ADS 模拟器,操作人员可以通过模拟器控制仿真模型。

(2)操作人员控制绞车/吊机模拟器先将 ADS 下放,ADS 测量结束后传回数据,确定切割点和切割长度后再下放提管架,主视景跟随下放的机具,副视景显示绞车/吊机的动作。

(3)ADS、ROV 的操作人员通过 ROV、ADS 模拟器控制它们的动作,协助管段切割、回收,法兰对接、拧紧,密封测试;此过程的视景集中 ROV、维修管段、法兰所在区域。

(4)ROV 由操作员控制吊机模拟器使用 A 字形吊机(简称 A 吊)吊放入水。

(5)ADS 等维修机具的回收由绞车/吊机控制。

(6)水面上回收管道测量、新管段与法兰接头焊接作业可以简略表示。

(7)仿真系统在维修过程中要体现海况(风、浪、流)及水动力的影响。

2. 1500m 水深海底管道法兰连接修复方法

1500m 水深海底管道法兰连接修复方法与 500m 水深海底管道法兰连接修复方法类似,但 ADS 不能使用,ADS 操作的任务都由 ROV 替代。支持母船作业水深为 1500m,ROV 能独立地辅助其他维修工具进行维修。如果一台 ROV 不够,可以使用两台。法兰连接器的密封耐压等级能满足 1500m 水深。

6.1.5　立管点泄漏的夹具快速止漏法

立管点泄漏常常由腐蚀、落物撞击等造成。泄漏点可能发生在立管的任何位置,ADS 没有悬浮定位功能故不用。立管点泄漏维修要用到 ROV、立管夹具、支持母船等。立管点泄漏维修首先要检测泄漏点位置和情况,选择合适的立管夹具。ROV 携带夹具定位于泄漏点,打开夹具,合上夹具夹紧管道,拧紧夹具后测试密封。不同水深级别的维修工艺主要体现在维修工具和设备上。此方法水深级别由泄漏点与海面距离决定。

1. 500m 水深立管点泄漏的夹具快速止漏法

1)所需设备和工具要求

(1)支持母船:配备大于 500m 作业水深的绞车/吊机(带升沉补偿装置),能够通过锚缆或者动力定位系统进行准确的定位。

(2)ROV:带照明设备,配备视频采集设备,配备声呐避碰系统,能够准确悬浮定位,能携带立管夹具,机械手有打开合上夹具的功能,有密封测试功能,作业水深为 500m。

(3)立管夹具：工作水深为 500m，有液压操作面板、打开关闭功能，利用螺栓锁紧。

2)仿真系统的要求

(1)有 ROV 模拟器、绞车/吊机模拟器，操作人员可以通过模拟器控制仿真模型。

(2)ROV 由 A 吊下放入水。

(3)操作人员控制绞车/吊机模拟器下放立管夹，主视景跟随下放的立管夹具，副视景显示绞车/吊机的动作。

(4)ROV 操作人员通过 ROV 模拟器控制 ROV 的移动，定位至泄漏点，打开夹具，使夹具抱住立管，调整夹具位置，使泄漏点位于夹具中部，合上夹具，拧紧螺栓，测试密封；此过程的视景集中 ROV、泄漏管段、夹具所在区域。

(5)视景跟随回收的 ROV。

(6)仿真系统在维修过程中要体现海况(风、浪、流)及水动力的影响。

2. 1500m 水深立管点泄漏的夹具快速止漏法

1500m 水深立管点泄漏维修工艺与 500m 水深立管点泄漏维修工艺类似，只是对支持母船、ROV 的作业水深进行了要求；也对立管夹具的密封等级、耐压程度进行了新的要求。

6.1.6 立管断裂应急处理抢修方法

首先确定断裂情况，依此判断是否有必要维修。如果立管中间断裂，回收时立管顶端也达不到海面浮式装置，或距海底生产装置较近处断裂，应该考虑重新铺设立管。如果立管距海面浮式装置较近处断裂，可以采用深水立管回收技术。

1. 500m 水深立管断裂应急处理抢修方法

对于 500m 水深的立管回收要用到立管夹、立管夹支撑架、立管脱水设备、钻石线切割机、焊接机、ROV、ADS 等工具和设备。乙方应该给出这些工具和设备的参数要求。此维修仿真过程大致分为以下几步。

(1)用 ROV 将立管支撑架定位到破损管段。

(2)将破损管段放入立管夹。

(3)将立管定位到立管夹中心。

(4)合上立管夹。

(5)切掉破损管段。

(6)立管脱水。

(7)立管提离立管夹支撑架。

(8)立管提升至浮式生产装置。

(9)移除立管脱水设备,安装立管连接器。

(10)立管泄漏测试,继续生产。

1)所需设备和工具要求

(1)支持母船:配备大于 500m 作业水深的绞车/吊机(带升沉补偿装置);能够提供足够的立管提升力;能够通过锚缆或者动力定位系统进行准确的定位。

(2)ROV:带照明设备,配备视频采集设备,配备声呐避碰系统,能为立管支撑架提供动力,能安装钻石线切割机、脱水设备于立管,作业水深为 500m。

(3)ADS:工作水深为 500m,辅助钻石线切割机、脱水设备的工作。

(4)立管夹:断裂的立管没有提升夹持点,故立管夹应有夹持点;立管夹夹紧立管时,在大于 60t 的提升力作用下不松动,不损坏立管;立管夹有打开合上功能;工作水深为 500m。

(5)立管夹支撑架:能自动将立管定位至立管夹中部,打开合上立管夹;工作水深为 500m。

(6)立管脱水设备:为减轻立管重量需要抽走断裂立管内的海水;脱水设备应该有压力平衡装置,以抵抗立管内海水抽走后与立管外产生的巨大压差;工作水深为 500m。

(7)钻石线切割机:能在 500m 水深快速切割管道。

(8)焊接机:此方法所用焊接机在浮式生产装置工作,满足一般焊接要求即可。

2)仿真系统的要求

(1)有 ROV 模拟器、绞车/吊机模拟器、ADS 模拟器,操作人员可以通过模拟器控制仿真模型。

(2)操作人员控制绞车/吊机模拟器将放有立管夹的支撑架一起下放,主视景跟随下放的携带支撑架,副视景显示绞车/吊机模拟器的动作。

(3)ADS、ROV 的操作人员通过 ROV、ADS 模拟器控制它们的动作、协助其他工具作业,打开夹具,将立管放入夹具,调整夹具位置,切割断裂端,立管脱水;此过程的视景集中 ROV、断裂管段、夹具所在区域。

(4)ADS 辅助将吊机挂钩钩住立管夹耳环,操作人员控制绞车/吊机回收立管,主视景跟随回收的立管,副视景显示绞车/吊机的动作。

(5)水面上的工作可以简略表示。

(6)仿真系统在维修过程中要体现海况(风、浪、流)及水动力的影响。

2. 1500m 水深立管断裂应急处理抢修方法

1500m 水深立管断裂应急处理抢修方法与 500m 水深立管断裂应急处理抢修

方法类似,支持母船作业水深 1500m, ROV 能独立地辅助其他维修工具进行维修, ADS 不能使用, ADS 的操作由 ROV 替代。

6.1.7　水下管汇密封泄漏的应急维修方法

连接器[54]是水下管汇[55]与管道的连接部件。在水下生产系统的建造过程中,管道通常是在管汇安装完成之后连接的,所以连接器在生产回路中占有重要地位。管道通常受海底流的影响,与管汇产生相对位移,导致连接器受到附加外力作用,引起连接器密封圈的损坏。所以连接器密封圈损坏是水下生产系统的高发故障之一,对其维修作业的仿真有重要意义。

管汇连接器密封圈更换流程如图 6.5 所示。

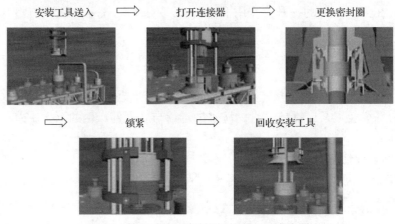

图 6.5　管汇连接器密封圈更换(文后附彩图)

1. 500m 水深管汇密封泄漏的应急维修方法

1) 所需机具和设备

(1) 安装船:配备大于 500m 作业水深的绞车/吊机,能够装备 ADS 作业设备或者 ROV 作业设备,能够通过锚缆或者动力定位系统进行准确的定位,保证作业精度。

(2) ADS 作业设备:机械手能够对水下阀门进行打开和关闭操作,工作水深不小于 500m,带照明设备,配备工具携带装置,能够携带密封圈更换机具和其他相关工机具。

(3) ROV 作业设备:机械手能够对水下阀门进行打开和关闭操作,具有液压动力输出的快速接头,带照明设备,配备视频采集设备,配备声呐避碰系统,可以利用另外的机械手或者动力进行定位,配备工具携带装置,能够携带密封圈更换机具和其他相关工机具。

(4)安装吊索：强度符合提管架的回收与安装要求，长度满足 500m 水深作业要求。

(5)连接器安装工具：具有打开连接器锁紧装置的机构，能够将连接器与连接器箍座分离开，并保持两者的相对位置，两者之间的分开量要达到更换密封圈所需的空间要求。

(6)提管架：适合本尺寸管道提管使用，具有足够的提升力，提升后能够保持提升高度，设有 ROV 操作面板，能够提升、左右移动、绕垂直方向旋转管道。

2)仿真需求

(1)有 ROV 模拟器、绞车/吊机模拟器、ADS 机械手控制台的实物模型，操作人员可以通过模拟器控制仿真模型。

(2)操作人员可以控制绞车/吊机模拟器，控制仿真系统中提管架的下放、提升和回收到甲板上，控制仿真系统中连接器安装工具的下放和提升。

(3)ROV 操作人员通过仿真模拟器控制仿真系统中 ROV 的移动、机械手的动作，完成管汇相关阀门的关闭操作、协助提管架的定位操作、将快速接头接到提管架上的操作、用快速接头向提管架提供液压动力的操作、控制提管架动作的操作、协助连接器安装工具定位的操作、将快速接头连接到连接器安装工具上的操作、控制连接器安装工具打开连接器的操作、抓取密封圈更换工具的作业的操作、将密封圈更换工具送入和取出的操作、提管架和连接器安装工具提升过程的监控。

(4)ADS 操作人员通过仿真模拟器控制仿真系统中 ADS 机械手的动作，操作内容与 ROV 操作人员相同。

2. 1500m 水深管汇密封泄漏的应急维修方法

1500m 水深管汇连接器密封圈的更换操作与 500m 水深管汇连接器密封圈的更换操作类似，只是由于水深增加，各个工具的密封等级和耐压等级要相应提高，而且 ADS 潜水操作将不能应用。

1)所需机具和设备

(1)安装船：配备大于 1500m 作业水深的绞车/吊机，能够装备 ROV 作业设备，能够通过动力定位系统进行准确的定位，保证作业精度。

(2)ROV 作业设备：机械手能够对水下阀门进行打开和关闭操作，具有液压动力输出的快速接头，带照明设备，配备视频采集设备，配备声呐避碰系统，可以利用另外的机械手或者动力进行定位，配备工具携带装置，能够携带密封圈更换机具和其他相关工机具。

(3)安装吊索：强度符合提管架的回收与安装要求，长度满足 1500m 水深作业要求。

(4)连接器安装工具：具有打开连接器锁紧装置的机构，能够将连接器与连接器箍座分离开，并保持两者的相对位置，两者之间的分开量要达到更换密封圈所需的空间要求。

(5)提管架：适合本尺寸管道提管使用，具有足够的提升力，提升后能够保持提升高度，设有 ROV 操作面板，能够提升、左右移动、绕垂直方向旋转管道。

2)仿真需求

(1)有 ROV 模拟器、绞车/吊机模拟器，操作人员可以通过模拟器控制仿真模型。

(2)操作人员可以控制绞车/吊机模拟器，控制仿真系统中提管架的下放、提升和回收到甲板上，控制仿真系统中连接器安装工具的下放和提升。

(3)ROV 操作人员通过仿真模拟器控制仿真系统中 ROV 的移动、机械手的动作，完成管汇相关阀门的关闭操作、协助提管架的定位操作、将快速接头接到提管架上的操作、用快速接头向提管架提供液压动力的操作、控制提管架动作的操作、协助连接器安装工具定位的操作、将快速接头连接到连接器安装工具上的操作、控制连接器安装工具打开连接器的操作、抓取密封圈更换工具的作业的操作、将密封圈更换工具送入和取出的操作、提管架和连接器安装工具提升过程中的观察。

6.1.8　刚性跨接管破坏的应急处理与抢修方法

刚性跨接管[56]连接时，由于跨接管暴露在海洋底流中，受到流动附加载荷作用，在关井或者开井的过程中，跨接管会受到内部流体温度变化影响，引起附加温度载荷的作用，如果水面通行船舶有落物，还可能受到外力损伤，特别是由于结构刚性，且两端接口相对位置发生变化，这样会对跨接管产生较大的应力载荷，所以跨接管的拆除与安装是水下维修经常遇到的问题。

刚性跨接管的安装过程如图 6.6 所示，其拆除过程是安装过程的反过程。

图 6.6　刚性跨接管的安装过程（文后附彩图）

1. 500m 水深刚性跨接管破坏的应急处理与抢修方法

1)所需机具和设备

(1)安装船：配备大于 500m 作业水深的绞车/吊机，能够装备 ADS 作业设备或者 ROV 作业设备，能够通过锚缆或者动力定位系统进行准确的定位，保证作业精度。

(2) ADS 作业设备：机械手能够对水下阀门进行打开和关闭操作，工作水深不小于 500m，带照明设备，配备视景采集设备和通信设备。

(3) ROV 作业设备：机械手能够对水下阀门进行打开和关闭操作，具有液压动力输出的快速接头，带照明设备，配备视频采集设备，配备声呐避碰系统，可以利用另外的机械手或者动力进行定位，索具连接锁紧装置能由 ROV/ADS 完成操作。

(4) 安装吊索：强度符合跨接管的回收与安装要求，长度满足 500m 水深作业要求，设置防止跨接管在吊装过程中变形的吊梁。

(5) 连接器安装工具：具有打开连接器锁紧装置的机构，能够将连接器与连接器箍座分离开，并保持两者的相对位置，两者之间的分开量要达到更换密封圈所需的空间要求，需要两个工具。

2) 仿真需求

(1) 操作人员控制吊机/绞车模拟控制台，控制吊索具、连接器安装工具和跨接管总成的下放操作。

(2) 安装作业时，操作人员控制 ROV 模拟控制台观察跨接管的下放操作，在接近目标位置时，控制 ROV 协助跨接管定位，就位后，将快速接头连接到连接器安装工具，操作连接器安装工具锁紧连接器，测试连接器密封，控制 ROV 移动到跨接管的另一端，进行相同的操作，最后控制 ROV 协助吊索具和连接器安装工具的回收。

(3) 拆除作业时，操作人员控制吊机/绞车模拟控制台，控制吊索具和连接器安装工具的下放操作；ROV 驾驶员控制 ROV 模拟控制台，观察下放过程，操作 ROV 协助连接器安装工具就位，将快速接头连接到连接器安装工具，操作连接器安装工具打开连接器，控制 ROV 移动到跨接管的另一端，进行相同的操作，最后控制 ROV 协助吊索具、连接器安装工具和跨接管的回收。

(4) 安装作业时，操作人员控制 ADS 模拟控制台观察跨接管的下放操作，在接近目标位置时，控制 ADS 协助跨接管定位，就位后，将快速接头连接到连接器安装工具，操作连接器安装工具锁紧连接器，测试连接器密封，控制 ADS 移动到跨接管的另一端，进行相同的操作，最后控制 ADS 协助吊索具和连接器安装工具的回收。

(5) 拆除作业时，操作人员控制吊机/绞车模拟控制台，控制吊索具和连接器安装工具的下放操作；ADS 驾驶员控制 ADS 模拟控制台，观察下放过程，操作 ADS 协助连接器安装工具就位，将快速接头连接到连接器安装工具，操作连接器安装工具打开连接器，控制 ADS 移动到跨接管的另一端，进行相同的操作，最后控制 ADS 协助吊索具、连接器安装工具和跨接管的回收。

2. 1500m 水深刚性跨接管破坏的应急处理与抢修方法

1500m 水深跨接管的安装与拆除作业与 500m 水深跨接管的安装与拆除作业类似，只是由于水深增加，各个工具的密封等级和耐压等级要相应提高，而且 ADS 潜水操作将不能应用。

6.1.9　柔性跨接管破坏的应急处理与抢修方法

柔性跨接管连接时，与刚性跨接管类似，也易受到外部海洋底流、内部流体温度变化、水面通行船舶落物的影响，所以柔性跨接管的拆除与安装也是水下维修经常遇到的问题。

水平连接柔性跨接管的安装过程如图 6.7 所示，其拆除过程是安装过程的反过程。

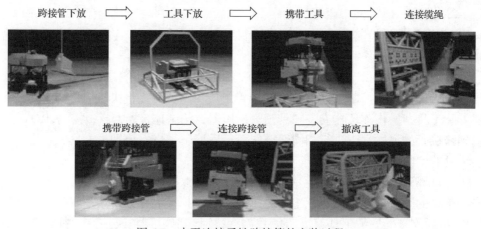

图 6.7　水平连接柔性跨接管的安装过程

1. 500m 水深柔性跨接管破坏的应急处理与抢修方法

1) 所需机具和设备

(1) 安装船：配备大于 500m 作业水深的绞车/吊机，能够装备重载 ROV 作业设备，能够通过锚缆或者动力定位系统进行准确的定位，保证作业精度。

(2) 重载 ROV 作业设备：机械手能够对水下阀门进行打开和关闭操作，具有液压动力输出的快速接头，带照明设备，配备视频采集设备，配备声呐避碰系统，可以利用另外的机械手或者动力进行定位，可以携带较重的作业设备。

(3) 安装吊索：强度符合跨接管的回收与安装要求，长度满足 500m 水深作业要求，设置防止跨接管在吊装过程中变形的吊梁。

(4)连接器安装工具：具有打开和锁紧连接器锁紧装置的机构，设有液压绞车和牵引缆，牵引缆端部设置锚定机构，可以锚定在水下结构物上，绞车和牵引缆有足够的能力牵引柔性跨接管总体，设置与 ROV 的连接机构，方便 ROV 携带，设置 ROV 控制面板可以控制绞车的收放与锁紧装置的锁紧和打开。

2) 仿真需求

(1)操作人员控制吊机/绞车模拟控制台，控制吊索具和跨接管总成的下放操作。

(2)安装过程中，吊索具和跨接管总成下放时，ROV 驾驶员控制 ROV 观察总成的下放操作，在接近目标位置时协助总成的定位，拆除吊索与柔性跨接管的连接。

(3)吊机/绞车操作人员控制模拟控制台下放连接器安装工具，ROV 驾驶员移动 ROV 至安装工具位置，将自身与安装工具进行连接，驾驶员将 ROV 和安装工具总成移动到水下结构物旁，将锚定机构连接到水下结构物上，控制锚定机构锁紧，释放牵引绞车的缆绳直到跨接管连接器上方，移动 ROV 将安装工具与连接器相连，控制安装工具上的牵引绞车收紧缆绳，将连接器牵引到水下结构物的箍座上，控制锁紧装置进行锁紧，进行密封测试，解除锚定机构，卸下安装工具。

(4)拆除过程，ROV 驾驶员控制 ROV 移动到连接器旁边，将快速液压接头连接到连接器上，提供液压动力解锁；下放索具，接近目标时 ROV 协助定位，将索具连接到跨接管上；吊机/绞车操作人员控制模拟控制台控制跨接管的回收，ROV 进行观察，防止碰撞。

(5)整个过程中可以用 ADS 观察，并进行索具的连接和拆除，协助 ROV 开关阀门等。

2. 1500m 水深柔性跨接管破坏的应急处理与抢修方法

1500m 水深跨接管的安装与拆除作业与 500m 水深跨接管的安装与拆除作业类似，只是由于水深增加，各个工具的密封等级和耐压等级要相应提高，而且 ADS 潜水操作将不能应用。

6.1.10　水下采油树各部件失效的快速置换方法

1. 水下采油树控制模块失效的快速置换方法

1) 维修的必要性

水下采油树控制模块[57]由很多电磁和液压阀件构成，所以故障率在整个水下采油树[58]系统中较高，因此有必要对水下采油树控制模块回收。在水下采油树控制模块发生故障后应该只需要将水下采油树控制模块取回，避免将采油树整体取出。

2) 设备需求

(1) 500m 水深的设备需求。

500m 水深可以选用 ADS 或者 ROV 下潜操作, 这里对可选的设备结构、参数和功能的需求进行介绍。

ADS: 脐带缆提供动力和通信电缆, 本身能够抵抗外界水压; 推进系统, 拥有水平面移动、铅垂轴移动和转动等自由度; 微负浮力, 潜水员要求能够保持站姿操作; 关节活动自如, 密封可靠; 要求潜水员能够操作机械手。

ROV: 有声呐系统(避免发生碰撞), 需要观察设备、摄像和照明系统; ROV 所有的设计要求符合 API 标准; 要求对重心进行优化设计, 保证作业时就位稳定。

(2) 1500m 水深的设备需求。

ROV: 要求有一个五自由度的机械臂用于握持、一个七自由度的机械臂用于操作; 有声呐系统(避免发生碰撞), 需要观察设备、摄像和照明系统; ROV 所有的设计要求符合 API 标准; 要求对重心进行优化设计, 保证作业时就位稳定; 而且 ROV 的设计工作水深要求不小于 1500m。

HOV: 要求能够携带两台 ROV; 要求自持能力 12 人 12 天; 设计的工作水深要求不小于 1500m。

3) 维修方案需求

(1) 500m 水深水下采油树控制模块失效的快速置换方法。

潜水员下到故障采油树处, 关闭主阀门, 卸下水下采油树控制模块, 换上新的水下采油树控制模块, 测试, 待正确运转无误后方可离开现场。

用 ROV 携带专用工机具关闭主阀门, 卸下水下采油树控制模块, 换上新的水下采油树控制模块, 测试无误后, ROV 撤离现场。

(2) 1500m 水深水下采油树控制模块失效的快速置换方法。

导向绳/钻杆回收: ROV 关闭主阀门, 携带专用机具卸下水下采油树控制模块, 换上新的水下采油树控制模块, 测试无误后, 导向绳携带水下采油树控制模块撤离现场。

ROV/钻杆回收: ROV 关闭主阀门, 携带专用机具卸下水下采油树控制模块, 换上新的水下采油树控制模块, 测试无误后, ROV 携带水下采油树控制模块撤离现场。

4) 仿真需求

有 ROV 操作界面、观察界面、吊机操作界面, 操作人员可以真实地操作机械手, 要求能够实时地观察维修仿真的整个过程; 要有立体逼真感。

当 ROV 快要接近故障采油树时, 需要减速、准确无误地到达故障位置, 要求有效地关闭主阀门, 顺利地卸下水下采油树控制模块, 更换新的水下采油树控制模块, 完成检测, 这一整套流程要求迅速而高效, 操作人员在模拟器上要能方便地观察操作的每一个过程。

2. 水下采油树帽密封失效的快速置换方法

1) 维修必要性

采油树帽将海水和顶部阻塞器及树体内部阻隔开，是保证修井等工作顺利进行的重要部件，因此它的维修也很重要。

2) 设备需求

(1) 500m 水深的设备需求。

对 ADS 和 ROV 的需求与 6.1.10 节第 1 部分相同。

(2) 1500m 水深的设备需求。

对 ROV 和 HOV 需求与第 6.1.10 节 1 部分相同。

3) 维修方案需求

(1) 500m 水深采油树帽密封失效的快速置换方法。

潜水员下到故障采油树处，关闭主阀门，卸下采油树帽，换上新的采油树帽，注入防腐液，测试，待无泄漏后方可离开现场。

用 ROV 携带专用工机具关闭主阀门，卸下采油树帽，换上新的采油树帽，注入防腐液，测试，无泄漏后，ROV 撤离现场。

(2) 1500m 水深采油树帽密封失效的快速置换方法。

ROV 回收：ROV 关闭主阀门，携带专用机具卸下采油树帽，换上新的采油树帽，注入防腐液，测试，无泄漏后，导向绳携带采油树帽撤离现场。

4) 仿真需求

有 ROV 操作界面、观察界面、吊机操作界面，操作人员可以真实地操作机械手，要求能够实时地观察维修仿真的整个过程；要有立体逼真感。

当 ROV 快要接近故障采油树时，需要减速、准确无误地到达故障位置，要求有效地关闭主阀门，顺利地卸下采油树帽，更换新的采油树帽，检测无泄漏，这一整套流程要求迅速而高效，操作人员在模拟器上要能方便地观察操作的每一个过程。

3. 水下采油树顶部阻塞器结构失效时的快速置换方法

1) 维修的必要性

顶部阻塞器将树体内部高压和外界环境阻隔开，承受内部高压作用，是保证井口正常生产的重要部件。要进入采油树内部作业，必须进行顶部阻塞器的操作。

2) 设备需求

(1) 500m 水深的设备需求。

对 ADS 和 ROV 的需求与 6.1.10 节第 1 部分相同。

(2)1500m 水深的设备需求。

对 ROV 和 HOV 需求与 6.1.10 节第 1 部分相同。

绞车：要求起吊能力不小于 300t。

3) 维修方案需求

(1)500m 水深采油树顶部阻塞器结构失效时的快速置换方法。

潜水员下到故障采油树处，关闭主阀门，卸下顶部阻塞器，换上新的顶部阻塞器，测试，待无泄漏后方可离开现场。

用 ROV 携带专用工机具关闭主阀门,卸下顶部阻塞器,换上新的顶部阻塞器,测试，无泄漏后，ROV 撤离现场。

(2)1500m 水深采油树顶部阻塞器结构失效时的快速置换方法。

ROV 回收：ROV 关闭主阀门，携带专用机具卸下顶部阻塞器，换上新的顶部阻塞器，测试，无泄漏后，导向绳携带采油树帽撤离现场。

4) 仿真需求

有 ROV 操作界面、观察界面、吊机操作界面，操作人员可以真实地操作机械手，要求能够实时地观察维修仿真的整个过程；要有立体逼真感。

(1)ADS 操作人员通过模拟器控制仿真系统来控制 ADS 的移动、机械手的动作，完成采油树主生产阀的关闭、机械臂快速准确地卸下顶部阻塞器、将顶部阻塞器更换工具送入、换上新的顶部阻塞器、顶部阻塞器更换工具的取出，检测无泄漏。这一整套流程要求迅速而高效，操作人员能够清晰逼真地观察每个操作过程。

(2)ROV 操作人员通过模拟器控制仿真系统来控制 ROV 的移动、机械手的动作，准确无误地到达故障位置，完成采油树主生产阀的关闭、机械臂快速准确地卸下顶部阻塞器、将顶部阻塞器更换工具送入、换上新的顶部阻塞器、顶部阻塞器更换工具的取出，检测无泄漏。这一整套流程要求迅速而高效，操作人员能够清晰逼真地观察每个操作过程。

4. 水下采油树底部密封失效应急维修方法

1) 维修的必要性

由密封圈导致的泄漏会造成严重的污染，而且密封圈的故障率也很高，因此有必要对它进行更换操作。

2) 设备需求

(1)500m 水深的设备需求。

对 ADS 和 ROV 的需求与 6.1.10 节第 1 部分相同。

(2)1500m 水深的设备需求。

对 ROV 和 HOV 需求与 6.1.10 节第 1 部分相同。

绞车：要求起吊能力不小于 300t。

3) 维修方案需求

(1) 500m 水深采油树底部密封失效应急维修。

潜水员下到故障采油树处，进行如下操作。

①停止抽油机或电动潜油泵井运转，潜水员关闭生产阀。

②由套管接放空管线将油套环空压力放净，卸掉顶丝密封圈压帽，挖出旧的“O”形密封圈。

③将新密封圈抹上少许黄油加到顶丝密封圈盒中，上好压帽，注意不要卸松顶丝，4 条顶丝要均匀顶紧不可偏斜。

④加完密封圈后倒回原生产流程，启动试压，观察，在确定无渗漏情况后方可离开井场。

(2) 1500m 水深采油树底部密封失效应急维修。

①ROV 关闭主阀门；

②由套管接放空管线将油套环空压力放净，卸掉顶丝密封圈压帽，挖出旧的“O”形密封圈；

③将新密封圈抹上少许黄油加到顶丝密封圈盒中，上好压帽，注意不要卸松顶丝，4 条顶丝要均匀顶紧不可偏斜；

④加完密封圈后倒回原生产流程，启动试压，观察，在确定无渗漏情况后方可离开井场。

4) 仿真需求

ADS 操作人员通过模拟器控制仿真系统来控制 ADS 的移动、机械手的动作，完成采油树主生产阀的关闭、机械臂快速准确地更换旧的密封圈、将密封圈更换工具送入、抓取新的密封圈更换、密封圈更换工具的取出，检测无泄漏。操作人员需要清晰逼真地观察这一系列流程。

ROV 操作人员通过模拟器控制仿真系统来控制 ROV 的移动、机械手的动作，完成采油树主生产阀的关闭、机械臂快速准确地更换旧的密封圈、将密封圈更换工具送入、抓取新的密封圈更换、密封圈更换工具取出，检测无泄漏。操作人员需要清晰逼真地观察这一系列流程。

6.1.11　海底管道破损的紧急封堵方法

海底管道破损管段封堵作业的仿真实现需要维修对象和工况库、足够的维修设备和工具库、维修方案库、维修工具设备的控制设备才能实现。对于维修对象和工况库的实现，要求有生成对象和环境的功能模块。生成的仿真环境要求水深、波浪、海流、海底土壤等参数符合实际的作业海域环境。该模块可以提供足够的破损管道的类型作为维修对象以及工况类型，不仅要有以实际案例支持的便于进行维修方法的演练和培训，还要有构想或者新构建的对象和工况便于进一步的维修实验研究。这里也要求建立 500m 和 1500m 水深两类维修库。

1. 500m 水深海底管道破损的紧急封堵方法

1) 工具和设备库需求

(1) 作业船：配备大于 500m 作业水深的绞车/吊机，能够通过锚缆或者动力定位系统进行准确的定位，保证作业精度。

(2) 轻载作业型 HOV：能运载各种电子装置、机械设备和工程技术人员。科学家可以快速、精确地到达各种复杂的海洋环境执行作业。相比其他类型深潜器，HOV 具有一些突出的特点，即活动范围大，可以由技术人员驾驶进入海洋深处，便于技术人员在现场直接观察、分析、评估和捕捉实际信息，及时判断决策，有效操作机械手高效作业。HOV 由于具有良好的人机界面、机动灵活、能够在水中长时间工作，因此具有很高的使用频率，从而成为水下设施检测与维修不可或缺的深海重大技术装备之一。应用于 500m 水深的海底管道破损管段封堵作业的轻载作业型 HOV 要求作业水深不小于 500m，载员 3 人，自持力不小于 72h，配备作业机械手，并且具有测量功能。

(3) 清洗泵：作业水深不小于 500m。清洗泵上具有轻载作业型 HOV 的控制接口。

(4) 维修作业机具：具有管道切割功能，满足管径要求，作业水深不小于 500m，具有轻载作业型 HOV 的控制接口。

(5) 提管架：提升高度 8ft，提升力大于 50t，作业水深为 500m。提管架主要实现将管道提离海床的工序，以便于对管道进行维修。在维修过程中，需要两台提管架，维修任务也需要 ROV 对提管架的操控来实现，如提管架抓/放管的控制开关、提升/下放的操作等。因此，提管架上也需要 ROV 对其操作的接口。模型需求通过对一个真实的设备建模即可。

(6) 封堵机：封堵机需要具备的功能有密封、锚定、扶正、坐封、锁紧和解封六大部分。作业水深不小于 500m，封堵能力满足封堵要求，封堵机上具有控制面板，用来实现轻载作业型 HOV 对它的控制。

2) 仿真需求

(1) 进行海底管道破损管段物理仿真时，要有作业船模拟器、轻载作业型 HOV 模拟器、绞车/吊机模拟器，操作人员可以通过模拟器控制仿真模型。

(2) 操作人员可以操作作业船控制台进行航行与定位操作。

(3) 操作人员可以控制绞车/吊机模拟器，控制仿真系统中轻载作业型 HOV 的吊放与回收，并能够进行提管架、清洗泵的下放、提升和回收，控制仿真系统中维修作业机具和封堵机的下放和提升。

（4）操作人员可以控制轻载作业型 HOV 控制台，进行轻载作业型 HOV 的下潜与上升操作，实现机械手的各种操作等。

（5）虚拟仿真系统能够实现 500m 水深破损管道封堵作业流程的各个环节，具体如下：作业船停泊于接近海底管道破损管段的海平面上，工作人员进入轻载作业型 HOV；吊放轻载作业型 HOV，轻载作业型 HOV 下潜至管道破损管段处，对破损位置、破损情况、海底海况进行观察测量并将信息传回停泊于海面的作业船；作业船在海底管道破损段的海平面上进行准确的定位；作业船吊放清洗泵；清洗泵下放到接近管道破损处，对管道上覆盖的泥土沿破损段两侧冲开，露出管道；轻载作业型 HOV 对管道的管径、壁厚进行测量，依此确定切割长度和切割点，并将信息传回作业船；作业船下放提管架至破损管道处；提管架提管；在预切除管段系上索具，便于切管回收至海上；作业船下放维修作业机具，并在轻载作业型 HOV 的协助下定位；维修作业机具对管道进行切割；破损管段回收至海上，维修作业机具回收至海上；用吊索将封堵机从安装船上下放到海底接近管道切口处，已经下潜到同一地点的轻载作业型 HOV 通过机械手对其最终落地位置进行调整；轻载作业型 HOV 打开封堵机 ROV 控制面板上的定位开关，通过封堵机的定位装置将封堵机定位在管道上，然后断开控制面板上的定位开关；轻载作业型 HOV 打开封堵机 ROV 控制面板上的移送开关，利用液压缸带动封堵装置沿固定轨道准确送入待封堵管道准备封堵；移送到位，轻载作业型 HOV 断开封堵机 ROV 控制面板上的移送开关；轻载作业型 HOV 打开封堵机 ROV 控制面板上的锚定开关，封堵机进行锚定；锚定完成，轻载作业型 HOV 断开封堵机 ROV 控制面板上的锚定开关；轻载作业型 HOV 打开封堵机 ROV 控制面板上的密封开关，封堵机进行密封；密封过程完成，轻载作业型 HOV 断开封堵机 ROV 控制面板上的密封开关；对封堵进行密封测试；提管架将管道下放于海底；回收提管架，轻载作业型 HOV 返回海面并回收；封堵作业完成。

2. 1500m 水深海底管道破损的紧急封堵方法

1) 工具和设备库需求

（1）作业船：配备大于 1500m 作业水深的绞车/吊机，能够通过锚缆或者动力定位系统进行准确的定位，保证作业精度。

（2）轻载作业型 HOV：应用于 1500m 水深的海底管道破损管段封堵作业的轻载作业型 HOV 要求作业水深不小于 1500m，载员 3 人，自持力不小于 72h，配备作业机械手，并且具有测量功能。

（3）维修作业机具：具有管道切割功能，满足管径要求，作业水深不小于

1500m，具有轻载作业型 HOV 的控制接口。

(4)提管架：具有多种可控提升高度以适应不同管径，提升力大于 50t，作业水深为 1500m。提管架主要实现将管道提离海床的工序，以便于对管道进行维修。在维修过程中，需要两台提管架，维修任务也需要 ROV 对提管架的操控来实现，如提管架抓/放管的控制开关、提升/下放的操作等，因此，提管架上也需要有 ROV 对其操作的接口。模型需求通过对一个真实的设备建模即可。

(5)封堵机：封堵机需要具备的功能包括密封、锚定、扶正、坐封、锁紧和解封六大部分。作业水深不小于 1500m，封堵能力满足封堵要求，封堵机上具有控制面板，用来实现轻载作业型 HOV 对它的控制。

2)仿真需求

1500m 水深海底管道破损管段封堵作业与 500m 水深海底管道破损管段封堵作业类似，只是由于水深增加，各个工具的密封等级和耐压等级要相应提高，而且管道在 1500m 一般不需要掩埋，所以维修流程中不需要清洗泵冲洗泥土。

6.1.12 海底管道漏油应急收集方法

海底管道漏油收集的仿真实现也需要维修对象和工况库、维修设备和工具库、维修方案库、维修工具设备的控制设备库。这里建立 500m 和 1500m 水深两类维修库。

1. 500m 水深海底管道漏油应急收集方法

1)工具和设备库需求

(1)作业船：配备大于 500m 作业水深的绞车/吊机，并具有漏油储存功能，能够通过锚缆或者动力定位系统进行准确的定位，保证作业精度。

(2)轻载作业型 HOV：应用于 500m 水深的海底管道漏油收集的轻载作业型 HOV 要求作业水深不小于 500m，载员 3 人，自持力不小于 72h，具有照明功能，配备作业机械手，并且具有测量功能。

(3)清洗泵：作业水深不小于 500m。清洗泵上具有重载作业型 HOV 的控制接口。

(4)提管架：具有多种可控提升高度以适应不同管径，提升力大于 50t，作业水深为 1500m。提管架主要实现将管道提离海床的工序，以便于对管道进行维修。在维修过程中，需要两台提管架，维修任务也需要 ROV 对提管架的操控来实现，如提管架抓/放管的控制开关、提升/下放的操作等，因此，提管架上也需要有 ROV 对其操作的接口。模型需求通过对一个真实的设备建模即可。

(5)控油罩：作业水深不小于 500m，能够应对多种形状与外径的管道泄漏，密封性良好，且具有防水合物生成功能(可以采用加热法、添加水合物抑制剂法，也可采用其他方法)，防止漏油堵塞控油罩与作业船之间的输油管路。

2)仿真需求

(1)进行海底管道漏油收集仿真时，要有作业船模拟器、重载作业型 HOV 模拟器、绞车/吊机模拟器，操作人员可以通过模拟器控制仿真模型。

(2)操作人员可以操作作业船控制台进行航行与定位操作。

(3)操作人员可以控制绞车/吊机模拟器，控制仿真系统中重载作业型 HOV 的吊放与回收，并能够进行提管架、清洗泵的下放、提升和回收，控制仿真系统中控油罩的下放。

(4)操作人员可以控制重载作业型 HOV 控制台，进行重载作业型 HOV 的下潜与上升操作，实现机械手的各种操作等。

(5)虚拟仿真系统能够实现 500m 水深海底管道漏油收集流程的各个环节。漏油收集流程如下：作业船停泊于接近海底管道原油泄漏点的海平面上，工作人员进入重载作业型 HOV；工作船吊放重载作业型 HOV；重载作业型 HOV 下潜至管道破损管段处，对原油泄漏位置、泄漏情况、海底海况进行观察测量并将信息传回停泊于海面的作业船；作业船在海底管道破损段的海平面上进行准确的定位；工作船吊放清洗泵；下放清洗泵到海底，对管道上覆盖的泥土沿破损段两侧冲开，露出管道；回收清洗泵至海面；作业船吊放提管架。提管架下放到接近管道破损处，在重载作业型 HOV 的辅助下就位；提管架提管；控油罩从安装船上下放到海底接近管道漏油处，重载作业型 HOV 通过机械手对控油罩最终落地位置进行调整；重载作业型 HOV 将控油罩与海底管道进行连接；进行漏油收集功能测试，包括密封性能、防水合物生成功能；回收提管架，重载作业型 HOV 返回海面并回收；漏油收集作业完成。

2. 1500m 水深海底管道漏油应急收集方法

1)工具和设备库需求

(1)作业船：配备大于 1500m 作业水深的绞车/吊机，并具有漏油储存功能，能够通过锚缆或者动力定位系统进行准确的定位，保证作业精度。

(2)重载作业型 HOV：应用于 1500m 水深的海底管道漏油收集的重载作业型 HOV 要求作业水深不小于 1500m，载员 12 人，自持力不小于 240h，具有照明功能，配备作业机械手，并且具有测量功能。

(3)提管架：具有多种可控提升高度以适应不同管径，作业水深为 1500m。提管架主要实现将管道提离海床的工序，以便于对管道进行维修。在维修过程中，需要两台提管架，维修任务也需要 ROV 对提管架的操控来实现，如提管架抓/放管的控制开关、提升/下放的操作等。因此，提管架上也需要有 ROV 对其操作的接口。模型需求通过对一个真实的设备建模即可。

(4) 控油罩：作业水深不小于 1500m，能够应对多种形状与外径的管道泄漏，密封性良好，且具有防水合物生成功能(可以采用加热法、添加水合物抑制剂法，也可采用其他方法)，防止漏油堵塞控油罩与作业船之间的输油管路。

2) 仿真需求

1500m 水深海底管道漏油收集仿真需求与 500m 水深海底管道漏油收集仿真需求类似，只是由于水深增加，各个工具的密封等级和耐压等级要相应提高，而且管道在 1500m 一般不需要掩埋，所以维修流程中不需要清洗泵冲洗泥土。

6.2　水下应急维修工机具功能和结构

6.2.1　作业船

286 深水作业船建造完成后对公司开拓深水市场、缓解船舶资源紧张局面、增强海上主吊机(重 400t，高 16m，最大作业水深 3000m，带自动升沉补偿(automatic heave compensation，AHC)功能、辅吊机(重 50t，高 15m，最大作业水深 300m，带 AHC 功能)、主绞车(最内层 250t 拉力，双滚筒，具备恒张力功能作业能力)发挥重要作用。286 船仿真模型如图 6.8 所示。

图 6.8　286 船仿真模型

6.2.2　吊机

吊机常用于将安装设备吊至甲板安装位置上；在浅水安装时可以使用吊机完成下放的整个过程，即将安装设备下放并安装至海底目标处；在深水安装时使用吊机完成下放的前期过程，即将安装设备下放至一定深度待其稳定平衡后，再动力转换至绞车完成后续下放过程。

吊机的承载能力有一定的范围，然而需要吊起下放的设备重量不一，大型的设备很可能会超过吊机的承载载荷。为了解决这一问题通常使用两个吊机共同作用，即一个主吊和一个副吊，当设备重量超过主吊承载极限时，通过副吊辅助提升吊机的承载载荷。而且，有些吊机带有升沉补偿装置，通过升沉补偿装置可以解决由船只的升沉运动带来的安装定位误差问题，可以比较精确地将设备下放至预期目标处。图 6.9～图 6.11 为成功安装水下设备工程案例所用的吊机。

在海洋石油装备的下放安装过程中，吊机是必不可少的一部分。建立吊机仿真模拟器，为深水水下生产维修提供了一个演练和实验的平台。该操作平台可以模拟吊机启动、停车及上提下放等操作，通过仿真采集过程中的深度、速度、张力等一系列参数。

图 6.9　英国石油公司在 Trinidad 油田安装 400t 管汇

图 6.10　Saipem7000 船在挪威海 Kristen 油田安装水下基盘

图 6.11　SSCV THIALF 船在挪威 OrmenLange 油田安装水下基盘及管道终端系统

6.2.3　绞车

　　绞车主要用于深水水下设施的下放安装。绞车因其拥有很长的绳缆，所以可以满足较深水域的下放，可以克服吊机工作水深比较浅的缺点，但是绞车的承载力不够大，因此可以结合吊机进行较重的水下生产设施的下放安装。图 6.12 和图 6.13 分别为位于船尾处的绞车和位于船一侧处的绞车。

图 6.12　位于船尾处绞车

图 6.13　位于船一侧处绞车

6.2.4　ROV

水下管汇连接器主要用于连接水下管汇与跨接管，在连接器安装过程中需要 ROV 进行辅助操作，如液压油的输入、阀的启闭。本节针对在连接器安装过程中所需要的 ROV 工具和操作进行分析，说明 ROV 对接接口的各项指标，这些也可以作为 ROV 控制面板的设计参考。

1. 机械手

机械手是一种安装在 ROV 上用于执行各种任务（如阀门的启闭、水下设备的部署和回收、检查和清理水下装置）的多自由度设备。一个 ROV 通常配备两只机械手：一只是电磁驱动单元，另一只是定位反馈单元。这样能够使 ROV 在水下作业时更加稳定。

机械手的大小、承载能力、长度、功能和可控性都是多样化的。ROV 的机械手也是一种标准化的产品，一般五自由度的定位臂是 ROV 的左臂，七自由度的电磁驱动臂是 ROV 的右臂，主要的选择要求包括明确所要执行的任务、ROV 所要使用的工具、定位臂的型号和尺寸、自由度、手臂最大长度、最大承载能力、在水中的重量、材料、深度等级。

机械手的末端是带有两个或者三个指端的机械爪，机械爪用于抓取物体。不同种类和型号的机械爪在不同的情况下能发挥更好的功能。几种典型的机械手参数如表 6.1 所示。

表 6.1　典型机械手的参数

型号	自由度	最大长度/mm	承载能力/kg
TITAN 4	7	1922	122
ATLAS 7R	7	1664	250
Rig Master	5	1372	181
CONAN 7P	7	1806	159
ORIONP/7R	7	1532	68
ORION 4R	4	682	136

2. 有效载荷

ROV 能够提起的最大载荷取决于 ROV 的动力、机械手的最大承载能力和最大扭矩、ROV 结构的完整性、水下实时环境、典型 ROV 的工作能力等级。

典型 ROV 的工作能力等级如表 6.2 所示。

表 6.2　典型 ROV 的工作能力等级

ROV 名称	公司	深度/m	载荷/kg
Panther Plus	Seaeye	1000	105
SUB-fighter 30K	Sperre	700～3000	132
COMANCHE	Sub-Atlantic	2000	250
TRITON-XLX	PSS	3000～4000	150～250
Quantum	SMD	3000	350
Maxximum	Oceaneering	3048	499

3. ROV 接口要求(机械手部分)

ROV 机械手用于执行海底任务,包括使用工具、海底阀门的启闭和移动海底设施的零件。在机械手的末端和海底设施之间是机械爪,此外机械手还可以携带其他标准工具,如飞线、手柄和快速接头等。

在使用机械手或其他标准工具进行海底作业时,必须考虑以下内容。

(1)水下设备的 ROV 控制面板的位置要在 ROV 机械手的运动范围之内。

(2)在机械手操作的工具主体和工具把手之间要有一种柔性措施,这样可以在插入和拔出工具时更灵活。例如,在机械手执行插入和拔出动作时,机械手的手腕不需要旋转精确的角度。

(3)机械手夹持的物体的重量要低于机械手的最大承载能力。

(4)在进行难度较高的工作时,ROV 要能够进行精确、准确、可重复性的工作。

(5)ROV 控制面板周围要有足够的空间,以保证 ROV 顺利接近水下设备和进行相关操作。

(6)水下设备要能抵抗由 ROV 带来的载荷和扭矩的能力。

(7)水下设备要能抵抗来自 ROV 的碰撞的能力。

(8)ROV 在水下作业时,要采用使其更加稳定的方法。

(9)给 ROV 提供一个工作的平台,既能让 ROV 停放在上面也能给 ROV 提供反推力。

(10)在相对光滑平整的表面给 ROV 附加吸盘或者脚。

(11)给 ROV 提供一个水平或垂直的把手。

(12)独特的 ROV 对接接收点。

ROV 控制面板要固定在不动并且开阔的地方以利于 ROV 操作。ROV 控制面板要至少离海底 15m,以保证 ROV 在海底水平移动时不受阻碍。在一定的地理环境下,海底本身的泥土松软,加上 ROV 的推进作用,促使海底泥土更松软,海底平面已不能作为水平参考平面,因此要重新建立一个水平标准。

4. 定位和稳定

当 ROV 在执行水下操作时,需要稳定的定位,通常可以通过建立 ROV 工作平台、吸盘、把手、对接接口、旋转接口和快速接头来实现。

1)工作平台

为了使 ROV 能够垂直地或者水平地接近海底设备,一种解决办法就是增加 ROV 工作平台。工作平台可以是海底设备的某一部分,也可以是单独制定的平台。工作平台要有足够的空间来支撑有特殊任务要求的 ROV。此外,工作平台要求上面没有障碍并且能够进行清洗。通常以栅栏和杆作为工作平台的结构。

2）吸盘

吸盘的一端连接在 ROV 上，另一端吸附在靠近工作区域的海底结构上，这种方式通常应用在对 ROV 进行清洗、检查和操作阀门的情况下。吸盘通常是吸附在一种能够自对准的球关节上的，一旦吸盘产生的吸力能保证 ROV 保持稳定所需的刚度，球关节就应锁定。吸盘通常由柔性磨损和耐磨损材料制成。

3）把手

ROV 在水下作业时，ROV 机械手常握持的物体就是标准把手，以保证 ROV 的稳定。在实际应用中，所有海底设备上的把手都要满足相同的受力要求：各个方向都要能够承受最小 2.2kN 的抓取力。把手可以代替对接接口，并且可以作为 ROV 控制面板的保险杠。

如图 6.14 所示，两种典型的把手由直径 20mm 的耐腐蚀圆棒制成。两种把手的外形都是长 250mm、宽 125mm，其中右边把手中间有一根额外的连杆。把手的材料要求有 450MPa 的抗拉强度。

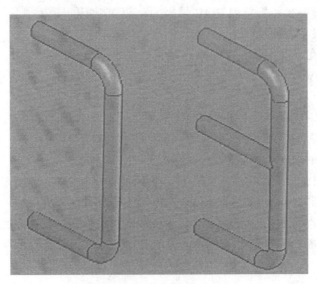

图 6.14　把手

4）对接接口

标准对接接口由插座和探针两部分组成，用于将 ROV 固定在海底设备上以保证 ROV 水下作业的稳定性。插座是一个管状回转体结构，前端是大开口，以利于探针伸入插座，后端是有锁定功能的结构。探针也是一种旋转型结构，上面拥有锁定装置、过载保护功能和自动释放功能。对接接口如图 6.15 所示。

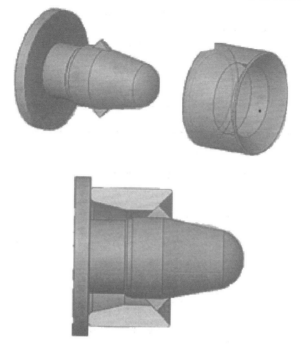

图 6.15　对接接口

ROV 接近对接接口，驱动探针伸入插座中，插座中的锁定结构卡住探针上的凸起边缘，以保证接口连接的稳定性。

探针通常由 ROV 上的工具部署单元来操作，有时也采用机械手操作。这种对接接口通常用在负载比较大的情况下。

为了防止损坏，对接接口所承受的载荷不应超过额定值，除此以外，类似快速接头和针型阀等精密零件的对接需要考虑密封问题。当 ROV 携带重型设备时，对接接头周围必须有足够的空间。

插座可以是单独结构，可以是焊接单元，也可以设计成水下设备的一部分。多个插座可以横向排列也可以纵向排列。

为了能够更容易地实现对接，对接接口的插座要布置在平坦的地方，如 ROV 控制面板，然后用埋头螺栓通过法兰将插座固定。

插座的数量根据 ROV 使用工具的不同而不同，可以单独一个，也可以成对使用或成组使用。当 ROV 在垂直的控制面板上操作阀门时，通常选择使用两个对接接口来固定。插座的外形尺寸参考《石油天然气工业 海底采油系统的设计和操作 第 8 部分：海底采油系统的摇控运送装置（ROV）接口》[ISO 13628-8（2016）]，以满足 ROV 工具的操作要求。

插座通常由耐腐蚀材料制成，并有足够的强度。典型的对接接口插座至少要满足的参数如表 6.3 所示。

表 6.3 典型对接接口插座所满足的参数

对接参量	弯矩	力
对接速度 0.25m/s	X 方向 1570N·m	X 方向 3800N
水流速度 2.5m/s	Y 方向 6080N·m	Y 方向 980N
ROV100%撞击		Z 方向 5060N

5) 旋转接口

旋转接口用于将 ROV 扭转工具的扭转动作传递给水下设备，如阀的启闭。旋转接口安装在 ROV 控制面板上，可以水平分布，也可以竖直分布。

旋转接口的基座靠螺栓或者焊接固定在控制面板上，旋转接口也可以独立存在或做成水下设备的一部分。在旋转接口的周围要有足够的空间以方便 ROV 使用旋转工具。

旋转接口应该由抗拉强度高于 450MPa 的耐腐蚀材料制成，也可以在旋转接口涂上适当的涂层以满足特殊的扭转作业。

根据最大扭矩的不同，旋转接口一般分为低扭矩 (75N·m) 旋转接口和高扭矩 (2000N·m) 旋转接口。

低扭矩旋转接口如图 6.16 所示，低扭矩旋转接口包含 T 形手柄和管状外壳，主要操作水下低扭矩工具。ROV 扭转工具沿着接口的轴线方向接近旋转接口，由引导工具将扭转工具引到 T 形手柄上，一旦引导成功，扭转工具就能靠 ROV 部署系统向任意方向进行扭转。

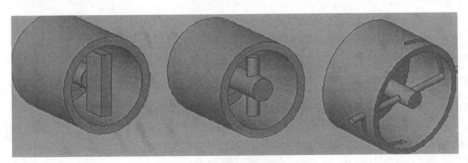

图 6.16 低扭矩旋转接口

高扭矩旋转接口如图 6.17 所示，其包含方形驱动器、管状外壳和内部扭转杆，主要用于水下采油树阀的启闭、水下控制模块的下放等高扭矩操作。ROV 扭转工具沿着接口的轴线方向接近旋转接口，扭转工具慢慢旋转伸入旋转接口中，一旦完全伸入后，扭转工具便可向任意方向进行扭转。图 6.18 为 Deepsea Technologies 公司生产的 ROV 操作阀。

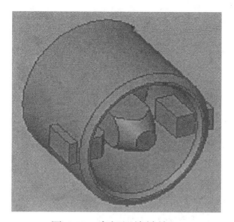

图 6.17　高扭矩旋转接口

图 6.18　ROV 操作阀

ROV 操作阀设计特性如下。

(1)表面涂有适合水下作业的树脂涂层 A36。

(2)由 4 个螺栓固定在 ROV 控制面板上。

(3)可旋转 1/4 圆周。

(4)专门为深水工程设计,利于 ROV 操作。

6)快速接头

快速接头连接是指快速接头插入插座上的匹配端口,主要用于液体或气体的传输。快速接头上的密封使快速接头与插座紧密结合,以避免泄漏和减小基座对快速接头的反作用力。典型的快速接头是一个回转体结构,包括 ROV 手柄、柔性接头、流体端口和密封等。快速接头由耐腐蚀、耐磨损、摩擦系数低的材料制成，以延长快速接头的使用寿命。快速接头主要用于以下工作。

(1) 开启液压阀。

(2) 给系统输送油源。

(3) 连接多功能工具。

(4) 获取流体样品。

(5) 覆盖现有系统。

(6) 测试密封与连接。

快速接头要经常清洗，每次使用后都要将快速接头拔出并回收到位于 ROV 前端的替代母体中。

为了防止污染，在 ROV 控制面板上的插座里要插一个与真实快速接头外形和尺寸一样的替代品。在使用快速接头进行水下作业时，将这个替代品临时放在插座旁边，作业结束后，将替代品再次插入插座中。

根据任务和设备的要求，快速接头插座主要有 A 型和 B 型两种。

A 型快速接头插座是一种由不锈钢制成的与快速接头形状和尺寸匹配的中心通孔的结构，从中心通孔到外表面分布了许多端口，这些端口连接液压管线，如图 6.19 所示。A 型快速接头插座的尺寸和公差参考 ISO 13628-8（2016）。

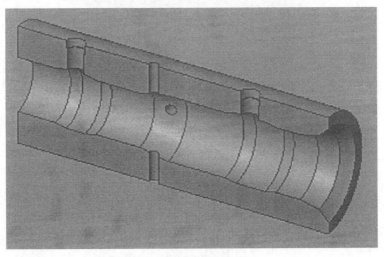

图 6.19　A 型快速接头插座

B 型快速接头插座与 A 型快速接头插座有相同的特征，但是增加了一个对称结构，可使快速接头从任意一端插入，B 型快速接头插座的各个端口与 A 型快速接头插座有相同的特征和尺寸，如图 6.20 所示。B 型标准插座的尺寸和公差参考 ISO 13628-8（2016）。

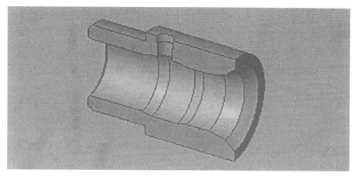

图 6.20　B 型快速接头插座

图 6.21 为 Deepsea Technologies 公司生产的双端口液压快速接头。双端口液压快速接头设计特性如下所示。

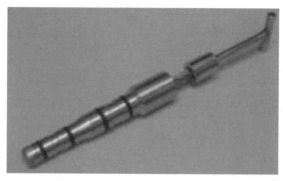

图 6.21　双端口液压快速接头

(1)符合 API 17H(2014)和 ISO 13628-8(2016)中对快速接头的要求。

(2)接头主体采用 60 氮化不锈钢，把手和紧固件采用 316 不锈钢。

(3)额定工作压力 15000psi(1psi=0.006896MPa)。

(4)Buna-N 橡胶材料密封。

图 6.22 为 Deepsea Technologies 公司生产的双端口液压快速接头插座。双端口液压快速接头插座设计特性如下所示。

图 6.22　双端口液压快速接头插座

(1)符合 API 17H(2014)和 ISO 13628-8(2016)中对快速接头插座的要求。

(2)采用 50 氮化不锈钢。

(3)额定工作压力 15000psi。

(4)采用螺栓法兰连接。

图 6.23 为 Deepsea Technologies 公司生产的双端口液压快速接头插座法兰。

图 6.23　双端口液压快速接头插座法兰

双端口液压快速接头插座法兰设计特性：采用 316 不锈钢，螺栓连接。

6.2.5　多功能切割机具

水下管道的维修常用到各种管道维修工具,这些工具主要包括管线切割设备、管线终端修理工具(坡口机)、去涂层工具,设计的多功能修管机要同时具有这些工具的功能。本节针对在管道修理过程中所需要的多功能切割机具和操作进行分析,明确多功能修管机对接接口的各项指标,同时也可以作为多功能修管机控制面板的设计参考。

1. 管线切割工具

海底管道发生较大破坏时需要对管段进行替换,替换前首先要切除破坏管段。用于切割管道的工具多种多样,水下机械冷切割机是首要选择,其中金刚石绳锯机近年来发展十分迅猛,应用的领域不断扩大,越来越受到世界各国的重视。其具有的柔性、断续磨削方式和能同时切断钢管和钢筋混凝土保护层的特殊性能,完全能够实现对破损的海底输油管道进行切割作业。

1)工具要求

水下金刚石绳锯机主要用于海底破损油气管道的维修切割作业,具体要求包括以下几个方面。

(1)能够在水下 500m 和 1500m 水深完成管道切割任务。

(2)可以在水质浑浊的条件下使用。

(3)能够满足 6″～24″(15.24～60.96cm)管径油气管道的切割作业。

(4)尽量提高切割作业的自动化水平,降低操作的复杂程度。

(5)能够达到管线切口的质量要求。

水下金刚石绳锯机的组成部分主要包括主运动系统(驱动装置)、进给系统(进给装置)、张紧装置、夹紧装置、导向装置、锯弓板框架、切割框架、控制与检测系统、液压动力源系统等。金刚石绳锯机切割管道的基本工作原理:通过手动张紧装置使串珠绳保持一定的工作张紧力;利用手动夹紧装置将金刚石绳锯机固定在输油管道待切割位置;然后驱动装置和进给装置开始工作,实现对输油管道的切割作业。

2)实际工况下的主要工作过程

(1)用缆绳将金刚石绳锯机从母船下放到待切割油气管道附近,由潜水员或 ROV 使绳锯机夹紧装置定位部分与油气管道指定位置接触定位。

(2)潜水员或 ROV 通过夹紧装置将水下金刚石绳锯机夹紧于切割油气管道上。

(3)潜水员或 ROV 通过张紧装置张紧金刚石绳锯。

(4)通知工作母船切割就绪,工作母船上开动液压动力源准备切割。

(5)潜水员或 ROV 控制水下金刚石绳锯机开始切割作业:驱动马达带动主动轮高速旋转,串珠绳进行切向进给运动,进给马达驱动丝杠低速旋转,丝杠螺母带动锯弓板向下进行直线运动,使串珠绳完成径向进给运动。

(6)潜水员或 ROV 一边观察串珠绳张力检测系统显示仪表上张力的变化情况,一边调节驱动马达和进给马达的速度。

(7)切削任务完成后,运驱马达停止旋转,进给马达反转,丝杠螺母带动锯弓板退回原位,工作母船关闭液压动力源,夹紧装置松开,再通过缆绳将金刚石绳锯机吊回工作母船。

3)接口要求

夹紧装置实现多功能修管机(切割工具)与管道的可靠连接,保证切割作业过程的稳定。夹紧装置应满足以下要求。

(1)要求夹紧过程操作简单便于用 ROV 操作完成。

(2)夹紧操作接口的操作空间满足 ROV 机械手的尺寸要求。

(3)可夹持的管道尺寸范围为 6″～24″。

(4)夹持力不会对管道造成破坏,同时保证夹持稳固可靠。

张紧装置用来保证串珠绳初始张紧力和加工过程中稳定的张紧力,并使串珠绳装拆方便。张紧装置有手动丝杠和液压驱动方式可供选择,最好使用液压驱动方式便于实现自动化控制。张紧装置应满足以下要求。

(1)张紧装置有 ROV 操作接口，便于金刚石绳的替换和手动操作。

(2)张紧装置设计为自动控制，使张紧力在切割时能够自动控制在一定范围内。

驱动装置是绳锯机的主运动系统，实现串珠绳的循环运动。驱动装置主要由液压马达、驱动轴、轴承座和驱动轮组成，液压马达通过驱动轴带动驱动轮高速转动，以实现金刚石串珠绳的高速切削运动。驱动装置需满足以下要求。

(1)配备动力源快速接口。

(2)手动驱动装置要配有控制器控制液压马达的转速和转矩。

(3)手动控制器的控制面板要求便于 ROV 的操作，面板主要包括换向阀和调速阀并设计为 ROV 独特的对接接收点。

(4)根据国外提供的金刚石绳切削钢制材料的实验数据表明，所选的液压马达要使金刚石绳线速度保持在 15m/s，以达到较好的切削状态。

(5)驱动装置最好设计为电液伺服自动控制的形式，只保留由 ROV 控制的紧急停止阀，在保证安全的情况下提高自动化程度。

进给装置包括进给液压马达、蜗轮蜗杆减速器、丝杠、螺母和锯弓板框架。液压马达作为驱动，蜗轮蜗杆空间交错轴间降速传动，丝杠转动带动螺母沿导轨直线上下移动，从而实现锯弓板的上下运动，以及闭合串珠绳的径向切削运动。进给装置应满足以下要求。

(1)通过控制液压马达速度和传动比保证进给速度在适当的范围内，从而保证工具安全和管道切割质量。

(2)进给装置的行程要满足管道尺寸要求。

(3)进给装置可以通过驱动装置自动进给。

控制与检测系统：切割海底油气管道时，需要不断地调整切削工艺参数和观测切割状态，为此在绳锯机上配置一些检测装置或检测系统也十分必要。控制与检测系统应满足以下要求。

(1)建立张力和进给速度检测系统进行反馈来实现高质量的自动化作业。

(2)浑浊工况不便于观察，这种情况下能够给 ROV 提供作业情况信号。

液压动力源系统：液压动力源在作业船上，需要向多个工具提供动力。液压动力源系统应满足以下要求。

(1)专门设计的液压动力源系统可以提供 20MPa 压力，满足各种工具和设备的动力需求。

(2)提供快速接头，方便 ROV 将切割机和主油路连接起来。

2. 去涂层工具

在切除损坏海底管道后，膨胀弯连接前，需使用外涂层和焊缝清除工具(concrete and FBE removal tool，CFRT)清除管线终端任何外涂层，如混凝土、硬绝缘层、热融结环氧(fusion bonded epoxy, FBE)等；如果管道结构是焊接缝合，还需将焊冠磨平，以便管线回收工具(pipeline recovery tool, PRT)、GSHC 或其他连接器在管线外表面进行密封。CFRT 主要设计、制造厂家有 Sonsub、Statoil 等，如图 6.24 所示。

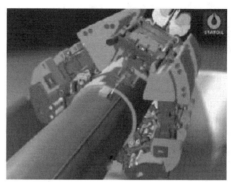

(a) Sonsub的CFRT作业　　　　　　　(b) Statoil的CFRT作业

图 6.24　去涂层工具

1)工具要求

CFRT 主要用于海底管线外涂层的清除作业，具体要求如下所示。

(1)能够在水下 500m 和 1500m 水深完成管道外涂层清除任务。

(2)在不损坏管线的前提下，去除涂层，如混凝土和热融结环氧。

(3)能满足 12″～36″(30.48～91.44cm)管径海底管线的去涂层作业。

(4)要求有较高硬度的切割头，并且旋转速度比较低。

(5)要求设计简单，但是能在任何故障发生时进行作业。

2)CFRT 的组成部分

CFRT 主要包括两个主要元件。

第一个元件是一系列金刚石磁盘切片，与通常使用的切割混凝土的切片一样，这些切片保持 1/4ft 的间隔排列。去除涂层时，刀架的嵌入在混凝土涂层上留下一系列凹槽，使遗留的涂层脱离管线。

第二个元件是圆柱刷装置，尖端有金刚石。这种刷子足够坚硬，用来去除涂层，并且能够有效地去除管线的热融结环氧。这种装置能够去除管线钢表面不超过 0.01in 的涂层，类似喷砂处理。

3)CFRT 的基本工作原理

CFRT 提供四个液压控制的夹臂，当进行去除混凝土涂层和热融结环氧操作时，把工具移动到管线上。这种设计需要一个附加的水下系统，由滑动装置组成，只让工具前端沿着管线移动，而不是整个工具都移动。

4) CFRT 主要技术参数

切割头设计简单，仅使用一根绳子，上面环绕着配有滑轮和导绳器的电动绞盘，使 C 形板围绕管线旋转直到 400°。考虑到不同管线尺寸的简单调整，切割头被设计成一个独立的系统，以便于安装在 C 形板的不同环形位置。

去涂层工具一旦安装完毕，操作的优化过程是非常耗时的。因为这项技术比较先进，最佳参数设置还不是很明确。很多场合下需要改进旋转头的硬度，去除涂层最好使用金刚石磁头，可以降低刷头的工作量。

3. 水下坡口工具

海底油气输送管道维修作业是水下工程技术的一部分，维修作业的主要任务是在海洋环境下对单双层海底管道进行吊装、切割、去表皮、开坡口、对口、清理等作业，并能够快速修复海底管道。在管道铺设或管接修复过程中，需要对管道进行开坡口作业，以便进行焊接。坡口机是管道换接修复过程中不可缺少的专业设备。在众多生产设计坡口机的公司中现场作业效果最好的坡口机当属美国 Wachs 公司和 Mathey 公司的爬管式切割/坡口机，其在管道维修这一领域有很强的实用性。

1) 工具要求

(1) 坡口机由气动或者液压驱动，可以在管子水平或者垂直方向作业，安装防腐外壳后可以在壕沟和深水下作业。

(2) 坡口机加工对象范围大，直径为 150～1800mm 的碳钢、不锈钢、球墨铸铁、铸铁及大部分合金材料管道。

(3) 坡口机铣削切割方式，可以切下厚度为 4.17～75mm 的金属。

(4) 坡口机加工精度高，一般情况下，端面垂直度在 1.56mm 范围内。如果使用导轨附件可将加工精度保持在 0.125mm 以内。采用导轨和特殊导轨轮可在零能见度下进行垂直切割、水下切割及多道切割。

(5) 要求安全防爆，坡口机在易爆的环境下可以在天然气、原油及燃料管上作业。

(6) 坡口机要求安装简单，将可调节的驱动链条连接起来并扣紧在管道上，便可开动机器。

(7) 液压型的坡口机采用全封闭液压系统，须适合在恶劣环境(风沙、水下)工作，适合在海上钻井、铺管及各种水上安装工程。

(8) 坡口机使用不锈钢螺丝、特殊轴承、铅封及锌层等附件，防止盐水作业下的腐蚀。

2) 水下作业过程

潜水员进行水下安装，将可调节的驱动链条连接起来并扣紧在管道上，然后调节张紧螺母使链条张紧，保证切削不打滑；开动坡口机对管道进行切割/开坡口；进行径向铣削，径向铣透后再进行周向铣削；坡口机沿着管道爬行一周，便可完成管道的切割和开坡口任务。

3) 结构

坡口机主要由链条固定装置、径向进给机构、周向爬行机构、刀片组成。

(1) 链条固定装置。管道切割/坡口机由链条固定在被切割/开坡口管道上，为了适应不同的管径，并保持链条始终紧贴管子处于张紧状态，采用前三个张紧轮和后三个张紧轮的不同组合来实现。

(2) 径向进给机构。主液压马达驱动切割/开坡口，切割/开坡口刀片旋转，形成切削主运动。

(3) 周向爬行机构。进给液压马达驱动链轮使主机沿管道周向爬行，形成切削进给运动。其中两个液压马达互锁，防止刀具不旋转的时候链轮旋转，损坏机器。

(4) 刀片。分为切割刀和坡口刀两种。切割刀和坡口刀有多种规格，不同的刀片直径对应切割/坡口不同的管道壁厚。

4) 工作原理

坡口机动力由电动机经联轴器传递到齿轮变速箱，再由变速箱传递到主轴，最后动力传递到刀头，实现了切削金属所需的主运动，通过操纵进刀机构，将刀头向前进给移动，并不断增加刀刃对管子的切削，从而实现对管子坡口的加工。

5) 主要技术参数

(1) 刀具可进行以下动作：轴向运动，即刀具在钢管轴线方向上的运动；径向运动，即刀具在钢管径向方向上的运动；回转运动，即刀具围绕钢管轴线方向的旋转运动。轴向运动可通过床身和拖板之间的相对运动实现；径向运动可通过刀架在刀盘上的相对运动实现。回转运动由于钢管壁厚不一，管壁圆度误差较大，要想加工出较均匀的坡口，须有一个浮动的靠模装置。

(2) 刀盘(图 6.25)采用铸钢制造，在盘面上有一个"+"字形的槽，槽内装有4 根丝杠,最多可安装 4 个刀架,以满足各种复杂形式的坡口要求(如 Y 形、U 形)。

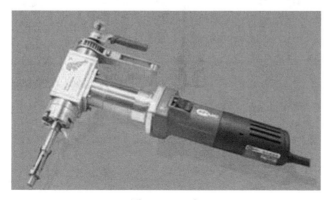

图 6.25 刀盘

(3)坡口机可以用于作业的对象材料有铸铁、铸钢、结构钢、工具钢、轴承钢、不锈钢等。

(4)适用尺寸范围：外径为 50～2250mm，壁厚≥10mm。

(5)与液压站连接采用快换接头，即插即用，方便快捷。

(6)在焊接壁厚大于 10mm 以上尤其是厚壁工件时，必须开 Y 形、U 形、X 形坡口为焊接提供方便。

(7)要求刀片具有很高的抗热震裂，抗塑性变形能力和抗冲击性，红硬性高，耐磨性好，并要求更换方便，快捷，一个刀片有多个刀口可供使用。

6.2.6　提管架

随着深水油气田的勘探和开采，深水海底管线系统成为主要的油气输送系统，若管线因外力、腐蚀等或其他不可预测因素而损坏，则需及时进行抢修，否则就可能停输、停产，造成巨大损失。提管架[59]是深水海底管线维修系统的主要维修设备。进行管线维修时，提管架将管线提离海床一定距离，以便管线与海床间有足够大的空间进行 ROV 支持的切管、清除切管终端的外涂层、安装管线终端、管线回收、无潜水员支持的连接器及热开孔系统等作业，并保证在作业时管线稳定。

1. 总体结构和选型要求

图 6.26 是 Oil States 公司设计的提管架模型图。图 6.27 是提管架实物图。

图 6.26　提管架模型图

图 6.27　提管架实物图

图 6.27 中所展示的提管架主要由主架、横梁、横梁导向杆、夹具、防沉板、附在主架上的 ROV 液压控制面板等组成。有的提管架还有管道引导器。

提管架具有四个基本功能，即横梁垂直方向的提升运动、夹具座带动夹持管线的夹具在横梁上的横向移动、夹具启闭和夹具提管后的小角度旋转运动。

此外，用防沉板来保持提管架平稳地坐立于海床，并保持主架向着海床的垂直方向；管线导向架用来在提管架垂直提升跨骑于管线上时实现提管架与管线间的纵向一致；在海上支持船的吊机下放提管架至海底或回收至船上时，用吊点来安装索具。

提管架选择主要的要求：提升力大小、提升高度、适用的管道尺寸、适用的土壤强度、液压系统参数及液压源要求、材料、作业水深等级、提管架自身重量。

2. 各功能模块要求

1）夹持功能

夹具在液压力的作用下能够实现开启与关闭功能。它能很好地握持管道保证足够的接触面积，防止提升力过大使管道产生塑性变形。夹具关闭后要自锁，防止管道滑脱造成事故。常用的自锁方式有液压自锁、机械自锁；而夹具开户时需要解锁，也有液压解锁、机械解锁。如果只用液压实现自锁与解锁，对液压系统的要求就比较高，需要液压系统能够提供持续稳定的液压源。如果用机械方式实现自锁与解锁，可以减轻液压系统的负担，但结构上相对复杂。在选择提管架时，夹具需要考虑以下几个方面。

（1）夹具夹持管道的面积足够大。

（2）自锁机构能提供的最大自锁力应满足提升要求。

（3）能夹持的管道直径范围。

2) 提升功能

管道维修过程中通常需要用到两个提管架，因此两个提管架提升管道的高度应基本一致，如图 6.28 所示。

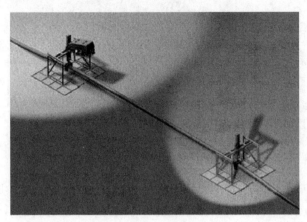

图 6.28　维修时提管架布置

对于不同的管道维修方法可能用到不同的机具。若夹具维修不需要切管，则只需一个液压夹具将泄漏点夹紧即可；而跨接管替换维修，需要切管，要用到管道切割机、管道涂层清除器、水下焊接机等机具。不同的机具对管道的提升高度要求不同。因此，提升功能应该考虑以下几个方面。

(1) 提管高度应满足所选维修方法的要求。

(2) 提升力满足要求。

(3) 提升到所需高度后有锁定功能。

(4) 所选液压缸满足深水作业要求。

(5) 具有导向杆，防止提升过程产生侧向力。

3) 旋转功能

提管架下放时，其夹具的纵向方向与管道轴线方向可能产生偏差；当夹具提管后，管道与夹具间势必产生绕铅垂轴的相互扭矩作用。因此，希望夹具具有一定的绕铅垂轴旋转的功能。显然，夹具的这种转动的频率不高、转动的角度不大。这里的提管架采用中国石油大学(北京)的设计[59]，用纯机械的方式实现夹具随管线的自适应旋转运动。夹具座固定不动，而夹具旋转机构随管线受周向载荷时做自适应转动，在夹具座与夹具旋转机构接触层涂上一层润滑油，防止旋转机构与夹具座发生干摩擦而损坏自适应转动功能。选择提管架时，对于旋转功能的需求应考虑以下几个方面。

(1) 自适应旋转的范围(理论上不会超过 180°)。

(2) 旋转机构与夹具座之间是间隙配合，配合间隙小于 0.2mm。

(3)旋转机构与夹具座之间的润滑油满足深水作业要求。

4)导向功能

导向功能是使提管架骑在海底管道上,其结构如图6.26中的管道引导器所示。提管架下放到海床时,在管道引导器的作用下顺利地骑在管道上。对于不同的管道尺寸,只需调节引导器的开口大小。夹具夹紧管道后,应打开引导器以便管道提升。考虑导向功能时应注意以下方面。

(1)引导器能引导的管道尺寸范围。

(2)引导器的导向精度,即提管架骑在管道上后,夹具需要做多大的横向调整才能正常夹持管道。

5)横向移动功能

引导器引导提管架骑在管道上后,夹具还与所要夹持的管道有一定的横向距离。此时需要横向机构调整夹具的横向位置。

夹具座带动夹具座和夹具在横梁上的横向移动是通过液压缸水平驱动夹具座实现的。液压缸位于横梁槽内,为保证横向移动时夹具所带载荷对液压缸柱塞不产生侧向负载,在夹具座上方设置导向杆,使液压缸力沿横向水平方向传递。夹具提管后,横向移动时,横梁垂直方向有较大载荷,对横梁强度要求较高,应尽量减少横梁受载荷后横向移动的频率,且液压缸的行程尽可能要小。因此,在提管架的防沉板前安装了管线导向架,使提管架初始就较精确地跨骑在管线上,且下放夹具时,夹具能与管线良好接触。考虑横向移动功能时应注意以下几个方面。

(1)横梁受力会有一定的弯曲挠度,最大挠度小于15mm。

(2)夹具顶部与横梁的配合间隙小于0.2mm。

(3)夹具顶部与横梁配合处所用润滑油符合深水作业要求。

6)防沉功能

提管架提升管道时的提升力由海床作用在主架底部的力平衡。在巨大提升力作用下,如果主架底部面积不够大,则提管架会陷入海床较深,不利回收。因此,在提管架上设计了防沉板,大大提高了作用面积。为减少提管架的整体尺寸,防沉板可以收缩伸展。防沉功能应考虑以下几个方面:①防沉板面积;②允许最大的沉陷深度。

7)液压模块

液压模块是提管架实现提管作业的动力核心。该模块有能提供动力的接口、控制液压元件工作的控制阀、实现液压自锁的单向阀、保证系统安全的泄压阀等。提管架需较大液压动力才能提起深水海底管线并保持很长一段时间,但主 ROV 的液压动力除驱动本身的推进器及其他携带工具外,所剩动力有限,故在主 ROV

下面单独安装一个托架以安装带大功率的隔离式液压泵站(isolated hydraulic power unit，IHPU)和提管架所需的液压阀组。液压模块应考虑以下几个方面。

(1)工作稳定安全可靠。

(2)液控单向阀用于主、辅液压控制系统工作时，不会出现倒流，且可对液压缸进行保压，使提管架能长时间地将管线保持在固定位置。

(3)各个模块都设有溢流阀，实现提管架的过载保护。

(4)在主 ROV 的 IHPU 模块，装配了液压传感器、流量传感器等，以监控系统的压力、流量、提管速度等。

3. 其他要求

在主、辅 ROV 上装配摄像头、灯具、罗盘、水深测量系统及声呐等设备，进行提管作业时的观察、摄像、定位、扫描等，并监控夹具位置、提管载荷等相对操作参数。

6.2.7 ADS

1. ADS 的功能参数对比

ADS 的现场作业深度普遍为 300～600m，700m 级和 915m 级的 Mantis 已投入使用。其中 Hawk(英国 OSEL 公司)的最大作业深度已达 1524m。ADS 有全拟人形、半拟人形、非拟人形三种结构形式，其水下运动性能完全取决于其结构形式。ADS 要有很好的生命保障系统，有很强的呼气支持设备，包括二氧化碳吸附器和氧气产生装置，可以维持生命呼吸 8h。

1)全拟人形 ADS

全拟人形 ADS 都是依靠装于其内的常压潜水员之体力，通过踝、膝、股、肩、肘、腕水密机械关节，完成站立、弯腰、下蹲、前进、后退、拐弯、匍匐、行进、攀扶登高各种水运动。据前人对 ADS 进行水池生物机械功能测试，结果表明，与普通潜水员相比，全拟人形 ADS 水中运动性能略有降低，但依然较为灵活，完全可满足水下作业要求。主要全拟人形 ADS 及其功能参数如表 6.4 所示。

2)半拟人形 ADS

主要半拟人形 ADS 及其功能参数如表 6.5 所示。

3)非拟人形 ADS

主要非拟人形 ADS 及其功能参数如表 6.6 所示。

表 6.4　全拟人形 ADS 及其功能参数对比

		全拟人形 ADS				
		JIM1	JIM2	SAM3	SAM4	JAMES	Calrazzi
高/mm			1980	1980			2000
宽/mm	正		1040	890			880
	侧		940	920			880
质量/kg	空气		413	245	排水量 545		385
	水中		27	27			
自持力/h			20	20		80	
最大作业深度/m		137	305	225	605	610	250
壳体材料			镁合金	铝合金	增强塑料	增强塑料	轻合金
机械手夹持器性能		在两臂端球形封端处装夹持器，常压潜水员只需在臂内进行握紧操作，就可通过钢丝牵拉传动的杠杆，将力传至夹持器，动作简便。夹持器可以旋转，并能与专用工具配合，以适应不同作业对象。抓力一般为 20kg 左右，还可安装上闭锁装置和动力辅助抓握器					
水中运动性能		可以在水下站立、下蹲、行走、攀登、爬行、转弯。跨步距离一般为 550mm，抬腿高为 200mm，经过训练的常压潜水员在静水中以 0.5kn(1kn=1.852km/h)的速度行走，比标准潜水员只减少 0.25kn，且行走 300 多米不觉疲劳。在 0.4kn 的速度以下，灵活性的影响不大					
首造年份		1923	1971	1977		1980	
制造商/研发机构		Joseph Press 研制	英国 D.H.B 建筑公司	英国水下海洋设备公司	英国威克斯公司、斯林斯贝公司	英国威克斯公司、斯林斯贝公司	意大利伽利奇公司

表 6.5　半拟人形 ADS 及其功能参数对比

		半拟人形 ADS	
		黄蜂 Wasp	蜘蛛 Spider
高/mm		2100	2200
宽/mm	正		1200
	侧		1880
质量/kg	空气	500	1000
	水中	20	
自持力/h		36	72
最大作业深度/m		610	610
壳体材料		中央为铝合金，下部为增强塑料	增强塑料
机械手夹持器性能		与全人形 ADS 相似	与全人形 ADS 相比，增加了动力夹，该动力夹握力可变，且可持续旋转
水中运动性能		Wasp2 型有水平和垂直双叶推力器共八个，在水中悬停和各个方向上运动	Spider 下面有两个吸盘，可吸附在水下建筑上，前倾 45°，后仰 30°，装有六只助推器
首造年份		1977	1978
制造商/研发机构		英国近海可潜器公司	英国威克斯公司、斯林斯贝公司

表 6.6 非拟人形 ADS 及其功能参数对比

	非拟人形 ADS	
	Mantis	Hwak
长/mm	2500	
宽/mm	1400	
高/mm	1100	
内径/mm	650	
质量/t	1.2	
承载力/kg	200	
自持力/h	40	
最大作业深度/m	700	1524
机械手夹持器性能	在潜器平衡板下最大举力为40kg,一只抓臂,最大抓力为130kg	装有两只 H.E.A 机械手,具有压力补偿和操作直觉感
水中运动性能	10 只推力器,可以不同组合,获得不同的运动性能	
首造年份	1979	1982
制造商/研发机构	英国近海可潜器公司	英国近海可潜器公司

2. 各类 ADS 的要求比较

对于所有类型的 ADS,要求其内部装有生命支持系统以应对故障。

1)全拟人形 ADS 的要求

机械手夹持器性能要求:要求机械手两臂端球形封端处装夹持器,同时要求夹持器能够旋转,与专用工具配合,以适应不同作业对象,抓力要求达到 15～30kg,还要求装上闭锁装置和动力辅助抓握器。

水中运动性能要求:要求能在水下方便地站立、行走、攀登、爬行和转弯。跨步距要求能达到 550mm 以上,抬腿高要求能达到 200mm 以上。经过训练的常压潜水员在静水中以 0.5kn 的速度行走,比标准潜水员只降低 0.25kn,且行走 300 多米不觉疲劳。在 0.4kn 速度以下,灵活性的影响不大。

全拟人形 ADS 的参数要求如表 6.7 所示。

2)半拟人形 ADS 的要求

机械手夹持器性能要求:机械手两臂端球形封端处装夹持器,同时要求夹持器能够旋转,要求它能与专用工具配合,以适应不同作业对象,最好要求安装上闭锁装置和动力辅助抓握器,同时还要求带有动力夹,对于此动力夹,要求夹握力可变,且要求能够持续旋转。

表 6.7　全拟人形 ADS 的参数要求

		参数要求
高/mm		1960～2000
宽/mm	正	800～1050
	侧	800～940
质量/kg	空气	245～410，排水量不小于 540
	水中	不大于 30
自持力/h		40～90
最大作业深度/m		不低于 600
壳体材料		增强塑料或轻合金

　　水中运动性能要求：有水平和垂直双叶推力器八只以上，并且要求能够控制调速和反转，要求能在水中悬停和能在各个方向上运动。

　　半拟人形 ADS 的参数要求如表 6.8 所示。与全拟人形 ADS 相比，半拟人形 ADS 增加了动力夹，该动力夹握力可变，且可持续旋转。半拟人形 ADS 在水中要求水平和垂直双叶推力器不小于八只，能在水中悬停和各个方向上运动；要求有吸盘，可吸附在水下建筑上，前倾 45°，后仰 30°，要求装不少于六只助推器。

表 6.8　半拟人形 ADS 的参数要求

		参数要求
高/mm		1900～2200
宽/mm	正	不大于 1200
	侧	不大于 1880
质量/kg	空气	500～1000
	水中	不大于 20
自持力/h		36～90
最大作业深度/m		不小于 610
壳体材料		中央为铝合金，下部增强塑料

3）非拟人形 ADS 的要求

　　机械手夹持器性能要求：功能机械手要求至少两只，在潜器平衡板下最大举力要求达到 45kg 以上，单只抓臂最大抓力要求能达到 140kg 以上；有压力补偿装置，在海水中具有操作直觉感。

　　水中运动性能要求：至少有 10 只推进器，左、右、侧面及尾部分布不同的推进器，能自由组合，获得前进、后退、旋转等运动。

　　非拟人形 ADS 的参数要求如表 6.9 所示。非拟人形 ADS 至少有两只五自由度或七自由度的机械手,在潜器平衡板下最大举力要求达到 45kg 以上,一只抓臂,最大抓力要求达到 140kg 以上;至少装有两只 H.E.A 机械手,具有压力补偿,具有操作直觉感,以海水为介质。非拟人形 ADS 至少有 10 只推器,可以进行不同组合,获得不同的运动性能。

表 6.9　非拟人形 ADS 的参数要求

	参数要求
长/mm	2400~2600
宽/mm	1300~1500
高/mm	1000~1200
内径/mm	600~700
质量/t	不大于 1.4
承载力/kg	不小于 200
自持力/h	不小于 40
最大作业深度/m	700~1600

6.2.8　封堵机

1. 封堵机的结构组成需求

封堵机包括封堵机械机构、应急处理系统、控制与通信系统、微型液压系统。海底管道封堵机控制及通信系统如图 6.29 所示。对于陆地油气管道封堵机而言,

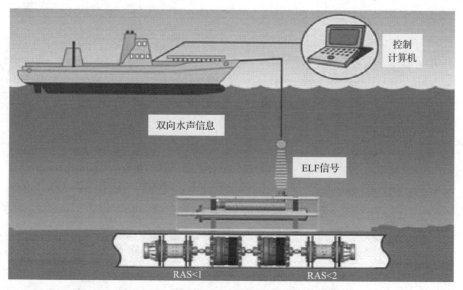

图 6.29　海底管道封堵机控制及通信系统

控制计算机将直接与置于被封堵管段上方的便携式天线相连。封堵机械机构包括承压头、回位弹簧及导向柱、封隔圈、挤压碗、锁定滑块、支撑轮、球形铰链等部件，其中锁定滑块沿圆周方向共布置六块或八块，并且外圆柱面上加工有螺纹；微型液压系统包括微型液压泵、液压缸、液压活塞、活塞杆和执行器盘等部件。

特别地，封堵机要求有以下两个典型系统。

(1)超低频电磁通信系统。通过超低频电磁信号的发射和接收装置及信号的调制与解调技术的试验研究，达到能够通过钢质管壁传递控制信号并有效控制微型液压系统液压泵的目的，最后通过试验验证信号传输及控制的有效性。

(2)封堵机应急处理系统。通过研究封堵机封堵失败后和封堵机解堵失败后智能封堵机应急处理系统的相关技术，从而保证封堵机在各种非正常工作状态下能够在管道内部压力的作用下顺利从清管器收球端取出。

2. 封堵机的基本功能需求

(1)能从管道内对油气管道任意位置进行智能封堵。基于智能封堵技术的封堵机从管道内部到达封堵管段并在超低频电磁信号控制下实现封堵和解堵，所以可以实现管道任意位置的封堵，如管线上任何位置阀门更换或修理时的封堵作业、海底管道立管更换时的封堵作业及任意管段的分段试压封堵等。

(2)既适用于陆地油气管道也适用于海底油气管道。在两种情况下除通信方式不同外，不需要对封堵机本身做任何改动。相反，当陆地用开孔封堵技术应用于海底管道时，需要解决防腐和密封的技术问题。要求无"脐带"系统，能应用于深海海底管道。

(3)在维修封堵时不在管道上进行开孔作业。常规的开孔封堵必须在管道上开孔，在维修作业完成后再将开孔封住。其结果在管道上留下了事故隐患；同时，对于天然气管线，开孔时掉落在管内的铁屑会造成过滤器的损伤。更换阀门时不留下任何痕迹，更换受损管段只留下管道对接焊缝。

(4)封堵作业时不需要排放截断阀之间数公里的管道输送介质，能够保证零泄漏。

(5)封堵作业时不需要降低管道压力，可以在油气管道正常运行压力下进行封堵。

(6)封堵作业时不需要点燃放空管道介质，所以不会造成输送介质损失。

(7)管道建设时不需要进行大规模的氮气置换；满足在管线上实现多次封堵和解堵的作业要求。

(8)封堵作业时不试压封堵头，管内高压封堵机可以直接用于试压试验。

(9)封堵作业时不再用开孔机、夹板阀等来完成管道维护项目。

（10）接收部分电路抗干扰能力强，有效抑制了工频电磁场的干扰，管内外通信距离为 1.5m，满足封堵机数据传输要求。

（11）封堵压力达到 20MPa，远高于常规开孔封堵技术的封堵压力（6MPa），更适合于高压输送油气管道的维修作业。

3. 常规功能需求

（1）管线中间部位的水压试验和泄漏检测。当管道处于正常输送压力时，管内高压智能封堵技术可以用于封隔两个截断阀之间或者包含截断阀在内的多处管段，从而进行水压试验与检漏（图 6.30）。与此同时，因为封隔的管段距离很短，所以会节省大量的试压用水及试压用水的处理成本。

（2）在管道建设中完成接入管线、降低管线、切除管段和维修管线的功能。在不降低管道压力的情况下，该项技术允许多个管段焊接到管线上并进行 X 光检测（图 6.31）。

（3）阀门更换。在不降低管道压力的情况下，该项技术可以封隔需要更换或维修的处于管道中部的阀门（图 6.32）及封隔清管器发球端和收球端泄漏的捕获阀（图 6.33）。

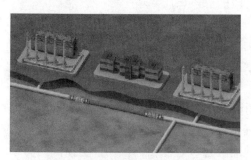

图 6.30　管道水压试验与检漏

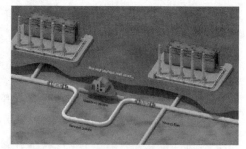

图 6.31　接入管线

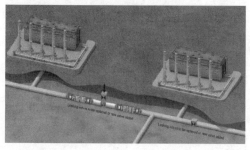

图 6.32　封隔需要更换或维修的阀门

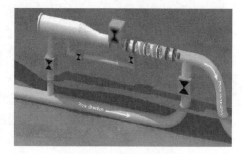

图 6.33　封隔捕获阀

(4)封隔废弃的管线并安装阀门(图 6.34)。在不降低管道压力的情况下,封隔不再使用的废弃管线,再安装阀门。

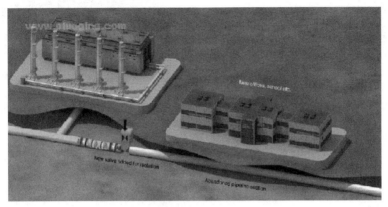

图 6.34 封隔废弃的管线并安装阀门

4. 用于海底管道维护和建造过程的特别需求

(1)海底管道阀门的更换或维修(图 6.35)。可以顺利更换顶部阀门而不减少管道压力或影响所连接的其他平台的生产。

(2)立管的更换或维修(图 6.36)。当立管更换或修理时,可以保证多个下游平台的继续生产。

(3)立管(或水平管段)的试压(图 6.37)。可以迅速进行所封堵的上游管段的试压作业。

(4)管线中间部位的更换(图 6.38)或维修。减少维修成本,缩短停工期和管道内部介质的损失。

(5)深水铺设时,封堵机可以防止水淹管道(图 6.39)。

图 6.35 阀门更换或维修

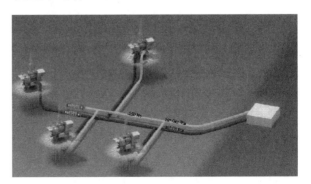

图 6.36 立管更换或维修

图 6.37　立管试压

图 6.38　管段更换

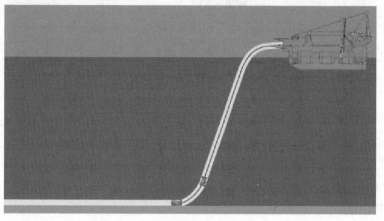

图 6.39　防止海水进入铺设管道

（6）其他应用。在平台放弃时，其他相连接平台不用停产，也没有必要查找和关闭海底阀门；在柔性铰链和跨接管的更换过程中，保证立管和管线不进水。

6.2.9　HOV

潜水器主要包括 ROV、自治式潜水器（autonomous underwater vehicle，AUV）、HOV。潜水器在资源勘测和开发、海底科学考察、军事信息收集、通信中继、特种作战等海洋工程领域和军事领域得到大量应用。我国已经开始把 HOV 用于海洋石油工程的建设中，特别是应用到大于 1000m 的深水海洋油气勘探开发中。我国深水 HOV 已经能潜到大于 7000m 的超深水区域，这为我国对 3000m 水深石油的勘探开发提供了极其强大的设备支持。

深水轻载作业型 HOV（图 6.40）可以与 ROV 等潜水器相互配合用于深水海洋工程的勘探、监测、检测、日常维护，以及应急维修，为深水设施的安全作业提供安全保障。

图 6.40　轻载作业型 HOV

1. 基本结构参数需求

1) 轻载 HOV

(1) 潜深：不小于 1500m。

(2) 载员：乘员 3 人及以上。

(3) 自持力：不小于 72h。

(4) 生命支持力：大于 96h。

(5) 平台质量：小于 15t。

(6) 最大航速 4kn，巡航速度 3kn。

(7) 导航精度：误差≤航程的 0.25%，作用距离 10km。

(8) 搭载模块：定深、定高和首向控制，航行通信系统，引导系统，水下电视，七自由度作业机械手，三自由度作业机械手，其他有效负载质量 1200kg，应急自救系统，生命支持系统等。

2) 重载 HOV

(1) 潜深：至少 3000m。

(2) 载员：乘员至少 12 人。

(3) 自持力：不小于 240h。

(4) 生命支持力：大于 300h。

(5) 平台重量：小于 30t。

(6)最大航速 4kn，巡航速度 3kn。

(7)导航精度：误差≤航程的 0.25%，作用距离 10km。

(8)搭载模块：定深、定高和首向控制，航行通信系统，引导系统，水下电视，七自由度作业机械手，三自由度作业机械手，其他有效负载质量 3000kg，应急自救系统，生命支持系统等。

2. 基本功能需求

(1)使命任务：水下生产设施的日常检修、紧急状态下的故障处理。

(2)活动海区：水下生产设施工作海区。

(3)工作方式：自由自航式潜水器，由锂电池提供工作能源。

(4)系统组成：耐压结构、非耐压结构、推进系统、能源系统、液压系统、压载系统、纵倾调节系统、浮力均衡系统、高压空气系统、生命支持系统、导航系统、吊放回收系统、作业系统。

3. 生命支持系统需求

人为地控制潜水器舱室和潜水加压舱里的环境参数，清除二氧化碳，补充氧气，并为里面的人员提供食物和水，创造一个合适的生存条件。

(1)清除二氧化碳。舱室内二氧化碳的积聚主要由人员呼吸产生，二氧化碳吸收剂满足约 23.0L/(h/人)的设计要求。

(2)氧气补给。潜水器下潜时的氧气储备可满足 30L/(h/人)的需求。

4. 三种级别水深作业的 HOV 需求

1)适于 500m 水深作业的 HOV

(1)轻载作业型 HOV：能运载各种电子装置、机械设备和工程技术人员，使技术人员能够快速、精确地到达各种复杂的海洋环境执行作业；要求活动范围大，可以由技术人员驾驶进入海洋深处，在现场直接观察、分析、评估和捕捉实际信息，及时判断决策，有效操作机械手高效作业；应用于 500m 水深的海底管道破损管段封堵作业的轻载作业型 HOV，要求作业水深不小于 500m，载员至少 3 人，自持力不小于 72h，配备作业机械手，并且具有测量功能。

(2)重载作业型 HOV：能运载各种电子装置、机械设备和工程技术人员，使技术人员可以快速、精确地到达各种复杂的海洋环境执行作业；要求活动范围大，可以由技术人员驾驶进入海洋深处，在现场直接观察、分析、评估和捕捉实际信息，及时判断决策，有效操作机械手高效作业；应用于 500m 水深的海底管道破损管段封堵作业的重载作业型 HOV，要求作业水深不小于 500m，载员 10 人左右，自持力 200h 左右，配备作业机械手，并且具有测量功能。

2) 适于 1500m 水深作业的 HOV

轻载作业型 HOV：应用于 1500m 水深的海底管道破损管段封堵作业的轻载作业型 HOV，要求作业水深不小于 1500m，载员多于 3 人，自持力不小于 72h，配备作业机械手，并且具有测量功能。

重载作业型 HOV：应用于 1500m 水深的海底管道破损管段封堵作业的重载作业型 HOV，要求作业水深不小于 1500m，载员 10 人左右，自持力 200h 左右，配备作业机械手，并且具有测量功能。

3) 适于 3000m 水深作业的 HOV

(1) 轻载作业型 HOV：应用于 3000m 水深的海底管道破损管段封堵作业的轻载作业型 HOV，要求作业水深不小于 3000m，载员至少 3 人，自持力不小于 72h，配备作业机械手，并且具有测量功能。

(2) 重载作业型 HOV：应用于 3000m 水深的海底管道破损管段封堵作业的重载作业型 HOV，要求作业水深不小于 3000m，载员至少 12 人，自持力不小于 240h，配备作业机械手，并且具有测量功能。

6.2.10　控油罩

深水海底管线在运行中，因腐蚀、裂纹、椭圆变形、弯曲变形、外力损伤等，可能发生管道油气泄漏。需要对海底管道破损管段实施漏油收集作业，通过控油罩在海底收集管道漏油，并通过控油罩顶部接头连接的输油管路将漏油输送到作业船上，通过吸油泵将漏油输入漏油收集器，从而减小海底管道漏油带来的经济、环境等影响。

按照英国石油公司的设想，墨西哥湾漏油采用的新的控油罩(图 6.41)比旧的密封性更好，每天最多可收集 8 万桶原油，超过估计的漏油量。这意味着新控油罩一旦顺利安装，墨西哥湾漏油将可能彻底堵住。

1. 功能需求

控油罩的一般要求是能够完全收集漏油，密封性良好，且具有防水合物生成功能(可以采用加热法、添加水合物抑制剂法，也可采用其他方法)，防止漏油堵塞控油罩与作业船之间的输油管路。针对立管隔水管的泄漏漏油收集装置，有以下四点要求。

(1) 控油罩能够收集立管、隔水管破裂造成的大泄漏，能与管道相连接并能防止从连接处泄油。

(2) 控油罩能够大流量地收集溢出原油，并且能有效地防止控油罩内油压过高而造成二次溢油甚至不能及时泄压而造成次生灾害，如爆炸等。

图 6.41　墨西哥湾采用的新的控油罩

（3）能够有效防止在收集溢油过程中的结蜡现象，有合适的结构和方法阻止结蜡堵塞现象，以及有效消除已经产生的少量结晶物。

（4）控油罩的密封应当有效，能够阻隔大量海水流入控油罩内部，达到高效控制漏油和收集已经外溢的石油。

针对输油管的泄漏漏油收集装置，有以下两点要求。

（1）控油罩和管道垂直布置处的密封要有效，达到不溢油的效果。

（2）控油罩要能及时控制结晶物封堵及有效地消除结晶物的功能，以便收集管能畅通收集油气。

2. 结构需求

（1）一般要求控油罩的尺寸要适应漏油区域的大小，适合立管、隔水管的控油罩与立管、隔水管等的密封连接要好。

（2）控油罩顶部要求有合理的结构形式以便收集溢油，并且有足够合理的结构形式有利于抑制结晶的产生。

（3）考虑设计新的结构，便于采用机械或者化学方式防止结晶的产生。

（4）集油管线和控油罩连接处的结构形式要满足不产生大的流体阻力，考虑消除大的冲击力。

（5）密封隔板和控油罩之间也要有很好的结构形式利于密封，并且密封板的开启和闭合要顺畅。

第7章 水下应急维修水动力分析及风险评估方法

7.1 水下设备在海洋环境中的水动力仿真

水下应急维修与陆地维修不同，作业船只在海面上受到风和波浪影响，产生运动响应。船体运动传导至船上的吊机和绞车，吊机和绞车的运动作为输入影响吊缆，吊缆是一个柔性体，将变化后的运动输出到吊重上；在水下，缆绳和吊重受到海流的作用，产生响应，整个船-缆-体在风浪流的作用下形成一个复杂系统[60]。水下作业设备，如 ROV、HOV 受到海流的影响，与连接的脐带缆等组成另一类响应系统。

为了降低维修作业的风险性，提高维修作业效率，在维修工机具设计、维修方案的制订和操作过程中都要考虑水动力的影响。水下应急维修半物理仿真系统建立的目的之一是对作业人员进行培训和考核，要达到有效的培训，必须在系统中体现水下维修的水动力特征[61]。

水动力仿真过程流程如图 7.1 所示。

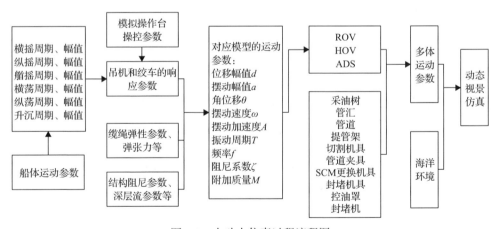

图 7.1 水动力仿真过程流程图

将船体的运动参数作为输入，分析吊机和绞车的响应参数。将分析结果中吊机和绞车的响应参数、深层流参数作为输入，将缆绳弹性参数和弹张力等参数、结构阻尼参数等作为条件，分析吊重的运动响应。另外，分析 ROV、HOV、ADS等作业设备在海流作用下的运动。将吊重和作业设备的运动响应以视景的形式表现出来，综合海洋环境效果，体现为水动力效果。

在操作方面，将吊重和作业设备的运动响应参数作为依据，对绞车、吊机、ROV 等设备的半物理操作装置的输出进行修正，以达到真实再现海洋环境中的作业特征。

1. 船-缆-体系统的水动力学分析

在船-缆-体系统的耦合分析中，船代表作业船、浮式平台等受波浪影响的浮体；缆代表吊索、脐带缆和钻杆等柔性杆结构；体代表水下设备、作业机具等结构，如图 7.2 所示。

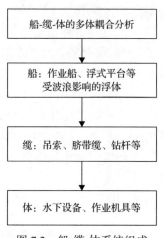

图 7.2　船-缆-体系统组成

需要对船-缆-体系统进行相应的水动力计算，计算出对应模型的运动参数，即位移幅值 d、摆动幅值 a、角位移 θ、摆动速度 ω、摆动加速度 α、振动周期 T、频率 f、阻尼系数 ζ 和附加质量 M。确定水下设备和作业机具的力学状态。

2. 运载/作业设备水动力分析(图 7.3)

运载/作业设备包括 ROV、HOV、ADS 等，与船-缆-体系统的特性不同，由于脐带缆并不传递力给这些设备，故它们受水面船只运动的影响很小，可忽略浮体运动的影响。

HOV 一般是无缆自持的，其水动力特性分析仅需针对 HOV 本体进行。而 ROV 和 ADS 是带缆的，脐带缆通常入水很长，其受到海流作用，对 ROV 和 ADS 的运动学特性有重要影响。故需要将脐带缆和潜体作为一个系统进行水动力分析。

3. ROV 的多体运动分析需求

应用三种不同形式的坐标系来导出带缆遥控 ROV 系统的水动力数学模型，

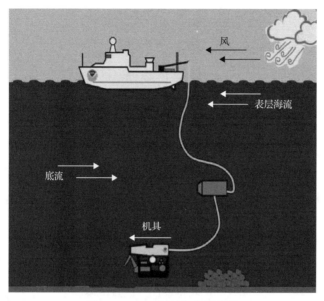

图 7.3　ROV 水下作业示意图

即固定惯性坐标系统 (X,Y,Z)、脐带缆的局部坐标系统 (t,n,b) 及 ROV 主体的局部坐标系统 (x,y,z)，如图 7.4 所示。首先给出脐带缆的运动方程，而脐带缆在水面上端的运动边界条件及 ROV 和附属于 ROV 上的控制导管螺旋桨的动力方程作为脐带缆运动方程的边界条件，通过在脐带缆两端的边界条件耦合构成整个带缆遥控 ROV 的水动力数学模型。m 为 ROV 的质量，(x_G, y_G, z_G) 表示 ROV 的重心坐标，$(u,v,w,\dot{u},\dot{v},\dot{w},p,q,r,\dot{p},\dot{q},\dot{r})$ 为 ROV 的运动参数，(X,Y,Z,K,M,N) 为作用在 ROV 上的水动力，$(I_x, I_y, I_z, I_{xy}, I_{yz}, I_{xz})$ 为 ROV 的惯性矩。

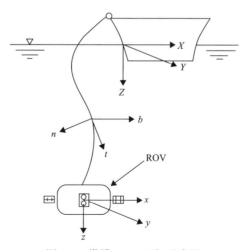

图 7.4　带缆 ROV 坐标示意图

(1)建立脐带缆的运动方程:

$$MY' = N\dot{Y} + Q \tag{7.1}$$

$$Y = \{T, v_t, v_n, v_b, \vartheta, \varphi\}^{\mathrm{T}} \tag{7.2}$$

$$I_x \dot{p} + (I_z - I_y)qr + I_{xy}(pr - \dot{q}) - I_{yz}(q^2 - r^2) - I_{xz}(pq + \dot{r})$$
$$+ m\left[y_{\mathrm{G}}(\dot{w} - uq + vp) - z_{\mathrm{G}}(\dot{v} + ur - wp)\right] = K \tag{7.3}$$

式中,M、N 分别为六阶方阵;Q 为六阶列阵;$Y' = \partial Y / \partial s$,$s$ 表示缆上一定点到上端点之间未伸长的缆长;$\dot{Y} = \partial Y / \partial t$,$t$ 为时间;T 为脐带缆中的张力;(v_t, v_n, v_b) 为脐带缆在 (t,n,b) 局部坐标系中的速度分量; ϑ, φ 分别是脐带缆局部坐标与绝对坐标之间的方位角。

在脐带缆的任意一点,脐带缆的相对坐标与绝对坐标之间的关系:

$$(t,n,b) = (i,j,k)\boldsymbol{D} \tag{7.4}$$

式中,$\boldsymbol{D}$ 为拖曳缆绳的相对坐标与绝对坐标之间的转换矩阵;$(\boldsymbol{t,n,b})$ 为拖曳缆绳相对坐标单位矢量;$(\boldsymbol{i,j,k})$ 为绝对坐标单位矢量。

(2)脐带缆运动方程的边界条件。

在脐带缆的水面上端边界:

$$[v_t, v_n, v_b] = [v_x, v_y, v_z]D \tag{7.5}$$

脐带缆的下端与 ROV 接合点处的速度耦合关系为

$$V_0 + \varpi r_T = EDV_a \tag{7.6}$$

式中,$V_0 = (u,v,w)^{\mathrm{T}}, \varpi = (p,q,r)$ 分别为 ROV 在其局部坐标系下三维线速度与角速度分量;$r_T = (x_T, y_T, z_T)$ 为 ROV 在局部坐标系下接合点处的坐标;V_a 是脐带缆与 ROV 连接点在脐带缆局部坐标系下的速度;E 表示 ROV 的相对坐标与绝对坐标之间的转换矩阵。

(3)ROV 运动方程。

由通用的潜水艇六自由度运动方程来描述 ROV 的水动力特性,在 ROV 局部坐标系下该方程可以表述为

$$m\left[\dot{u} - vr + wq - x_{\mathrm{G}}(q^2 + r^2) + y_{\mathrm{G}}(pq - \dot{r}) + z_{\mathrm{G}}(pr + \dot{q})\right] = X \tag{7.7}$$

$$m\left[\dot{v} + ur - wq + x_{\mathrm{G}}(pq + \dot{r}) - y_{\mathrm{G}}(p^2 + r^2) + z_{\mathrm{G}}(qr - \dot{p})\right] = Y \tag{7.8}$$

$$m\left[\dot{w}-uq+vp+x_{\mathrm{G}}(pr-\dot{q})+y_{\mathrm{G}}(qr+\dot{p})-z_{\mathrm{G}}(p^2+q^2)\right]=Z \tag{7.9}$$

$$I_x\dot{p}+(I_z-I_y)qr+I_{xy}(pr-\dot{q})-I_{yz}(q^2-r^2)-I_{xz}(pq+\dot{r}) \\ +m[y_{\mathrm{G}}(\dot{w}-uq+vp)-z_{\mathrm{G}}(\dot{v}+ur-wp)]=K \tag{7.10}$$

$$I_y\dot{q}+(I_x-I_z)pr-I_{xy}(qr+\dot{p})+I_{yz}(pq-\dot{r})+I_{xz}(p^2-r^2) \\ -m[x_{\mathrm{G}}(\dot{w}-uq+vp)-z_{\mathrm{G}}(\dot{u}-vr+wp)]=M \tag{7.11}$$

$$I_z\dot{r}+(I_y-I_x)pq-I_{xy}(p^2-q^2)-I_{yz}(pr+\dot{q})+I_{xz}(qr-\dot{p})+m[x_{\mathrm{G}}(\dot{v}+ur-wp) \\ -y_{\mathrm{G}}(\dot{u}-vr+wq)]=N \tag{7.12}$$

(4) 作用在 ROV 主体上的水动力载荷和导管螺旋桨的控制力由计算流体力学手段得到其数值解。

7.2　水下设备的风险评估

风险评估最早于 20 世纪 70 年代开始应用于美国核电厂的安全性分析，随后在如化学工业、环境保护、航天工程、医疗卫生、经济等广泛的领域得以推广和应用。近年来，风险评估方法也开始应用于海洋工程当中，特别是北海的 Piper Alpha 平台的海损事故对此起了较大的推动作用。风险具有两方面的含义，一方面风险以概率的形式出现，另一方面风险必然带来损失，缺一便不能称其为风险。风险评估的目的在于事先给出分析对象的风险预报，它涉及的内容：①预报工程问题中可能出现的风险；②分析导致风险出现的各种潜在因素；③讨论某种改变对系统安全性的影响；④判断分析对象是否满足要求的风险准则等。

风险评估不仅估计系统发生严重事故的概率，而且分析其发生的原因和造成的后果，可以全面反映系统的安全性，帮助改进设计和降低不希望事件发生的可能性，对风险的深度和认识给予管理者、设计者、操作者以进行最佳控制的可能性和提高对设备的信任程度。在现实的工程中，应用风险分析和评估会带来巨大的安全效益和经济效益。但我国深水应急维修这方面的应用和研究还几乎没有展开。本节讨论适合于海洋工程风险评估的理论框架，对动态系统风险评估和人因可靠性分析技术进行简要讨论。

1. 风险评估的方法和过程

大规模系统化的风险评估中包含许多实用技术和方法，包括定性分析方法(如危险与可操作性(hazard and operability，HAZOP)分析、失效模式与影响分析

(failure mode & effect analysis，FMEA)，定量分析方法(如故障树/事件树分析、概率风险评估)和介于定性与定量之间的分析方法(如设施的风险评估(facility risk rating，FRR))。这些方法在分析的深度及广度上都是不一样的，花费及提供的信息量也都不一样，因此选用合理的方法十分重要。概率风险评估是很多方法和技术的综合，可以做最详细的风险分析，但是花费也最大。概率风险评价(probabilistic risk assessment，PRA)是美国核工业领域的称呼，化学工业领域中称为定量风险分析(quantitative risk analysis，QRA)，在军事工业领域称为概率安全分析(probabilistic safety analysis，PSA)，三者之间并没有显著的差别。

图 7.5 描述了概率风险评估的一般过程。

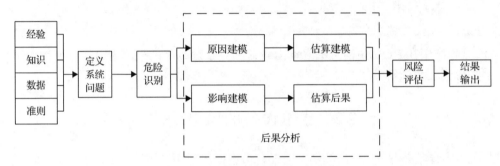

图 7.5　概率风险评估的一般过程

为给一个系统建模，必须要了解该系统的功能、组成，以及操作、检测、维修的程序。此外，还应确定该系统与其他有关联的系统及物理环境之间的关系，也就是要确定物理和功能的边界条件。在此基础上明确所要分析的系统及其面对的问题。

影响风险评估的范围及特点的因素主要如下。

(1)风险分析的目的，即选择设计方案、检验对象是否满足安全准则的要求。

(2)对象的新颖程度和复杂程度。

(3)对象所处的工程阶段。

(4)风险类型。

(5)分析中应遵循的准则，如各类损失的风险水平及概率水平。

(6)对分析结果置信度的要求。

(7)时间和预算的限制等。

根据上述因素和条件来选择适当的方法进行分析。

对于大型的复杂系统，为使风险分析易于进行，可以将大系统分成若干子模块进行分析，如一个区域(主机房)，一种操作，一个具有特定功能的子系统(消防系统)，一种典型的风险等。每个模块可以单独分析，并最终加以综合以形成对全部风险的整体描述。

2. 危险识别

危险识别的目的在于找出所有可能的危险，这些潜在的危险往往是系统发生严重事件的诱因(触发事件)，其中某些危险本身可能就是严重的事件。用于识别危险的方法有 HAZOP 分析、FMEA 法等，但没有一种方法可以保证一个完全的危险识别，而只能依赖于良好的工程判断力和丰富的经验相结合。

3. 原因及后果分析

原因分析的目的是估计每一种危险产生的原因及概率。这可以直接从以往的统计资料得到；也可以通过故障树分析来建立危险产生的逻辑模型进而找出详细的原因和计算发生的概率；还可以用可靠性方法估计构件的失效概率；对于一些特殊情况，如动态的过程或人的行为需要用到一些特殊的方法。

后果分析是要找出由触发事件导致严重事故的发展历程，形成对每一种事故情况(accident scenarios)的描述，并估算每一事故情况的发生概率及可能造成的严重后果。在描述事故情况方面，事件树分析是常用的有效方法，它的每一分支代表了一种事故情况。后果分析中需要加以估算的内容往往有多种。例如，计算结构对意外载荷(如热和压力)的响应；对主动的和被动的安全措施的可靠性和有效性的评估；模拟流体和气体的流动、爆炸压力的分布、燃烧的范围及状态；事故发生中人的行为的预测等。

在因果分析过程中，对于那些可能性很小而且可能造成的后果又很轻微的危险因素，应及时排除在进一步的分析之外，从而减少不必要的工作。

4. 风险的估算

对于系统总体的风险评估是通过综合原因分析和后果分析的结果而进行的，一般来说，应当建立起对系统风险损失的概率描述。式(7.13)是 Pate-Cornell 给出的系统风险计算式：

$$p(\text{loss}_k) = \sum_i \sum_m p(\text{in}_i) \times p(\text{fist}_m \,|\, \text{in}_i) \times p(\text{loss}_k \,|\, \text{fist}_m) \tag{7.13}$$

式中，loss_k 为系统第 k 阶水平的损失；in_i 为第 i 个项事件；fist_m 为第 m 个底事件；p 代表相应的概率。

5. 结果输出

结果以图表、报告等形式清楚地给出。风险分析的结果可以提供：设计方案是否满足一定的风险准则，供选择方案的各种事故损失概率，以便通过比较做出选择；找出影响系统风险的主要因素，并且提出改进意见；对系统的某种改进措施做出风险评估。

6. 相关性处理

在建立系统失效的逻辑模型时，其最底层的事件(基本事件)的发生往往假定为统计是不相关的，有时这种假设是不恰当的。如果这些基本事件中包含了某些代表元件的特定失效模式的事件，而这些失效模式又代表了可以导致该种失效模式的全部机理的逻辑综合。只要其中某些机理具有较高的使几个事件同时发生的倾向性，那么很明显这些事件中存在着统计相关性。例如，地震、火灾等引起的多个元件同时发生失效，这种现象称为共因失效(common cause failure，CCF)。处理这一类相关性，一个直觉的方法是将逻辑模型进一步分解至形成元件失效模式的机制水平，从而把造成 CCF 的因素显式地表达出来，这种方法直接的困难是模型太庞大。1988~1989 年，美国核管理委员会(Nuclear Regulatory Commission)和电力研究院(Electric Power Research Institute)联合提出了一份报告，为 CCF 分析提供了一个程式化的框架及在该领域中所用方法和技术的进展。这一框架及其分析工具和技术已经广泛地应用于概率风险评估。它的基本出发点在于接受前面提到的分解至元件失效模式水平的逻辑模型，在此基础上利用 CCF 分析技术对发生 CCF 的元件建立概率模型。

7. 不确定性分析

任何客观问题都存在着多种不确定性。不确定性一方面来源于物理变量的随机本质，另一方面来源于数据知识的不完备。不确定性分析大致有两类：一类是分析由基本事件(输入)的发生概率存在不确定性而导致的顶层事件(输出)的不确定性，其结果是要形成对顶层事件发生概率的概率描述(概率密度函数、累积分布等)，进而得到相应的置信区间。在此方面 Monte Carlo 方法是个非常有效且广泛应用的技术，但需要较大的计算工作量。这一类分析称为不确定性传播分析。另一类分析致力于估计基本事件的不确定性对顶层事件的不确定性的贡献，称为不确定性重要度或敏感度分析。风险评估是一种以风险预测为目的的信息分析，虽然分析结果存在不可避免的不确定性，但是知道一些比什么都不知道要好得多。缺乏数据不应当成为不做风险评估的理由，而应该恰恰是风险分析的原因。

第8章　水下应急维修半物理仿真运动控制模拟方法

8.1　吊机仿真模拟器系统架构

在仿真培训环境中，吊机仿真模拟器系统由吊机仿真模拟器、PLC控制模块、模型服务器、操作员站、数据库服务器共同组成。吊机仿真模拟器系统主要分为以下两部分。

(1)吊机操作台。此部分由控制柜体、PLC控制模块、按钮、开关、仪表、显示器等组成。培训人员在仿真模拟器上操作相应的按钮、开关、手柄，并通过模拟器上的仪表或者监控界面实时掌握虚拟吊机的工作状况。通过AI、DI采集卡采集培训人员的操作信号，并上传存储在实时数据库服务器中。

(2)操控仿真及模型解算服务器。此部分由数据库服务器、模型解算服务器、教练员站构成。数据库服务器是仿真模拟器系统的操控数据中心，通过网络通信方式与PLC模块进行通信，获得操作人员的实时操作信息，并存储到数据库中。在模型解算服务器中，读取数据库服务器中的数据，根据操作人员的操作信息，进行虚拟吊机动态模型的解算，动态模拟吊机的张力、长度、角度等信息，并通过视景仿真和实时参数显示来模拟现场情况。教练员站是对于整个水下应急维修半物理仿真系统而言的，运行教练员站监控程序，实现对学员操作的监视、任务设定、故障设定、学员考评等功能。

8.2　吊机仿真模拟器系统硬件平台开发

8.2.1　硬件系统的组成

吊机仿真模拟器系统硬件以286深水作业船用吊机为原型，通过控制柜内安装的PLC实现对仿真模拟器上各种指示灯、按(旋)钮、手柄的交互，与模型服务器之间的交互通过OPC方式实现。吊机仿真模拟器系统的运行环境为局域网，主要硬件设备包括吊机操作台(含1台数据库服务器)、1台操控仿真服务器、1台操作台视景子窗口服务器、1台模型解算服务器、1台视景仿真服务器、1台教练员服务器等(图8.1)。各服务器的功能如下。

(1)操控仿真服务器：用于吊机操作参数的显示以及报警指示。

(2)操作台视景子窗口服务器：吊机视景显示。

(3)模型解算服务器：吊机动态模型的解算。

(4)视景仿真模拟器：视景仿真和模型渲染。

(5)教练员服务器：操作的监视、任务设定、故障设定、学员考评等。

(6)数据库服务器：存储仿真模拟器系统的操控数据。

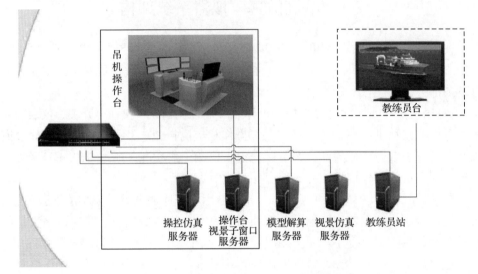

图 8.1　吊机仿真模拟器系统硬件架构图

8.2.2　吊机仿真模拟器设计

　　吊机的面板、各种操作杆的作用和操作方法均是模拟真实的吊机。吊机仿真模拟器主要包括主控制台、左控制台、右控制台、座椅、脚踏板、安装在左控制台中的内部控制装置。其中，左控制台和右控制台上面设置控制面板；控制面板上设置操作手柄、运行开关组、按钮组、指示灯组、电位器组、控制旋钮、麦克风及报警蜂鸣器；该内部控制装置设有主控制器模块。该主控制器模块分别与网络通信模块、模拟量输入输出模块、数字量输入输出模块、参数监控显示器及电源模块相连；并通过上述模块分别与上述操作手柄、运行开关组、按钮组、指示灯组、电位器组、控制旋钮、麦克风及报警蜂鸣器相连；该网络通信模块与上位工作站相连。深水吊机控制台的逼真模拟可以增强实验培训的现场感，降低成本，增强培训效果，缩短培训周期[62]。吊机仿真模拟器整体效果图如图 8.2 和图 8.3 所示，主要尺寸如图 8.4 和图 8.5 所示。

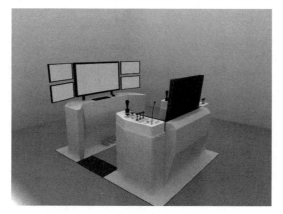

图 8.2　吊机仿真模拟器整体效果图

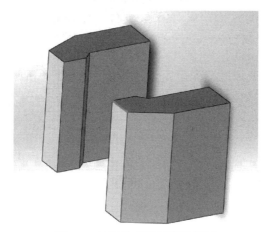

图 8.3　吊机仿真模拟器效果图

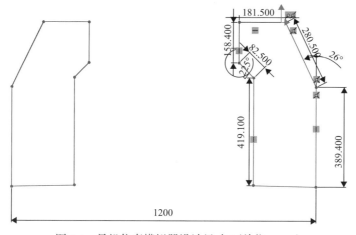

图 8.4　吊机仿真模拟器设计尺寸 1(单位: mm)

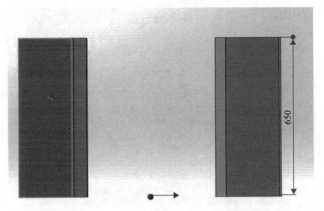

图 8.5　吊机仿真模拟器设计尺寸 2（单位：mm）

　　结合图 8.6，吊机仿真模拟器各操作元件功能描述如表 8.1～表 8.3 所示。吊机仿真模拟器视景子窗口设计如图 8.7 所示，功能设计如表 8.4 所示。吊机仿真模拟器组态监控设计如图 8.8 所示。

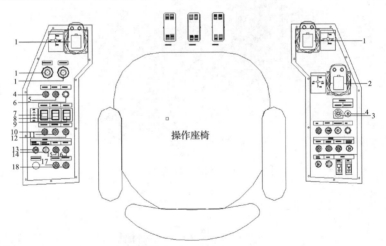

图 8.6　吊机仿真模拟器操作座椅布局图

表 8.1　吊机仿真模拟器左控制台元件功能描述

序号	左侧控制面板	器件类型	功能描述	信号	点数
1	吊杆控制器	手柄	X：控制吊臂左右回转；Y：控制吊物的提升和下放；手柄按钮 1：显示吊臂警示灯；手柄按钮 2：甲板灯闪烁开关；手柄按钮 3：甲板喊话器开关	4～20mA	AI：1 DI：8
2	升沉补偿器紧急停止	按钮	当吊机系统出现问题时紧急停止升沉补偿器	0/1	DI：1
3	系统紧急停车	按钮	系统紧急停车	0/1	DI：1

序号	左侧控制面板	器件类型	功能描述	信号	点数
4	重启电路	带灯按钮	首先松开停止按钮回到中立位置，然后重启电路	0/1	DI：1
5	系统启动	带灯按钮	按下按钮 3s 打开驱动系统，在启动时如果指示器不断闪烁表示起重机驱动或其他驱动有问题	0/1	DI：1
6	系统关闭	按钮	关闭系统：前提是所有控制器和脚踏板回到中间位置，刹车开启，系统可以关闭	0/1	DI：1
7	左绞车速度	电位器	上推为负，下拉为正。推手控制（0～100%）	4～20mA	AI：1
8	主侧绞车速度	电位器	上推为负，下拉为正。推手控制（0～100%）	4～20mA	AI：1
9	右绞车速度	电位器	上推为负，下拉为正。推手控制（0～100%）	4～20mA	AI：1
10	左绞车恒张力激活	带灯按钮	左绞车恒张力控制	0/1	DI：1
11	主绞车恒张力激活	带灯按钮	主绞车恒张力控制	0/1	DI：1
12	右绞车恒张力激活	带灯按钮	右绞车恒张力控制	0/1	DI：1
13	升沉系统开关	钥匙开关	禁用/启用	0/1	DI：1
14	气体压力	旋钮	减少/增加	0/1	DI：1
15	泄压	带灯按钮	按下释放气体压力	0/1	DI：1
16	顺序激活	带灯按钮	按下进入下一步	0/1	DI：1
17	被动升沉补偿	带灯按钮	开/关被动升沉补偿器	0/1	DI：1
18	主动升沉补偿	带灯按钮	开/关主动升沉补偿器	0/1	DI：1

表 8.2　吊机仿真模拟器右控制台元件功能描述

序号	右侧控制面板	器件类型	功能设计	信号	点数
1	控制手柄	多功能控制手柄	Y轴为主副吊钩控制，Y：控制吊物的提升和下放，X轴为拖拉器的收紧和下放；手柄按钮 1：显示负载；手柄按钮 2：甲板喇叭开关	4～20mA	AI：1 DI：8
2	控制手柄	多功能控制手柄	功能同上，两个手柄的切换由鼠标选择，主副钩和拖拉器也由鼠标选择	4～20mA	AI：1 DI：8
3	手动过载保护激活	带灯按钮	激活主吊车过载保护系统，紧急释放	0/1	DI：1
4	系统过载指示灯	指示灯	指示灯	0/1	DO：1
5	空调开关	按钮	禁用/启用	0/1	DI：1
6	人员提升装置开关	钥匙开关	禁用/启用	0/1	DI：1
7	人员提升装置	指示灯	指示灯	0/1	DO：1

序号	右侧控制面板	器件类型	功能设计	信号	点数
8	N/A		N/A		DI：1
9	吊臂探照灯	带灯按钮	禁用/启用	0/1	DI：1
10	甲板灯光	带灯按钮	禁用/启用	0/1	DI：1
11	控制系统开关	带灯按钮	开关控制系统	0/1	DI：1
12	重量传感器开关	旋钮	禁用/启用	0/1	DI：1
13	报警确认	旋钮	报警信息确认	0/1	DI：1
14	Buzzer 蜂鸣器	Buzzer 蜂鸣器	—	0/1	DO：1
15	前窗雨刷器	开关	前窗雨刷器控制	0/1	DI：1
16	顶窗雨刷器	开关	顶窗雨刷器控制	0/1	DI：1

表 8.3　吊机仿真模拟器脚踏板功能描述

序号	脚踏板	器件类型	功能	信号	点数
1	左侧踏板	踏板	10t 绞盘油门	4～20mA	AI：1
2	中间踏板	踏板	10t 绞盘油门	4～20mA	AI：1
3	右侧踏板	踏板	5t 绞盘油门	4～20mA	AI：1

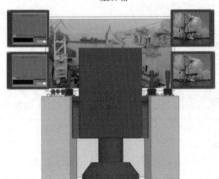

图 8.7　吊机仿真模拟器视景子窗口设计图

表 8.4　视景子窗口功能设计

位置	功能
主屏幕	显示船头甲板的画面，可根据吊机控制，在水平范围–225°到 225°回转
左侧 1 和左侧 2	组态监控画面，显示吊机运行相关参数
右侧 1	牵引绞车工作状态
右侧 2	储缆绞车工作状态

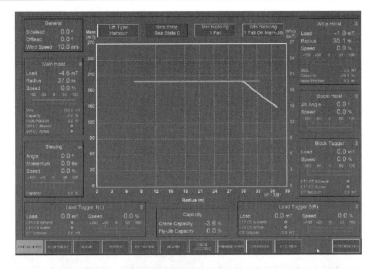

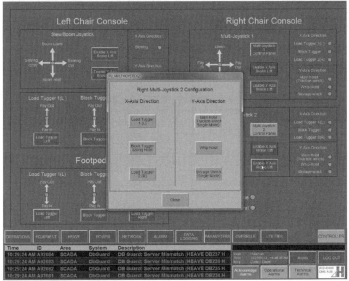

图 8.8　吊机仿真模拟器组态监控设计图（文后附彩图）

8.2.3　元件选择与功能实现

根据吊机仿真模拟器的功能设计要求，需要选择合适的操作元件，并能够将培训人员的操作转化为计算机能够采集的信号形式，通过 PLC 模块实现与数据库服务器的交互，为虚拟吊机模型提供输入参数，完成对虚拟吊机操作的模拟。

1. 操作手柄、调速开关、脚踏板

操作手柄、调速开关、脚踏板的品牌选用上海思博机械电气有限公司（简称上海思博),上海思博 CB 型操作手柄是一款多开关多功能手柄,产品设计符合人体工程学原理,操作舒适度极佳,具有多种操作功能。调速开关和脚踏板均为上海思博定制版本。操作手柄、调速开关与脚踏板选型如表 8.5 所示。

表 8.5　操作手柄、调速开关与脚踏板选型表

序号	名称	规格型号
1	操作手柄	JH50-2C-11-S344+CB-4Q-5J (24VDC 工作电压,4~20mA 输出,带弹簧复位)
2	调速开关	S30JLK-S4801P-I1(24V DC 工作电压,4~20mA 输出)
3	脚踏板	SHC70FCA-S(24VDC 工作电压,4~20mA 输出)

2. 按(旋)钮与指示灯

按(旋)钮与指示灯选用霍尼韦尔标准按钮和指示灯组。霍尼韦尔为国内炼油、石化、造纸、化工、发电、石油天然气、钢铁、建材及食品饮料工业,以及商业建筑物先进控制技术的主要供应商。其中电位器部分元件需要定制。按钮与指示灯选型表如表 8.6 所示。

表 8.6　按钮与指示灯选型表

序号	名称	规格型号	数量
1	带绿灯按钮	PB22D-10-DC 24V-G	10
2	带蓝灯按钮	PB22D-S+AB22-10+AB22-ZJ	5
3	带白灯按钮	PB22D-W+AB22-10+AB22-ZJ	5
4	带黄灯按钮	PB22D-Y+AB22-10+AB22-ZJ	5
5	急停按钮	PB22J-01-R(转动复位)	3
6	黄色指示灯	PL22-24V-Y	2
7	绿色指示灯	PL22-24V-G	2
8	白色指示灯	PL22-24V-W	5
9	钥匙开关	PB22Y2-10-B	5
10	二位选择开关	PB22XD2-10-DC 24V-G	5

3. 其他元件

其他元件主要包括座椅、线缆、线槽、继电器、蜂鸣器、电源插座、电源插头及安装导轨等常规材料,可由柜体制作厂家直接选用。部分元件选型表如表 8.7 所示。

表 8.7　部分元件选型表

序号	名称	规格型号	数量
1	报警蜂鸣器	PL22-FM-DC24V	2
2	安装辅材及线缆	柜内辅材一批(包括线缆、安装导轨、线槽、接线端子等)	2
3	座椅	高度可升降背靠式仿真皮座椅	1

8.2.4　PLC 系统配置与选型

操作人员在操作仿真模拟器时，所有的操作控制信息通过仿真模拟器上的按钮、手柄、开关等电气元件转化为电量变化并通过一定的数据采集单元采集到计算机中，吊机的动态模型以这些操作信息作为输入，进行数值计算，产生能够模拟真实吊机的运动参数和响应，并把模型计算出的吊机运动状态和设备工艺参数等，通过数据输出单元反馈给仿真模拟器监控显示单元及大系统的三维仿真系统。因此，需要选择合适的输入、输出模块来实现操作数据的采集和输出。选择小型 PLC 控制系统来完成这一需求。

考虑到本系统对 OPC 接口和实时数据库的需求，PLC 的型号选择西门子公司的 S7-200 系列。从表 8.8 中可以统计吊机仿真模拟器上的操作元件[按(旋)钮、指示灯、手柄、显示仪表等]共涉及 PLC 的数字量输入点 48 个，模拟量输入点 9 个，数字量输出点 3 个，模拟量输出点 NA 个。根据现有统计的输入输出点数，同时考虑一定的可扩展性(冗余 30%)，具体选型如表 8.9 所示。

表 8.8　吊机水下应急维修半物理仿真系统 PLC 设备点表

序号	类型	功能	数量
1	DI	数字量输入	48
2	DO	数字量输出	3
3	AI	模拟量输入	9
4	AO	模拟量输出	NA

表 8.9　吊机水下应急维修半物理仿真系统 PLC 设备选型表

标识	设备名称	数量
CPU 226	控制器	1
EM223	数字量输入/输出	1
EM231	模拟量输入/输出	1
CP243	网络通信模块	1
PC Adapter	USB 编程电缆	1
开关电源	SITOP POWER5 INPUT:120/230V AC OUTPUT:24V DC/5A	1

8.2.5　控制柜内 PLC 布局设计

吊机仿真模拟器不单独设立控制柜，将 PLC 系统设计安装在座椅左侧的控制柜内，总体设计要求与应贯彻的有关标准与其他电气控制系统基本相同，考虑使用及可操作性，同时考虑到维护等操作，采用自然风冷式，依靠柜上下的百叶窗自然通风设计。考虑到美观性，在靠近座椅的一侧开门。吊机仿真模拟器 PLC 布局如图 8.9 所示。

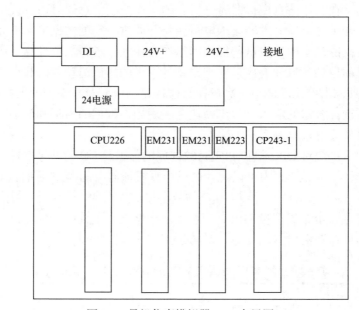

图 8.9　吊机仿真模拟器 PLC 布局图

8.2.6　数据库服务器

数据库服务器是仿真模拟器系统的数据中心，通过以太网与 PLC 模块进行通信，获得操作人员的实时操作信息，并存储到数据库服务器的 SQL 数据库中，为教练员站、模型解算服务器、视景仿真服务器提供数据支持。

（1）通过以太网与 PLC 控制系统通信，与视景仿真模拟器进行数据交互。

（2）通过 OPC 数据接口，实现与模型解算服务器、教练员站及视景仿真服务器的数据通信。

数据库服务器及相关软件选型如表 8.10 所示。

表 8.10　数据库服务器及相关软件选型

表 8.10　数据库服务器及相关软件选型

设备名称	型号及配置	数量
数据库服务器	IBM System x3500 M3	1
STEP7 编程软件	V5.3（Win2k PRO/Win XP）	1
SIMATIC-WinCC 组态件	256 变量，运行版 V7.0 亚洲版	1

8.2.7　模型解算服务器

模型解算服务器：运行吊机和吊机动态模型的解算。模型服务器选型如表 8.11 所示。

表 8.11　模型服务器选型

设备名称	型号及配置	数量
模型解算服务器	Z420	1

8.3　吊机仿真模拟器软件平台开发

8.3.1　吊机仿真模拟器软件功能介绍

吊机仿真模拟器系统软件主要使用人员为系统教练员和培训学员。其关键功能包括一套可以采集模拟器上操作元件电信号的数据采集系统、一套 PLC 控制软件、一套 WinCC 组态监控软件、网络通信软件及与上位机中模型解算软件和视景仿真软件连接需要的 OPC 通信接口软件。

（1）数据采集系统：可以采集模拟器上操作元件电信号，并通过硬件和软件通信协议上传到 PLC 控制系统。

（2）PLC 控制软件：根据前期调研的资料及吊机手册内的一些操作流程，编写一套 PLC 逻辑控制，软件要求可以实现实体设备的相关功能，同时根据通过数据采集系统采集到的模拟器上操作元件电信号实现系统的逻辑控制。

（3）WinCC 组态监控软件：根据吊机仿真模拟器系统数据监控的要求，参考实体吊机手册，设计编写一套 WinCC 组态监控软件，要求实时监控吊机模型的主要功能参数，包括负载、速度、缆绳长度、角度、实时曲线等。

（4）网络通信软件：实现吊机仿真模拟器系统内部的网络通信，主要可以采用 TCP/IP 协议，实现 PLC 硬件到上位机的通信，WinCC 组态软件与 PLC 软件的通信、模型解算软件和视景仿真软件上位机到吊机仿真模拟器系统主机的通信等。

（5）OPC 通信接口软件：为了实现整个水下应急维修半物理仿真系统不同供应厂商的设备和应用程序之间的软件接口标准化，连接数据源（OPC 服务器）和数据的使用者(OPC 应用程序)之间的软件接口标准使数据交换更加简单。

8.3.2　吊机仿真模拟器软件架构

在吊机仿真模拟器软件架构设计中，对仿真模拟器系统的软件结构进行了逻辑划分，采用模块化设计与面向对象技术框架结构，有效搭建系统支撑平台，提出一套切实可行的软件开发框架结构：采用面向对象模型设计方法，在逻辑上将软件分为人机交互层、接口层、仿真控制层和数据服务层四层，如图 8.10 所示。

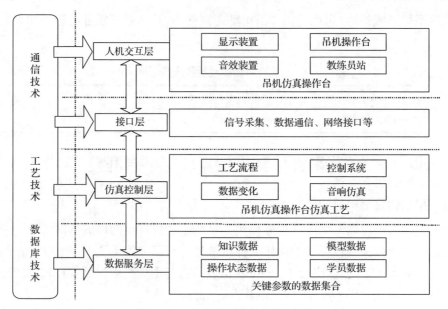

图 8.10　仿真模拟器体系结构图

1. 人机交互层

培训过程的人员组成主要包括学员和教练员，其中学员为主要因素，教练员主要对学员培训考核过程起指导和监督作用。人机交互层包括吊机操作台、显示装置、教练员站、音效装置。吊机模拟器作为主要的输入设备，学员及教练员可以直接与操纵装置交互，以对仿真吊机模型进行操作控制；教练员站由教练员操作，可以对学员学习培训内容进行设置，同时可以查看考核内容及对考核内容进行设置。

1)显示装置

显示装置使操作人员能够清楚地了解吊机现在的运行状况。显示装置包括一大四小五个显示器，中间位置的大显示器模拟仿真 286 深水作业船吊机驾驶舱窗外视野，左侧两个显示器显示吊机运行过程中参数、报警连锁，右侧两个显示器显示吊机仿真视景子窗口,同时系统配有音响感知反馈部分。显示器直接从底层数据服务层获得的关键参数表现在组态界面上,明确显示吊机设备的各部分参数,主要包括基本海况、吊机的回转参数、吊臂的提放参数、主副钩负载、速度、缆绳下放长度、tuggers 的相关参数等。在人机界面上的操作也会直接传递操作信息给工艺控制层来响应对应操作的改变。

2)吊机操作台

吊机操作台包括主控制台、左控制台、右控制台、座椅、脚踏板、安装在左控制台中的内部控制装置。其中,左控制台和右控制台上设置控制面板;控制面板上设置操作手柄、运行开关组、按钮组、指示灯组、电位器组、控制旋钮、麦克风及报警蜂鸣器;该内部控制装置有主控制器模块,该主控制器模块分别与网络通信模块、模拟量输入输出模块、数字量输入输出模块、参数监控显示器及电源模块相连;通过上述模块分别与上述操作手柄、运行开关组、按钮组、指示灯组、电位器组、控制旋钮、麦克风及报警蜂鸣器相连;该网络通信模块与上位工作站相连。

模拟器上所有的操作元件触发后产生的电信号通过信号采集系统即内部 PLC 系统,传输给仿真控制层和数据服务层进行处理,经过仿真系统的模型解算服务器和仿真视景服务器处理之后的数据以不同的方式反馈给人机交互层的显示装置(音响系统)等,并且与学员培训考核相关的数据被记录到数据库服务器中,供以后调用。

3)教练员站

教练员站的主要作用是仿真系统培训流程的设置和相关信息的记录输出,如学员信息录入、系统仿真内容设置、操作过程监视(记录和重演)、分析与评分、考核成绩输出等。教练员站不设置在吊机仿真控制台系统内,而是放置在整个水下应急维修半物理仿真系统中,统筹整个系统。

4)音效装置

音效装置的主要作用是模拟场景中的声音仿真,如环境噪声、动力装备噪声等。

2. 接口层

系统的数据接口层应该基于网络,可以将人机交互层的服务请求转换为一定的控制数据,以激活仿真控制层的程序响应。接口层不但要实现系统内部的数据采集和转换,还要为不同用户之间的数据传输提供安全、流畅的通路。前者主要涉及吊机硬件部分与软件部分之间的数据传递,硬件部分的信号被采集系统采集并通过A/D 转换成数字信号被传递到软件部分进行计算处理,处理之后的数据通过对应的软件(或硬件)为学员提供反馈。后者主要是用于教练员与学员之间的通信,一般采用基于客户端/服务器的网络数据传输方案，实现数据请求的建立、接收和发送。

3. 仿真控制层

仿真控制层主要用于构建逼真的仿真受训环境，对外部输入的数据执行响应的同时向外部提供输出数据。对于吊机操作员而言，仿真受训环境包括操作环境及周边环境两部分。操作环境主要是指吊机仿真控制台高度仿真的控制台体，与实际设备相仿的操作手柄、按钮、开关、座椅等操作设备仿真；周边环境主要是指吊机显示设备高度还原的 286 深水作业船吊机驾驶舱驾驶员视野画面。

仿真控制层主要是完成模拟器显示视景仿真、吊机模型动力学仿真、音响仿真及其他参数的仿真。根据教练员站和模拟器的指令，仿真控制层协调组织数据服务层的各模型，完成特定的模型解算，对仿真系统的工艺流程进行模拟，对吊机模型进行控制，模拟实际系统控制时完成的操作流程。

此模块实现了工艺流程的及时控制，对操作员的指令可以及时做出响应，不直接参与工艺参数的变化(工艺参数的变化来自数据服务层)，但可向工艺数据及控制模块发出启动某参数变化的过程命令。执行具体流程需要根据操作者的命令和设备状态做出决定。

4. 数据服务层

数据服务层分为动态数据和静态数据，对操作过程中的动态数据和静态数据进行统一管理。记录与设备相关的模型数据、操作过程的状态数据、学员(教员)信息的数据。这些数据以数据库的形式存放和组织，可以被不同的系统调用和处理，也可以进行数据扩充。

数据信息提供给仿真控制层来完成实际设备和流程的模拟，使数据在视景显示上与实际设备一致。数据服务层还直接提供给人机交互层，使实时数据显示与设备控制保持一致，从而省去中间环节，加快系统的响应和更新。在考核评分系统的数据库中主要存储知识数据、解释数据。

8.3.3 吊机仿真模拟器软件实现

吊机仿真模拟器系统参考 286 深水作业船实际吊机控制系统的功能及水下应急维修方法研究与水下应急维修半物理仿真系统课题要求，将吊机仿真模拟器系统软件分为教练员模块、数据库模块、模型解算模块、通信模块、监控模块、数据采集模块。其具体结构与相互关系如图 8.11 所示。

1. 教练员模块

教练员模块运行于水下应急维修半物理仿真系统的教练员站上，包括系统管理模块、培训考核科目设定模块、操作状态监控模块、自动评分模块。操作状态

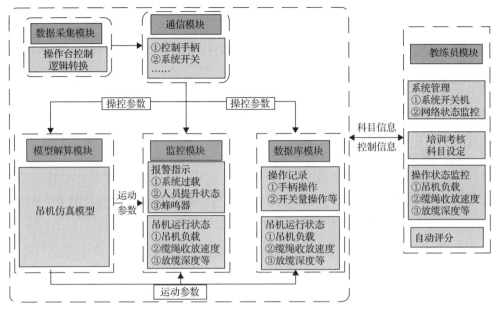

图 8.11　软件系统的整体逻辑结构

监控模块反映工艺参数及吊机的操作状态，并将教练员发出的命令(操控参数)传递给模型解算模块和数据库模块。操作状态监控模块只放置与界面显示控制相关的代码，包括与吊机负载、缆绳收放速度、放缆深度等相关的界面、按钮等的变化，提示信息的显示处理，报警信息的显示处理，以及对培训考核科目设定模块和自动评分模块的引用管理。教练员模块还有数个子模块分管报警数据显示、数据库连接管理、模块引用管理。教练员模块开发工具为 Visual Studio 2008。

2. 模型解算模块

模型解算模块模拟实际的吊机。操作人员进行操作后，吊机的负载、放缆长度和放缆速度等参数是通过计算某型号的吊机仿真模型得出的实际参数。各项参数会在监控模块显示出来，并同时保存到数据库模块中，供虚拟现实部分使用。

参数的变化和设置由此模块中的函数过程直接改变，这个模块可以说代表实际的吊机，对外提供数据和使数据变化的方法。另外，它向监控模块提供时钟信号，向界面提供数据更新事件通知等消息。吊机模型解算模块开发工具：Visual Studio C++(2008) 和 Vortex 多体动力学计算软件。

3. 数据库模块

与吊机操作相关的操作记录和吊机运行状态全部存放在此模块中，模型解算模块计算的参数，也存放到此模块中。在考核评分系统中，操作员的操作需要记录的参数也放在此模块中。数据库采用 SQL Server 2005。

4. 监控模块

监控模块监控内容包括报警指示和吊机运行状态。由于 PLC 选用的是 SIEMENS S7-200CN 系列，所以上位机的组态软件采用 WinCC 组态软件，通信方式采用 OPC 通信协议。

5. 数据采集模块

通过编写 PLC 程序，实现 I/O 元器件的检测与控制，并将数据在 PLC 中转换，相应的逻辑控制也需要在 PLC 系统中实现。使用的上位机软件为 STEP 7 V5.3（Win2000 PRO/Win XP）；PC Access OPC 服务器软件。

6. 通信模块

通信模块主要开发 OPC 客户端采集程序，包括控制手柄、系统开关等，其作为吊机模拟器系统与深水水下应急维修半物理仿真系统的连接工具，完成与其他程序的接口。

8.3.4 数据通信协议 OPC（通信模块）

基于 OPC 通信的 PLC 与服务器数据交互系统的简单结构如图 8.12 所示。

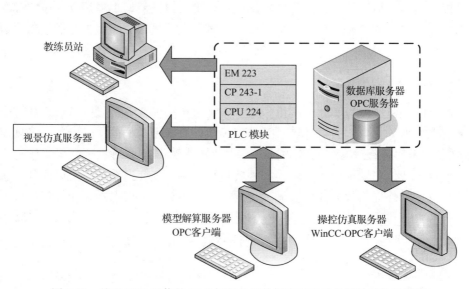

图 8.12 基于 OPC 通信的 PLC 与服务器数据交互系统的简单结构示意图

1. OPC 技术

OPC 的逻辑对象模型大体上分为 OPC Server 对象、OPC Group 对象和 OPC Item 三个层次。其中，OPC Server 维护服务器的信息并作为 OPC Group 对象的容器；OPC Group 维护自己的信息并提供包含 OPC Item 和以有效的逻辑组织 OPC items 的机制；OPC Item 代表与数据源的连接，存储具体 Item 的定义、数据值、状态值等信息。

OPC 通常支持两种类型的访问接口：OPC 定制接口和 OLE 自动化接口。定制接口效率高，客户能发挥 OPC 服务器的最佳性能，故采用 C++语言的客户一般采用该方案；自动化接口使解释性语言和宏语言访问 OPC 服务器成为可能，故采用 VB 等语言的客户一般采用自动化接口。

OPC 数据访问方式主要有同步和异步两种。同步方式是指客户向服务器发出读/写请求，然后等待服务器返回信息。异步方式是指客户向服务器发出读/写请求后，服务器立刻返回信息表示请求已接受，客户可以进行其他处理。服务器完成读/写操作后，主动把采集结果通知给客户方。相比较而言，同步数据传输简单可靠，但效率不高，当客户数据较少且同服务器交互的数据量也较少时可以采用该方式。而异步数据传输可以提高程序效率，避免程序的空等待。OPC 的异步数据传输方式又分为异步读/写方式和订阅方式两种。订阅方式是指客户提出一次订阅请求，服务器将周期性地采集数据，然后周期性地通知客户，直到客户取消订阅为止。如果客户想一直监视某些变量，则使用订阅方式的效率更高。

2. 通信与数据处理

吊机仿真模拟器采用 S7-200 作为控制主站，计算机和 PLC 之间采用以太网通信方式，在 S7-200 PLC 机架上扩展了 CP243-1 以太网通信处理器智能模块，用于 CPU 224 CN 主站与计算机的通信连接，系统利用以太网交换机组成了一个管理网络。

为减少通信程序的开发量，使用 Siemens 公司 PC Access 的 OPC Server 自动化接口(安装在工控机或服务器上)。将 CP243-1 作为服务器，运行在计算机上的 PC Access 软件作为客户端，通过 CP243-1 访问 PLC CPU 的数据。PC Access 软件本身提供 OPC Server，运用 Visual Studio C++编写的 Client 程序作为 OPC Client 软件进行数据访问。

模型解算服务器、数据库服务器、操控仿真服务器均通过 OPC 客户端来获得数据，在数据库服务器中存储操作的数据和模型计算出来运动数据；在模型解算服务器中，通过 OPC Client 采集的数据作为模型的输入。

3. OPC 接口开发及作用

监控软件只有通过 OPC 接口才能访问 OPC 服务器。若监控软件采用组态软件开发，由于组态软件本身既可作 OPC 客户端也可作 OPC 服务器，直接将组态软件的数据点连接到 OPC 服务器的数据项上即可实现访问，不用另外开发 OPC 标准接口。若监控软件采用 VB6.0 或其他的高级语言开发，需要开发访问 OPC 服务器的 OPC 接口。开发出符合 OPC 规范的接口方法有两种：①按照 OPC DA 的标准规范，利用 VC++高级语言等开发工具开发符合标准的 OPC 接口，但开发难度大，需要开发人员对 OPC 技术和 COM 技术有深入了解；②利用专用开发工具包，由于开发工具包已实现了 OPC 标准的底层封装，既不需要涉及烦琐的 OPC 协议，也不必掌握复杂的 COM 技术，直接调用相关函数即可，缩短了开发周期，降低了开发难度。

由于本系统所有的开发语言均采用 C++，所以这里采用 OPC 自定义接口开发 OPC Client。

8.3.5　OPC 转换程序详细设计

OPC 转换程序的整体设计思路如图 8.13 所示。在整个转换程序中关键体现在如下两处。

(1) 在 Timer 中实时监测操纵数据的变化，将变化的数据写到相应 OPC Item 的相应位上(异步读取方式)。

(2) OPC 通信方式采用订阅方式，如果任何 OPC Item 的值有变动，通过回调函数返回给 OPC 转换程序，并将相应变动的数据写到数据库中或者供模型服务器使用。

通过上述两点，可以将 OPC Client 形象地看成在数据库服务器和 OPC Server 之间架设了一座双向桥梁，示意图如图 8.14 所示。

8.3.6　系统网络配置图

吊机仿真模拟器系统网络布置如图 8.15 所示。

8.3.7　系统主要软件配置

吊机仿真模拟器软件材料如表 8.12 所示。

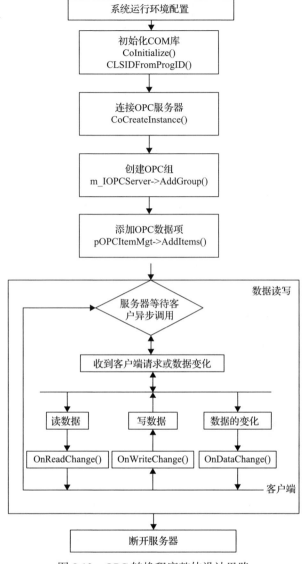

图 8.13　OPC 转换程序整体设计思路

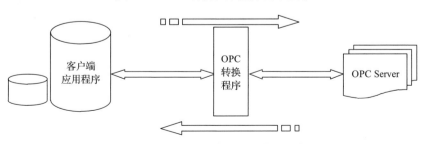

图 8.14　OPC 转换程序的桥梁作用示意图

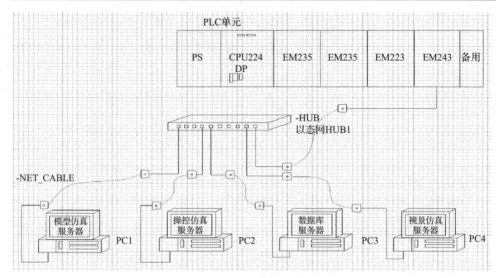

图 8.15　吊机仿真模拟器系统网络布置图

表 8.12　吊机仿真模拟器软件材料清单

序号	名称	型号	单位	数量	备注
1	上位机监控组态软件	WinCC V7.0	套	1	用于编辑组态监控界面
2	PLC 编程软件	STEP7 MicroWIN SP9	套	1	用于 PLC 逻辑程序编程
3	OPC 通信接口	OPC	套	1	用于系统数据交互软件开发

8.4　绞车仿真子系统总体架构

在仿真培训环境[63]中，有绞车仿真操作台（含 PLC 控制模块）、教练员站、模型解算服务器、视景仿真服务器、监控显示子窗口。绞车仿真子系统整体架构如图 8.16 所示。

绞车仿真操作台负责整个模拟训练过程的数据输入、计算、传输、监控和管理，并向模型解算服务器发送实时数据。绞车仿真操作台由 PLC 控制模块、按钮、开关组成。培训人员在绞车模拟器上操作相应的按钮、开关、旋钮，并通过模拟器上的仪表或者监控界面实时掌握虚拟绞车的工作状况。通过 AI、DI 采集卡采集培训人员的操作信号，并存储在数据管理服务器中。数据管理服务器是仿真子系统的操控数据中心，通过网络通信方式（TCP/IP 协议）与 PLC 模块进行通信，获得操作人员的实时操作信息，并存储到数据库中。在模型解算服务器中，读取数据库服务器中的数据，根据操作人员的操作信息，进行虚拟绞车动态模型的解算，动态模拟绞车的张力、长度、角度等信息，并通过视景仿真和实时参数显示来模

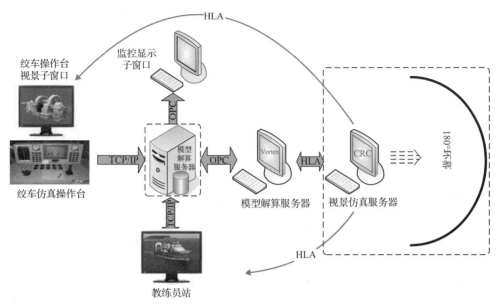

图 8.16　绞车仿真子系统整体架构图

拟现场情况。教练员站是对于整个水下应急维修半物理仿真系统而言的，运行教练员程序对系统进行管理，对仿真环境进行配置，实现对学员操作的监视、任务设定、故障设定、学员考评等功能。

将绞车仿真子系统总体分为四部分，分别为人机交互层、接口层、模型解算服务器和数据库服务器。

1. 人机交互层

培训过程的人员组成主要包括学员和教练员，其中学员为主要因素，教练员主要对学员培训考核过程起指导和监督作用。人机交互层包括绞车模拟器、显示装置、教练员站。绞车模拟器主要是输入设备，学员及教练员可以直接与操纵装置交互，以对绞车进行操作训练考核；显示装置包括显示绞车运行过程中参数、报警连锁及音响、视景等感知反馈部分；教练员站由教练员操作，可以对学员学习内容及考核内容进行设置。

1）显示装置

显示装置使操作人员能够清楚地了解绞车现在的运行状况，直接从底层数据服务器中获得的关键参数表现在界面上，可以明确地显示设备的各部分参数。包括模拟量参数(压力、温度、振动等)、电机状态参数、工况参数等，并在绞车运行过程中发出报警后将报警信息显示到界面，在这个过程中用户不用进行任何操作。人机界面上的操作也会直接传递操作信息给绞车模型解算服务器来响应对应操作的改变。

2) 绞车模拟器

绞车模拟器上布置各种按钮、指示灯、旋钮等，所有的操作元件触发的电信号通过信号采集系统传输给仿真控制层进行处理，处理之后的数据以不同的方式反馈给人机交互层的显示装置等，并且学员操作的相关数据被记录到数据库服务器中。

3) 教练员站

教练员站主要用于相关数据的输入与输出，如学员信息录入、培训考核内容设置、操作过程监视（记录和重演）、分析与评分、考核成绩输出等。

2. 接口层

系统的数据接口层是基于网络通信的，可以将人机交互层的服务请求转换为一定的控制数据，以激活模型解算服务器中的程序响应。接口层不但要实现系统内部的数据采集和转换，还要为不同用户之间的数据传输提供安全、流畅的通路。前者主要涉及绞车硬件部分与软件部分之间的数据传递，硬件部分的信号被采集系统采集并通过 A/D 转换成数字信号被传递到软件部分进行计算处理，处理之后的数据再通过对应的软件（或者硬件）为学员提供反馈，此部分通过 OPC 通信协议来实现。后者主要是用于教练员与学员之间的通信，一般采用基于客户端/服务器的网络数据传输方案，实现数据请求的建立、接收和发送。

3. 模型解算服务器

模型解算服务器主要构建仿真动力学解算模型，对外部的数据执行响应和对外部提供数据。根据教练员站和模拟器的指令，协调组织数据库服务器中的各模型，完成特定的模型解算，对仿真系统的工艺流程进行控制，完成对模型的操控。

4. 数据库服务器

对学员操作过程中的动态数据和静态数据进行统一管理。记录设备相关的模型数据、操作过程的状态数据、学员（教员）信息的数据。这些数据以数据库的形式存放和组织，可以被不同的系统调用和处理，也可以进行数据扩充。

数据信息提供给模型解算服务器，来完成实际设备和流程的模拟，使无论在数据还是在视景显示上都与实际设备一致。数据库服务器还直接提供给人机交互层,使实时数据显示与设备控制保持一致性,从而省去中间环节,加快系统的响应和更新。在考核评分系统中数据库中主要存储知识数据、解释数据。

8.5 绞车仿真子系统硬件平台开发

8.5.1 绞车仿真子系统硬件组成

绞车仿真子系统硬件以 286 深水作业船用绞车为原型,通过控制柜内安装的 PLC 实现模拟器上各种指示灯、按(旋)钮等的交互,与模型解算服务器之间的交互通过 OPC 方式实现。仿真系统的运行环境为局域网,图 8.17 为网络结构图。绞车仿真子系统主要硬件设备包括 1 台绞车模拟操作台(1 套 PLC 控制系统)、1 台模型解算服务器、1 台监控显示计算机、1 台操控仿真服务器、1 台视景仿真服务器等,如图 8.18 所示。

8.5.2 模拟器设计

绞车模拟器[64]以 286 深水作业船用绞车为模型,绞车的面板、各种操作部件的作用和操作方法均是模拟真实的绞车,绞车模拟器主要由阻力刹车调压旋钮、调速旋钮、绞车面板及常用开关和指示灯组成,模拟器与实际现场操作方式完全一致,用户能够直接体验身临其境的感觉,如图 8.19 和图 8.20 所示。

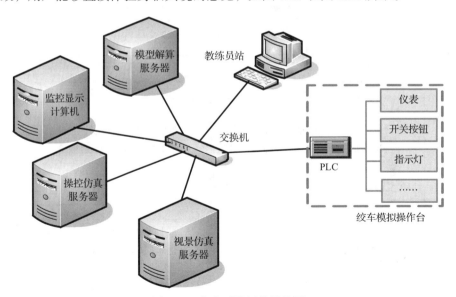

图 8.17 仿真系统网络结构图

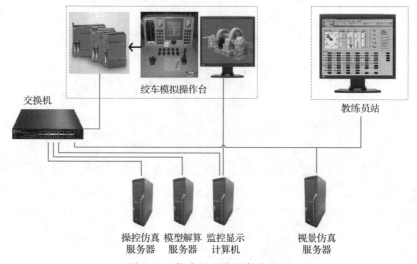

图 8.18　仿真子系统硬件布置图

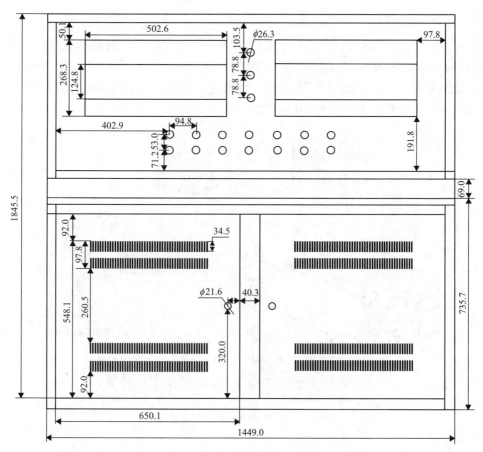

图 8.19　绞车模拟器外形示意图(单位：mm)

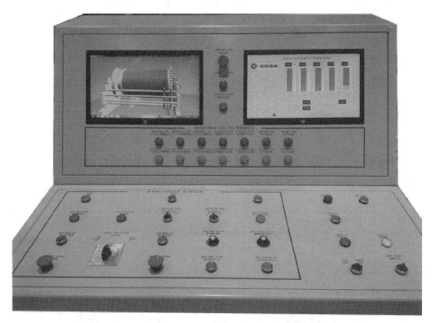

图 8.20　绞车模拟器成品图(文后附彩图)

根据实际情况可以将绞车分为盘揽器控制、滚筒控制、刹车控制和绞车指示面板四个控制模块。

(1)盘揽器控制包括盘揽器的同步异步选择。同步控制中左右电机是同步运行。异步控制中左右两边盘揽器各有单独的左行右行控制。

(2)滚筒控制。通过操作面板上的"手动调速"旋钮可以控制滚筒的上提速度、下放速度及停止。当旋钮向左旋转时,滚筒下放。当旋钮向右旋转时,滚筒上提。当旋钮位于 0 位时,绞车输出速度为 0。

(3)刹车控制包括带式刹车控制和阻力刹车控制。操作绞车刹车控制阀至刹车位置,可以控制刹车泵实现气刹车,实现滚筒制动。当有控制电时,操作绞车气刹控制阀至刹车位置,气刹指示红灯亮,刹车保护系统起作用,将控制系统压力油卸荷,此时操作绞车电控手柄,滚筒不转。

(4)绞车指示面板。绞车指示面板主要有深度指示、速度指示、张力指示及各按键指示灯等。深度为缆绳下入的深度;速度为缆绳运行的速度或者滚筒的角速度等;张力为缆绳的张力。综上所述,绞车模拟器俯视面板元件和正视面板元件功能描述如表 8.13 和表 8.14 所示。

表 8.13 绞车模拟器俯视面板元件功能描述

序号	名称	元件描述	功能描述	元件选型	信号	点数
1	AR 绞车待命	带绿色指示灯按钮	绞车待命	施耐德	DI	1
2	AR 绞车手动	带红色指示灯按钮	绞车手动	施耐德	DI	1
3	AR 绞车自动	带绿色指示灯按钮	绞车自动	施耐德	DI	1
4	转筒缆绳过少	红色指示灯	缆绳过少时指示灯亮；缆绳正常时指示灯灭	施耐德	DO	1
5	绞车超速	红色指示灯	速度过快时缆绳亮；速度正常时缆绳灭	施耐德	DO	1
6	排揽器左电机开关	三项选择开关	左排揽器左行—停止—右行	施耐德	DI	3
7	排揽器右电机开关	三项选择开关	右排揽器左行—停止—右行	施耐德	DI	3
8	张力传感器故障	黄色指示灯	传感器故障时指示灯亮；传感器正常时指示灯灭	施耐德	DO	1
9	带式刹车抱紧	带红色指示灯按钮	刹车抱紧	施耐德	DI	1
10	带式刹车脱开	带绿色指示灯按钮	刹车脱开	施耐德	DI	1
11	手动调速旋钮	电位器旋钮	调节收放揽的速度	施耐德	AI	1
12	阻力刹车开/关	带绿色指示灯按钮	阻力刹车开关	施耐德	DI	1
13	阻力刹车调压	电位器旋钮	阻力刹车调压	施耐德	AI	1
14	缆绳恒张力设定	电位器旋钮	设定缆绳恒张力	施耐德	AI	1
15	死区开/关	带绿色指示灯按钮	死区开关	施耐德	DI	1
16	远程工作	绿色指示灯	远程状态	施耐德	DO	1
17	电源指示	白色指示灯	电源状态	施耐德	DO	1
18	报警复位	带黄色指示灯按钮	复位	施耐德	DI	1
19	指示灯检验	带蓝色指示灯按钮	检验	施耐德	DI	1
20	1#紧急释放	Emergency Stop	紧急释放	施耐德	DI	1
21	2#紧急释放	Emergency Stop	紧急释放	施耐德	DI	1
22	电源开关	选择开关	开关	施耐德	DI	1
23	就地远程开关	选择开关	开关	施耐德	DI	1

表 8.14 绞车模拟器正视面板元件功能描述

序号	名称	元件描述	功能描述	元器件选型	信号	点数
1	1#主马达/变频器运行	绿色指示灯	状态显示	施耐德	DO	1
2	2#主马达/变频器运行	绿色指示灯	状态显示	施耐德	DO	1
3	3#主马达/变频器运行	绿色指示灯	状态显示	施耐德	DO	1
4	AR 排缆器左马达运行	绿色指示灯	正常时指示灯亮	施耐德	DO	1
5	AR 排缆器右马达运行	绿色指示灯	正常时指示灯亮	施耐德	DO	1
6	HPU 泵 A 运行	绿色指示灯	状态显示	施耐德	DO	1
7	HPU 泵 B 运行	绿色指示灯	状态显示	施耐德	DO	1

续表

序号	名称	元件描述	功能描述	元器件选型	信号	点数
8	1#主马达/变频器故障	黄色指示灯	状态显示	施耐德	DO	1
9	2#主马达/变频器故障	黄色指示灯	状态显示	施耐德	DO	1
10	3#主马达/变频器故障	黄色指示灯	状态显示	施耐德	DO	1
11	AR 排缆器左马达故障	黄色指示灯	状态显示	施耐德	DO	1
12	AR 排缆器右马达故障	黄色指示灯	状态显示	施耐德	DO	1
13	HPU 泵 A 故障	黄色指示灯	状态显示	施耐德	DO	1
14	HPU 泵 B 故障	黄色指示灯	状态显示	施耐德	DO	1
15	主 PLC 运行	绿色指示灯	状态显示	施耐德	DO	1
16	备用 PLC 运行	红色指示灯	状态显示	施耐德	DO	1
17	3#紧急释放	Emergency Stop	开关	施耐德	DI	1

8.5.3　元件选择与功能实现

按照上面描述的模拟器功能，需要选择合适的操作元件完成这些功能，并能够将培训人员的操作转化为计算机能够采集的信号形式，通过 PLC 模块实现与数据服务器的交互，为虚拟绞车模型提供输入参数，完成对虚拟绞车操作的模拟。

(1)按(旋)钮与指示灯：提交给柜体制作方，由其负责具体按(旋)钮与指示灯选型和安装，并根据情况自行改进。

(2)其他附件：线缆、线槽、继电器、蜂鸣器、电源插座、电源插头及安装导轨等，由柜体制作方负责实施。

(3)模拟器柜体：外观尺寸与原型模拟器一致，进行加工定制。

8.5.4　PLC 控制系统配置与选型

操作人员在操作模拟器时，所有的操作控制信息通过模拟器上的按钮、手柄、开关等电气元件转化为电量变化并通过一定的数据采集单元采集到计算机中，绞车的动态数学模型以这些操作信息作为输入，进行数值计算，产生能够模拟真实绞车的运动参数和响应，并把模型计算出的反映绞车运动状态和设备工艺参数等，通过数据输出单元反馈给模拟器监控显示单元。因此，需要选择合适的输入输出模块实现操作数据的采集和输出。选择小型 PLC 控制系统来完成这一需求。

考虑到 PLC 控制系统对 OPC 接口和实时数据库的需求，PLC 的型号选择 Siemens 公司的 S7-200 系列。可以统计绞车模拟器上的操作元件[按(旋)钮、指示灯、手柄、显示仪表等]共涉及 PLC 的数字量输入点 12 个，模拟量输入点 3 个，数字量输出点 3 个，模拟量输出点 0 个。根据现有统计的输入输出点数，同时考虑一定的可扩展性(冗余 30%)，具体选型如表 8.15 所示。

表 8.15　绞车水下应急维修半物理仿真系统 PLC 设备选型表

名称	规格型号	订货号	数量
CPU 模块	CPU 226(24 入 16 出数字量)	6ES7216-2BD23-0XB8	1
数字量输出模块	EM222(8 数字量输出)	6ES7222-1BF22-0XA0	1
模拟量输入模块	EM231(8 模拟量输入)	6ES7231-0HF22-0XA0	1
通信模块	CP243-1	6GK7243-1EX00-0XE0	1
开关电源	SITOP POWER 5 INPUT: 120/230 V AC OUTPUT: 24 V DC/5A	6ES7307 -1EA01-0AA0	1

8.6　绞车仿真子系统软件系统开发

仿照实际绞车和控制系统的功能及培训系统的要求将软件分为教练员模块、数据库模块、模型解算模块、通信模块、监控模块、数据采集模块。软件系统的整体逻辑结构如图 8.21 所示。

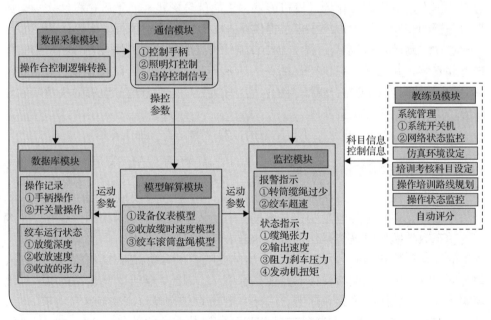

图 8.21　软件系统的整体逻辑结构

1. 教练员模块

教练员模块运行于水下应急维修半物理仿真系统的教练站上，对系统进行管理包括系统开关机、网络状态监控，可以实时监控学员操作及现场的实时情况，对仿真环境进行设定，对学员进行培训考核科目的设定、操作培训路线规划及自动评分。通过操作界面可设置被下放设备的位置、质量、尺寸、重心等参数。可以通过视景界面，指导培训人员进行绞车的操作。教练员模块开发工具：Visual Studio 2008。

2. 模型解算模块

模型解算模块模拟实际绞车。操作人员进行操作后，绞车的放缆长度、缆绳张力和放缆速度是通过计算某型号的绞车模型得出实际的参数。将参数在显示界面中显示出来，并同时保存到数据库模块中，供虚拟现实部分使用。参数的变化和设置由此模块中的函数过程直接改变，这个模块代表实际的绞车，对外提供数据和使数据变化的方法。另外，它向监控模块提供时钟信号，向界面提供数据更新事件通知等消息。所建立的绞车数学模型包括设备仪表模型、收放缆时速度模型、绞车滚筒盘绳模型等。绞车数学模型及解算用 Visual Studio 2008 和 Vortex 多体动力学计算软件解算。

3. 数据库模块

与绞车操作相关的数值和状态量全部存放在此模块中，模型解算模块计算的参数，也存放到此数据库中。在考核评分系统中，操作员的操作需要记录的参数也放在这个系统中。数据库采用 SQL Server 2005。

4. 监控模块

监控模块的报警指示包括转筒缆绳过少和绞车超速的报警。状态指示内容包括缆绳张力、输出速度、阻力刹车压力、发动机扭矩等。由于 PLC 采用的是 Siemens S7-200CN，所以上位机的组态软件采用 WinCC 组态软件，通信方式采用 OPC 通信协议。

5. 数据采集模块

编写 PLC 程序，负责 I/O 元器件的检测与控制，并将数据在 PLC 中转换，相应的逻辑控制也需要在 PLC 中实现。上位机软件：STEP 7 V5.3（Win2k PRO/Win XP）；PC Access OPC 服务器软件。

6. 通信模块

通信模块主要开发 OPC 客户端采集程序，其作为中间件，完成与其他程序的接口，通信信号主要包括控制手柄信号、照明灯控制信号、启停控制信号等。

8.7　水下机器人运动模拟系统设计

一种工作于水下的极限作业机器人(图 8.22)能潜入水中代替人完成某些操作,又称潜水器。由于水下环境恶劣及人的潜水深度有限,所以 ROV 已成为开发海洋的重要工具。它的工作方式是由水面母船上的工作人员,通过连接潜水器的脐带提供动力,并操纵或控制潜水器,通过水下摄像、照明、声呐、通信等专用设备对水下情况进行观察,并将信息返回母船操控台,还能通过机械手进行水下作业。ROV 子系统与视景仿真系统接口的方案原理如图 8.23所示。

图 8.22　一种工作于水下的极限作业机器人(文后附彩图)

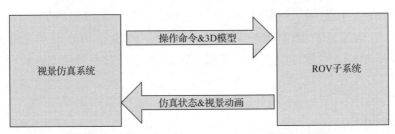

图 8.23　ROV 子系统与视景仿真系统接口方案

VR 主场景根据 ROV 子系统的操作命令和事先保存的三维模型,在主场景中显示出 ROV 的位置、形态及动作。之后将 ROV 在主场景中的仿真状态及周围的视景状态通过 HLA 协议传输到 ROV 子系统中作为子系统的仿真场景。

考虑到 ROV 的运动模型过于复杂,目前的实现方式是主场景通过 HLA 获取ROV 子系统的计算机键盘响应来简单模拟 ROV 的运动。

ROV 作业仿真系统针对水下设施应急维修作业保障装备的使用，通过对 ROV 遥控操作、辅助铺管、观察、调查海底作业状况、检测、安装、介入等操作过程进行实时仿真。在深水应急维修任务中 ROV 主要用于水下管汇与跨接管的连接等。目前 ROV 的模拟驱动控制主要包括以下几方面。

1. ROV 的驱动控制

ROV 的悬停仿真，前进、后退仿真，左右转向仿真，左右平移仿真，自动平衡仿真如图 8.24～图 8.28 所示。

图 8.24　ROV 的悬停（文后附彩图）

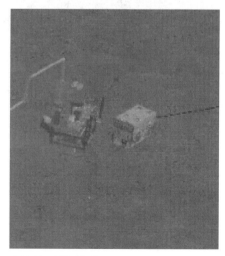

图 8.25　ROV 的前进、后退（文后附彩图）

图 8.26 ROV 的左右转向（文后附彩图）

图 8.27 ROV 的左右平移（文后附彩图）

图 8.28 ROV 的自动平衡（文后附彩图）

2. ROV 的左右机械臂的驱动控制

ROV 右机械臂前臂的抬起、放下仿真，中臂的抬起、放下仿真，后臂的抬起、放下仿真，前臂的抬起、放下仿真，前臂的左右转动仿真，前臂的伸缩仿真如图 8.29～图 8.33 所示。

3. ROV 的左右机械手驱动控制

ROV 右机械手松开仿真、握持仿真、左旋仿真、右旋仿真，以及左机械手的松开仿真、握持仿真、左旋仿真、右旋仿真如图 8.34～图 8.41 所示。

图 8.29　ROV 右机械臂前臂的抬起、放下

图 8.30　ROV 右机械臂中臂的抬起、放下

图 8.31　ROV 右机械臂后臂的抬起、放下

ROV 左机械臂前臂的左右转动仿真如图 8.32 所示。

图 8.32 ROV 左机械臂前臂的左右转动

图 8.33 ROV 左机械臂前臂的伸缩

图 8.34 ROV 右机械手松开　　　　图 8.35 ROV 右机械手握持

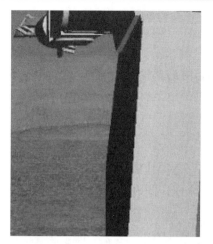

图 8.36　ROV 右机械手左旋

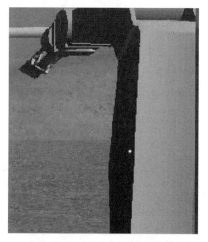

图 8.37　ROV 右机械手右旋

图 8.38　ROV 左机械手松开

图 8.39　ROV 左机械手握持

图 8.40　ROV 左机械手左旋

图 8.41　ROV 左机械手右旋

第9章 水下应急维修半物理仿真模型库管理方法

9.1 模型库管理子系统程序系统的结构

水下应急维修半物理仿真模型库管理子系统采用 Visual Studio 2010 作为开发工具，C#作为开发语言，软件系统的主程序流程如图 9.1 所示。模型库管理子系

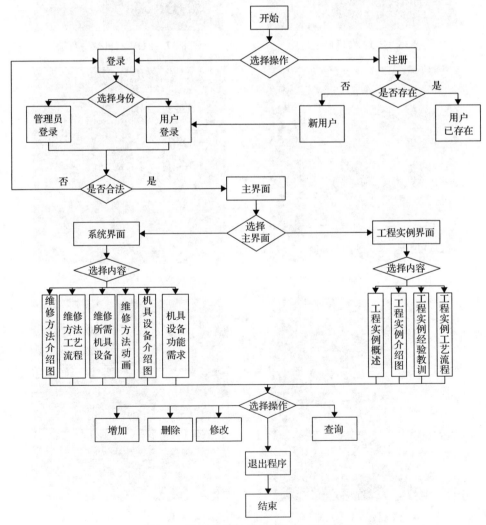

图 9.1 模型库管理子系统主程序流程图

统结构体系、数据库功能如图 9.2～图 9.3 所示。

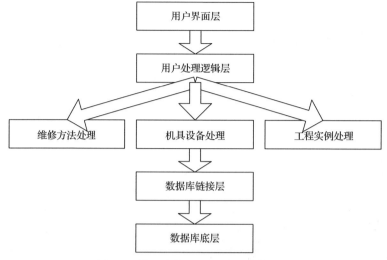

图 9.2　模型库管理子系统结构体系图

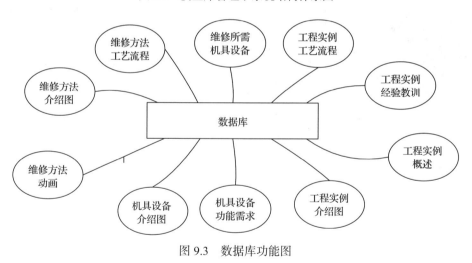

图 9.3　数据库功能图

9.2　模型库管理子系统详细设计

9.2.1　程序设计

程序设计主要完成用例图、类图、顺序图的设计，如图 9.4～图 9.11 所示。

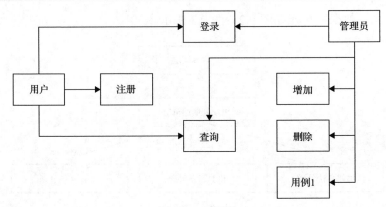

图 9.4　用例图

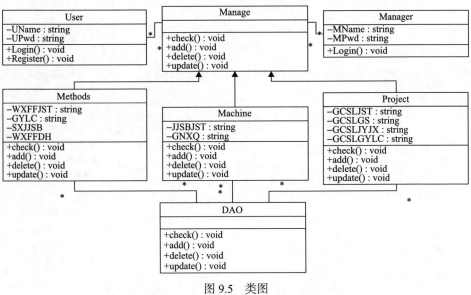

图 9.5　类图

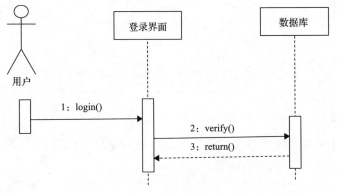

图 9.6　登录顺序图

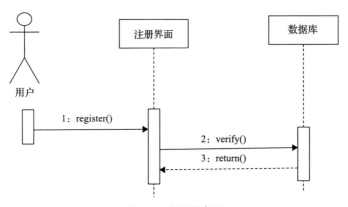

图 9.7　注册顺序图

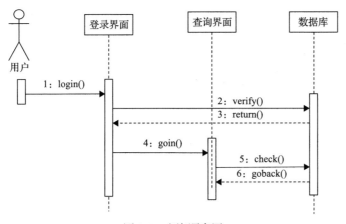

图 9.8　查询顺序图

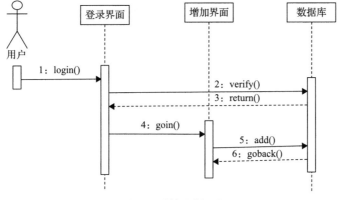

图 9.9　增加顺序图

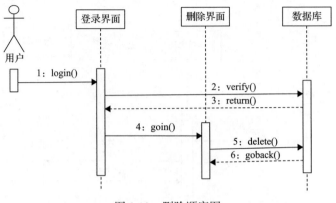

图 9.10　删除顺序图

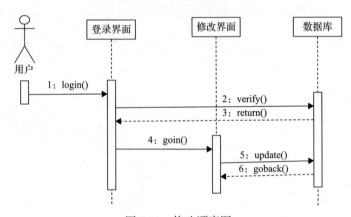

图 9.11　修改顺序图

9.2.2　功能

模型库管理子系统提供了水下应急维修培训的学习平台，提供了数据查询、数据更新、数据维护的管理平台，提供了快速理解水下应急维修方法与工艺流程的认识平台。模型库管理子系统实现了对水下应急维修系统的维修方法、机具设备和工程实例的统一管理，提供了维修方法介绍、维修方法工艺模拟工艺流程、维修所需机具设备、维修动画、机具设备介绍图片、机具设备功能需求、工程实例概述、工程实例介绍图、工程实例经验教训、工程实例工艺流程等的查询、增加、删除和修改等功能，使用户能够更好地完成水下应急维修的学习与培训。

1. 登录

规格说明：登录系统。

(1)引言：用户或管理员进入模型库管理子系统。

(2)输入：用户名称、用户密码和验证码。

(3)处理：通过模型库管理子系统找到相应的信息。

(4)输出：显示登录结果。

2. 注册

规格说明：注册新用户。

(1)引言：注册新用户以获得权限进入模型库管理子系统。

(2)输入：用户名称、用户密码和验证码。

(3)处理：通过模型库管理子系统添加相应的信息。

(4)输出：显示注册结果。

3. 刷新验证码

规格说明：刷新验证码。

(1)引言：验证码错误或无法识别时获得新的验证码。

(2)输入：刷新验证码请求。

(3)处理：编译新的验证码。

(4)输出：显示刷新结果。

4. 查询

规格说明：查询信息。

(1)引言：查询所需要的信息，包括维修方法介绍图、维修方法工艺流程、维修所需机具设备、维修方法动画、机具设备介绍图、机具设备功能需求、工程实例介绍图、工程实例概述、工程实例经验教训、工程实例工艺流程等。

(2)输入：选择查询的信息。

(3)处理：通过模型库管理子系统找到相应的信息。

(4)输出：显示查询到的信息。

5. 增加

规格说明：增加信息。

(1)引言：增加所需要的信息，包括维修方法介绍图、维修方法工艺流程、维修所需机具设备、维修方法动画、机具设备介绍图、机具设备功能需求、工程实例介绍图、工程实例概述、工程实例经验教训、工程实例工艺流程等。

(2)输入：需要增加的信息。

(3)处理：通过模型库管理子系统存入相应的数据库中。

(4)输出：显示增加成功后的信息。

6. 删除

规格说明：删除信息。

(1)引言：删除错误或多余信息，包括维修方法介绍图、维修工艺流程、维修所需机具设备、维修方法动画、机具设备介绍图、机具设备功能需求、工程实例介绍图、工程实例概述、工程实例经验教训、工程实例工艺流程等。

(2)输入：选择错误或多余的信息。

(3)处理：通过模型库系统删除相应的信息。

(4)输出：显示删除操作的结果。

7. 修改

规格说明：修改信息。

(1)引言：修改错误的信息或者更新信息，包括维修方法介绍图、维修方法工艺流程、维修所需机具设备、维修方法动画、机具设备介绍图、机具设备功能需求、工程实例介绍图、工程实例概述、工程实例经验教训、工程实例工艺流程等。

(2)输入：选择需要修改的信息并输入修改后的内容。

(3)处理：通过数据库系统修改相应的信息。

(4)输出：显示修改成功后的信息。

9.2.3　性能

1. 精度需求

模型库管理子系统是针对水下应急维修方法、机具设备和工程实例的统一管理所建立的系统，可提供登录、注册、刷新验证码、查询、增加、删除、修改等功能。

(1)对于登录功能，用户或管理员输入用户名称、用户密码和验证码，系统反馈登录结果。对于用户或管理员输入的信息精度要求高，给用户或管理员反馈的结果精度要求很高。

(2)对于注册功能，用户输入用户名称、用户密码和验证码，系统反馈注册结果。对于用户输入的信息精度要求高，给用户反馈的结果精度要求很高。

(3)对于刷新验证码功能，用户或管理员选择按键，系统反馈刷新结果。对于用户或管理员输入的信息精度要求不高，给用户或管理员反馈的结果精度要求高。

(4)对于查询功能，用户或管理员点击需要查询的内容，系统反馈相应的查询内容。对于用户或管理员选择的信息精度要求高，给用户或管理员反馈的结果精度很高。

(5)对于增加功能,管理员点击增加后,输入增加的内容,系统反馈增加结果。对于管理员输入的信息精度要求不高,给管理员反馈的结果精度很高。

(6)对于删除功能,管理员选择删除的内容并点击删除后,系统反馈删除结果。对于管理员选择的信息精度要求高,给管理员反馈的结果精度很高。

(7)对于修改功能,管理员点击修改后,输入修改后的内容,系统反馈修改结果。对于管理员输入的信息精度要求不高,给管理员反馈的结果精度很高。

2. 时间特性

模型库管理子系统的响应时间、更新处理时间都很快且迅速,完全满足用户要求。

3. 灵活性

模型库管理子系统的灵活性高,主要体现在根据不同的情况、不同的用户对象、不同的要求,提供不同的功能。

系统可在 Windows 平台下运行,不影响程序的正确性、方便性等功能。输入精度的变化对输出精度影响不大,系统对时间要求不高,时间变化所得结果没有影响。

对于不同的变化情况,系统可给出足够的空间对变化情况进行改进,系统具有足够的提升空间。

4. 故障处理

(1)内部故障处理。在开发阶段可以及时修改数据库里的相应内容。

(2)外部故障处理。对编辑的程序进行调试,遇到错误信息,根据错误信息修改程序再调试,直至功能实现为止。

9.2.4　输入项

(1)登录界面。

输入项目:用户名称、用户密码、验证码;

数据类型:char;

数据长度:100。

(2)主界面。

输入项目:选择按键。

(3)系统界面。

输入项目:选择按键。

(4)系统界面。

输入项目：维修方法介绍图、维修方法工艺流程、维修方法所需机具设备、维修方法动画、机具设备介绍图、机具设备功能需求；

数据类型：char；

数据长度：100。

(5)动画界面。

输入项目：选择按键。

(6)工程实例界面。

输入项目：工程实例介绍图、工程实例概述、工程实例教训、工程实例工艺流程；

数据类型：char；

数据长度：100。

9.2.5　输出项

(1)登录界面。

输出项目：登录结果、注册结果、刷新验证码结果。

(2)主界面。

输出项目：项目简介、选择结果。

(3)系统界面。

输出项目：维修方法介绍图、机具设备介绍图、维修方法工艺流程、维修所需机具设备、机具设备功能需求。

(4)动画界面。

输出项目：选择动画。

(5)工程实例界面。

输出项目：工程实例介绍图、工程实例概述、工程实例教训、工程实例工艺流程。

9.2.6　算法

模型库管理子系统是一个 C/S 模式的管理系统，没有涉及复杂的算法，通过简单的编程就能实现。

9.2.7　流程逻辑

模型库管理子系统总体程序流程如图 9.12 所示。

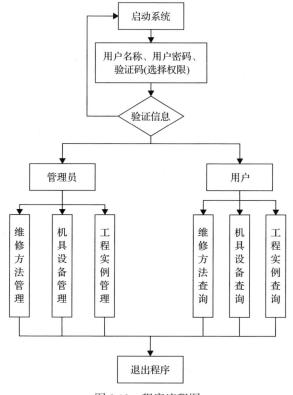

图 9.12　程序流程图

1. 登录

1) 系统响应时间

用户或管理员登录的响应时间应稳定在 0.1s 左右。

2) 出错信息处理

(1) 若用户或管理员未输入用户名称, 系统应友好提示"请输入用户名称!"。

(2) 若用户或管理员未输入用户密码, 系统应友好提示"请输入用户密码!"。

(3) 若用户或管理员未输入验证码, 系统应友好提示"请输入验证码!"。

(4) 若用户或管理员未选择登录身份, 系统应友好提示"请选择登录身份!"。

(5) 若用户或管理员输入的用户名称不存在, 系统应友好提示"用户不存在!"。

(6) 若用户或管理员输入的用户名称和用户密码不匹配, 系统应友好提示"密码错误!"。

3) 过程设计

过程设计主要完成盒图和判定逻辑的设计, 如图 9.13 和图 9.14 所示。

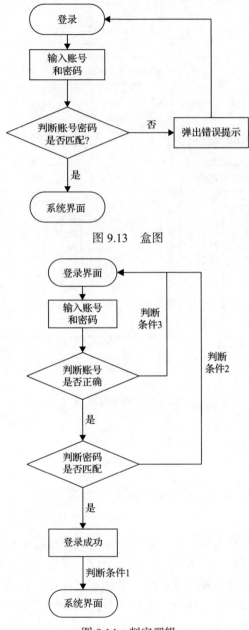

图 9.13　盒图

图 9.14　判定逻辑

(1)程序描述：实现用户或管理员登录。

(2)输入项：用字符串表示的汉字，字符串最大长度是 100。

(3)输出项：用字符串表示的汉字，字符串最大长度是 100。

2. 注册

1) 系统响应时间

用户或管理员注册的响应时间应稳定在 0.1s 左右。

2) 出错信息处理

(1) 若用户未输入用户名称，系统应友好提示"请输入用户名称!"。

(2) 若用户未输入用户密码，系统应友好提示"请输入用户密码!"。

(3) 若用户未输入验证码，系统应友好提示"请输入验证码!"。

(4) 若用户输入的用户名称已存在，系统应友好提示"用户已存在!"。

3) 过程设计

过程设计中完成的盒图和判定逻辑如图 9.15 和图 9.16 所示。

(1) 程序描述：实现用户注册功能。

(2) 输入项：用字符串表示的汉字，字符串最大长度是 100。

(3) 输出项：用字符串表示的汉字，字符串最大长度是 100。

3. 刷新验证码

(1) 程序描述：实现刷新验证码功能。

(2) 输入项：选择按键。

(3) 输出项：刷新验证码结果。

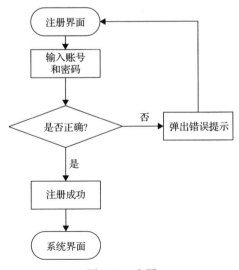

图 9.15　盒图

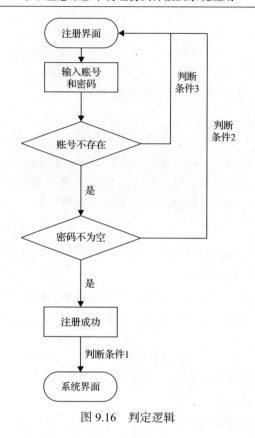

图 9.16　判定逻辑

4. 查询

(1)程序描述：实现查询维修方法介绍图、维修方法工艺流程、维修所需机具设备、维修方法动画、机具设备介绍图、机具设备功能需求、工程实例介绍图、工程实例概述、工程实例经验教训、工程实例工艺流程等的功能。

(2)输入项：选择按键。

(3)输出项：查询结果。

5. 增加

(1)程序描述：实现增加维修方法介绍图、维修方法工艺流程、维修所需机具设备、维修方法动画、机具设备介绍图、机具设备功能需求、工程实例介绍图、工程实例概述、工程实例经验教训、工程实例工艺流程等的功能。

(2)输入项：用字符串表示的汉字或英文，字符串最大长度是 100。

(3)输出项：用字符串表示的汉字或英文，字符串最大长度是 100。

6. 删除

(1)程序描述：实现删除维修方法介绍图、维修方法工艺流程、维修所需机具设备、维修方法动画、机具设备介绍图、机具设备功能需求、工程实例介绍图、工程实例概述、工程实例经验教训、工程实例工艺流程等的功能。

(2)输入项：用字符串表示的汉字或英文，字符串的最大长度为 100。输入方式为标准输入。

(3)输出项：用字符串表示的汉字或英文，字符串的最大长度为 100。输出方式为标准输出。

7. 修改

(1)程序描述：实现修改维修方法介绍图、维修方法工艺流程、维修所需机具设备、维修方法动画、机具设备介绍图、机具设备功能需求、工程实例介绍图、工程实例概述、工程实例经验教训、工程实例工艺流程等。

(2)输入项：用字符串表示的汉字或英文，字符串的最大长度为 100。输入方式为标准输入。

(3)输出项：用字符串表示的汉字或英文，字符串的最大长度为 100。输出方式为标准输出。

9.2.8　接口

(1)外部接口。按照 Windows 应用软件用户界面规范进行设计，使用以对话框为主的用户界面，便于用户使用。

(2)内部接口。界面间接口采用数据耦合方式，通过参数表传送数据，交换信息。

(3)用户接口。用户一般需要通过终端进行操作，进入主界面后点击相应的窗口，分别进入相对应的界面。用户对程序的维护，最好要有备份。

9.2.9　注释设计

本程序将在以下情形添加注释。

(1)在模块首部添加注释。

(2)在各分支点处添加注释。

(3)对各变量的功能、范围、缺省条件等添加注释。

(4)对使用的逻辑添加注释等。

9.2.10　限制条件

(1)技术约束。本程序的设计在汉语程序设计语言的条件下进行，技术设计采用软硬一体化的设计方法。

(2)环境约束。运行该软件所适用的具体设备必须是酷睿 i7、内存 512MB 以上的计算机。

(3)标准约束。该软件的开发完全按照企业标准开发，包括硬件、软件和文档规格。

(4)硬件限制。酷睿 i7、内存 512MB 以上计算机满足输入端条件。

9.2.11　测试计划

1. 测试方案

采用黑盒测试方法，整个过程采用自底向上、逐个集成的办法，依次进行单元测试、组装测试等。

2. 测试项目

1)系统操作登录测试

目的：测试登录功能。

内容：用户名称输入，用户密码输入，验证码输入，合理性检查，合法性检查，系统操作界面显示控制。

2)系统操作注册测试

目的：测试注册功能。

内容：用户名称输入，用户密码输入，验证码输入，合理性检查，合法性检查，系统操作界面显示控制。

3)系统操作刷新验证码测试

目的：测试刷新验证码功能。

内容：合理性检查，合法性检查，系统操作界面显示控制。

4)查询测试

目的：测试查询功能。

内容：维修方法介绍图、维修方法工艺流程、维修所需机具设备、维修方法动画、机具设备介绍图、机具设备功能需求、工程实例介绍图、工程实例概述、工程实例经验教训、工程实例工艺流程等。

5)增加测试

目的：测试增加功能。

内容：维修方法介绍图、维修方法工艺流程、维修所需机具设备、维修方法动画、机具设备介绍图、机具设备功能需求、工程实例介绍图、工程实例概述、工程实例经验教训、工程实例工艺流程等。

6) 删除测试

目的：测试删除功能。

内容：维修方法介绍图、维修方法工艺流程、维修所需机具设备、维修方法动画、机具设备介绍图、机具设备功能需求、工程实例介绍图、工程实例概述、工程实例经验教训、工程实例工艺流程等。

7) 修改测试

目的：测试修改功能。

内容：维修方法介绍图、维修方法工艺流程、维修所需机具设备、维修方法动画、机具设备介绍图、机具设备功能需求、工程实例介绍图、工程实例概述、工程实例经验教训、工程实例工艺流程等。

第10章 水下应急维修半物理仿真考核评分方法

10.1 考核评分系统结构设计

考核评分系统在结构上采取模块化设计，根据系统需求，考核评分系统可分为教练员模块、操作员模块、数据库模块和自动评分模块。教练员模块包含用户信息管理、考核科目设定等功能；操作员模块实现操作员登录、产生操作信号、发送操作数据等功能；数据库模块完成实时操作记录、发送操作数据、报警记录、标准文件等功能；自动评分模块读取操作员解算后的操作数据，根据标准文件，计算出考核成绩，以一定权值结合教练员评分，得出最终的总体考核成绩。各模块之间的关系如图10.1所示。

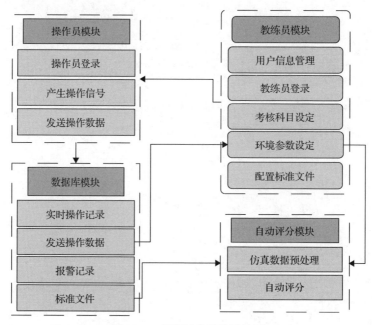

图 10.1 考核评分系统结构图

10.2 考核评分系统功能设计

根据考核评分系统的需求分析，应实现系统管理模块、信息管理模块、实操评分模块和成绩管理模块四个功能模块。系统管理模块主要实现用户账号管理。信息管理模块主要实现实操评分模块中评分规则的增加、编辑、删除，培训科目的增加、编辑、删除与评分参数的增加、保存、提取。实操评分模块主要实现科目选择与载入、操作跟踪与推理、成绩计算与显示、解释信息显示。成绩管理模块主要提供查看学员信息、查看操作结果、查看成绩、操作结果统计、成绩统计等功能。按照结构化程序设计的要求，本系统的系统功能模块图如图10.2所示。

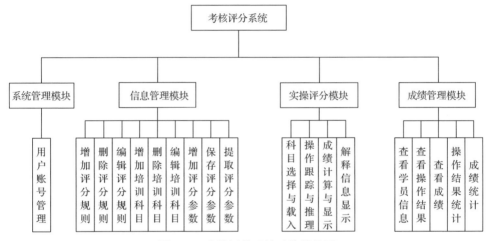

图 10.2　考核评分系统功能模块图

10.3　考核评分系统工作流程

考核评分系统的工作流程如下。

(1)教练员与操作员分别登录考核评分系统。

(2)教练员设定环境参数、考核科目，并调取相应科目的评分标准文件。

(3)教练员发布考核指令。

(4)学员收到考核开始信息，开始考核。

(5)系统跟踪操作员的操作状态，经过模型解算服务器解算后，通过 HLA 将解算结果发送到教练员站。

(6)教练员站调用自动评分模块，根据专家评分标准文件、收到的解算数据及按照一定的评分算法计算操作得分，结合教练员评分得出维修的总体考核成绩。

(7)教练员站存储考核成绩及教练员建议，以便操作员查看并打印成绩单。

考核评分系统工作流程如图 10.3 所示。

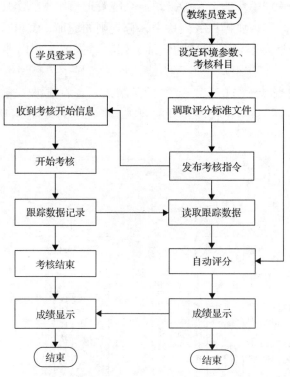

图 10.3　考核评分系统工作流程

10.4　考核评分系统软件实现

10.4.1　典型案例步骤分解

对复杂系统或过程进行分析研究时，常常将该系统或过程分解为一系列相对简单、相对独立的子系统或子过程，如果这些子系统或子过程仍然比较复杂，则将每一个子系统或子过程进一步分解为更小的子系统或子过程，如此反复进行下去，直至便于分析研究时为止，该过程称为分解过程。水下应急维修的两个典型案例都是错综复杂的过程，包含多个复杂的维修步骤，涉及吊机、绞车、ROV 等多种机械设备，很难从整体上进行考评。因此，需要对典型案例的维修过程进行分解。

以水下采油树底部连接器密封圈更换为例，可将整个维修过程分解为 ROV 下放、连接器安装工具下放、维修工机具下放、打开连接器、更换密封圈、锁紧连接器、回收连接器安装工具、回收 ROV 等一级步骤，一级步骤进一步分解为二级步骤，如维修工机具下放分解为吊机起吊、吊机吊臂姿态调整、连接器安装工具下放入水、目标位置停止等二级步骤。但二级步骤的复杂程度仍然很高，不便于考核评分。对于二级步骤，参照标准维修流程，结合分步评分法，将其分为若干不能再分解或者便于分析的步骤，称为基础步骤。由此，复杂的水下应急维修过程可表达为具有树形结构的步骤集合。两个典型案例的详细步骤分解见"典型案例半物理仿真操作流程"。分步评分容易理解和接受，不仅客观反映维修人员的整体操作水平，还反映出其在具体环节的操作水平，有利于发现操作薄弱环节，有针对性地提高操作能力。

10.4.2　评分方法

应急维修典型案例总体成绩由两部分组成：计算机自动评分和教练员评分。计算机自动评分从典型案例维修的质量方面进行评分，教练员评分从维修质量、操作员熟练程度、紧急情况处理等多个方面综合评分，两者结合，相辅相成，更加合理地对典型案例维修进行考评。为使考核得分更加接近实际维修过程中的评分，考核评分系统的总体成绩采用加权求和的方式获得，即计算机自动评分与教练员评分各占一定的权重值，二者权重系数之和为 1。考核评分系统在选定即将进行考核的典型案例后，确定教练员评分和计算机自动评分的权重系数。典型案例总体成绩可表达为

$$\text{Score} = \omega_m M + \omega_s S \tag{10.1}$$

式中，M 为教练员评分；S 为计算机自动评分；ω_m、ω_s 分别为教练员评分和计算机自动评分的权值系数，$\omega_m + \omega_s = 1$；Score 为典型案例最终的总体成绩。

1. 计算机自动评分

计算机自动评分以上述步骤分解为基础，根据各个典型案例的操作流程，将整个典型案例细化到多个操作过程，再将各个操作过程进一步分解为多个操作步骤。操作步骤为计算机自动评分的"原子"评分单位，操作过程的得分为各个操作步骤得分之和，计算机自动评分所得成绩为各个操作过程得分之和，即

$$S = \sum_i \left(\omega_i \sum_j \text{STQ}_j \right) \tag{10.2}$$

式中，ω_i 为典型案例各个操作过程的权重系数，$\sum_i \omega_i = 1$，i 表示第 i 个操作过程；STQ_j 为操作步骤的质量分，j 表示第 j 个操作步骤。计算机自动评分的流程如图 10.4 所示。

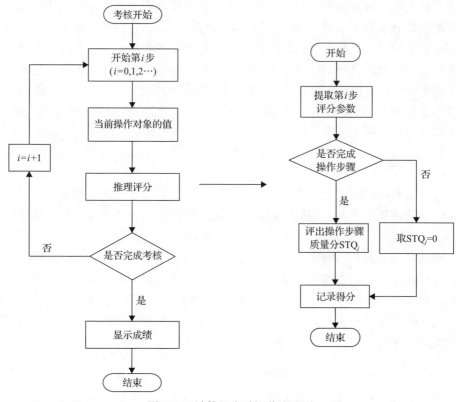

图 10.4　计算机自动评分流程图

操作步骤质量主要从两个方面进行评价。一方面是操作效果偏差。在水下维修典型案例考核过程中，维修人员需要进行多种多样的操作，如 ROV 有关闭阀门、旋转旋钮等操作，吊机下放工机具过程中需要启动升沉补偿装置（AHC）、将工机具下放至指定位置等。根据维修人员的操作结果与操作流程规定值的偏差，由式(10.3)计算此类操作步骤的质量分。另一方面是维修设备保护。无论是 ROV 水下操作，还是吊机下放物体，在这些过程中都会出现运动物体与海底静止设备的接触，如在 ROV 辅助下放过程中，ROV 机械臂会与下放物体接触，下放物体与海底管汇、采油树等设备接触，若操作不当容易导致设备间发生碰撞，对维修设备造成损害。此类操作步骤的质量分表达式如式(10.4)所示。

$$\text{STQ}_{\text{效果偏差}} = \omega(\gamma)Q_0 \tag{10.3}$$

$$\text{STQ}_{\text{维修设备保护}} = \omega(n)Q_0 \tag{10.4}$$

式中，$\omega(\gamma)$ 为偏差系数；$\omega(n)$ 为碰撞系数；Q_0 为操作步骤标准质量分，存储于数据库中，考核科目设定完成后，从数据库中读取各个操作步骤标准质量分。

根据水下应急维修专家建议及维修人员实际维修经验，将偏差系数 $\omega(\gamma)$、碰撞系数 $\omega(n)$ 分别定义如下：

$$\omega(\gamma) = \begin{cases} 1, & \gamma < 5\% \\ 0.8, & 5\% \leqslant \gamma < 10\% \\ 0.6, & 10\% \leqslant \gamma < 15\% \\ 0.4, & 15\% \leqslant \gamma < 20\% \\ 0.1, & \gamma \geqslant 20\% \end{cases} \tag{10.5}$$

式中，$\gamma = \dfrac{|R - S_0|}{S_0} \times 100\%$ 为相对偏差，R 为实际操作结果，S_0 为操作流程规定值。

$$\omega(n) = \begin{cases} 1, & n = 0 \\ 0.8, & n = 1 \\ 0.6, & 1 < n \leqslant 3 \\ 0, & n > 3 \end{cases} \tag{10.6}$$

式中，n 为碰撞次数。

2. 教练员评分

教练员评分从维修质量、操作员熟练程度、紧急情况处理等多方面综合评分。与计算机评分不同，教练员评分更加侧重于在维修过程中难以量化的方面，例如，维修人员面临意外事故时，其心理承受能力对维修过程造成的影响等。对于水下应急维修的各个典型案例，教练员从典型案例的操作过程着手，根据仿真中的实际操作情况，给予宏观评分。与计算机自动评分相似，教练员评分根据各个操作过程在典型案例中的重要程度，赋予不同的权值系数，教练员评分仍然采取加权求和的方式得出成绩。

10.5　系统开发平台

水下应急半物理仿真考核评分系统以 Visual Studio 2010 为运行环境，利用 Microsoft 提供的 MFC 进行考核评分系统界面开发，数据存储选用 Microsoft SQL Sever 2005 Standard，通过 HLA 订阅模型解算服务器端分发的仿真数据。

10.5.1　MFC

MFC 是 Microsoft Foundation Class 的缩写，即微软基础类库，是 Visual Studio 2010 软件的一部分，它是用来编写 Windows 应用程序的 C++类集，该类集以层次结构组织起来，封闭了大部分 Windows API 函数和 Windows 控件，它所包含的功能涉及整个 Windows 操作系统。MFC 不仅为用户提供了 Windows 图形环境下应用程序的框架，还提供了创建应用程序的组件。使用 MFC 和 Visual Studio 2010 提供的可视化程序开发工具，可使应用程序开发变得更加简单，缩短开发周期，提高代码的可靠性和重用性。MFC 为经常使用的 Windows API 函数提供支持，包括窗口函数、消息、控件、菜单、对话框、GDI 对象、对象链接，以及多文档界面（multiple document interface，MDI）。此外，类库也提供了具有共性的应用程序的操作，如打印、打印预览、工具条、状态栏数据库和 OLE 支持等。MFC 提供了三种基本的应用程序框架，即单文档应用程序框架、多文档应用程序框架、基于对话框的应用程序框架。对话框是 Windows 应用程序用于显示或提示并等待用户输入信息的弹出式窗口。对话框包括了一个或多个控件，利用这些控件，用户可以输入文本，选择选项，并完成某一特定命令。有时对话框还可以直接作为应用程序的主界面，如基于对话框的应用程序。

考核评分系统是基于对话框的应用程序，使用应用程序向导创建基于对话框的应用程序框架，然后添加控件，添加并实现消息响应函数，最终完成整个系统。

10.5.2　Microsoft SQL Sever

数据库技术是作为一门数据处理技术发展起来的，数据库技术所研究的问题是如何科学地组织和存储数据，如何高效地获取和处理数据。在数据库中用数据模型来抽象、表示和处理现实世界中的数据。SQL Server 有四个系统数据库，它们分别为 master、model、msdb、tempdb。master 数据库是 SQL Server 系统最重要的数据库，它记录了 SQL Server 系统的所有系统信息；model 数据库用于在 SQL Server 实例上创建所有数据库的模板；msdb 数据库是代理服务数据库，为其报警、任务调度和记录操作员的操作提供存储空间；tempdb 是一个临时数据库，它为所有的临时表、临时存储过程及其他临时操作提供存储空间。

MFC 与 Microsoft SQL Sever 之间通过 ADO（ActiveX Data Object）技术实现连接。ADO 是 Microsoft 数据库应用程序开发的新接口，是建立在 OLE DB 之上的高层数据库访问技术，具有易于使用、高速访问数据源、访问不同的数据源及程序占用内存少等优点。ADO 模型包括 7 个对象，主要对象有 Connection、Command 和 Recordset 三个，其可以被独立创建和释放。此外，ADO 模型还包括 Fields、Errors、Parameters 和 Properties 四个集合对象。一个典型的 ADO 应用程序使用 Connection 对象建立与数据源的连接，然后用一个 Command 对象给出对数据库操作的命令，如插入数据或者查询数据等，而 Recordset 用于对结果集进行维护或者浏览等操作。其中 Command 命令所使用的语言与低层所对应的 OLE DB 数据源有关，不同的数据源可以使用不同的命令语言。对于关系数据库，通常使用 SQL

作为命令语言。

10.5.3　HLA

　　HLA 定义了一个通用的技术框架,在这个技术框架下,可以接受现有的各类仿真过程的共同加入,并实现彼此的互操作。每个描述了一定功能的仿真过程称为 HLA 的一个联邦成员。每个联邦成员可以包含若干个对象;为实现某种特定的仿真目的而进行交互作用的若干联邦成员的集合,称为联邦。在 HLA 框架下,联邦成员通过 RTI 构成一个开放性的分布式仿真系统,整个系统具有可扩充性。其中,联邦成员可以是真实实体系统、构造或虚拟仿真系统及一些辅助性的仿真应用。在联邦的运行阶段,这些成员之间的数据交换必须通过 RTI。

第11章　水下应急维修半物理仿真系统教练员站

11.1　教练员站系统的结构及数据交互设计

依据软件工程的基本原理，详细设计阶段的根本任务是确定应该怎样具体实现所要求的系统。也就是说，经过这个阶段的设计工作，应该得出对目标系统的精确描述，从而在系统实现阶段可以把这个描述直接翻译成用某种程序设计语言书写的程序。具体来说，就是把经过总体设计得到的各个模块详细地加以描述。

由于教练员站系统采用 Microsoft Visual Studio 2010 作为开发工具，C++作为开发语言，在此给出系统的整体设计图，教练员站主要分为系统运行管理、科目设置、环境参数设置、成绩考评、场景控制等模块，如图 11.1 所示。

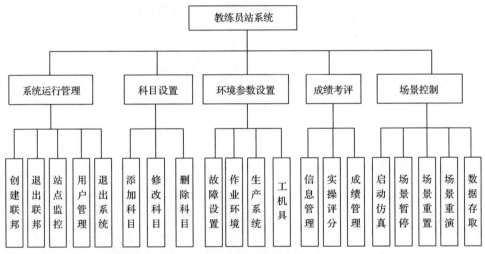

图 11.1　教练员站系统整体设计图

教练员站系统软件作为仿真系统的控制端和考评端，在仿真过程中不承担任何仿真数据的计算和处理，教练员站作为整套仿真系统的一部分，它通过 socket 通信方式控制系统中的仿真主题，数据存储模块和重演模块的启动关闭，通过 HLA 为更改海况、跳跃阶段模块发布数据，科目管理信息存放在本地数据库中，如图 11.2 所示。

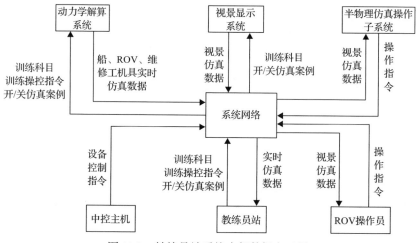

图 11.2　教练员站系统内部数据交互图

11.2　教练员站系统详细设计

11.2.1　程序设计

1. 体系结构

教练员站系统采用三层体系结构(图 11.3)，主要包括：界面层，提供人机交互的操作界面；业务逻辑层，提供业务处理和数据存储；数据访问层，提供数据登录、更新和读取。

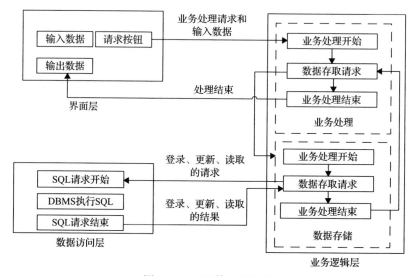

图 11.3　三层体系结构图

2. 教练员站系统操作流程

每套软件系统都有自己的操作逻辑,教练员站系统的操作流程如图11.4所示。

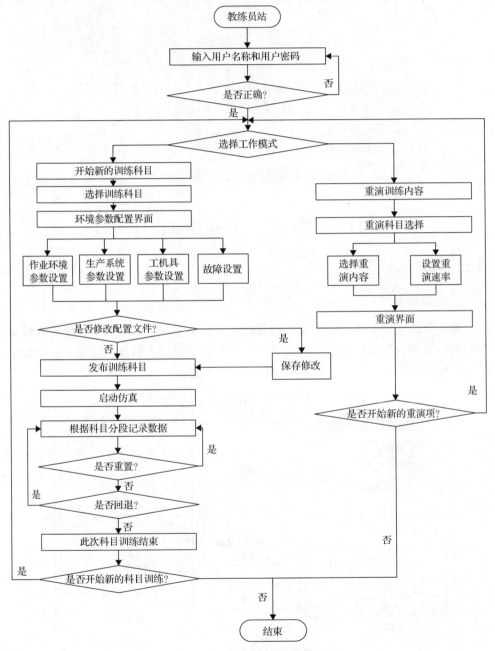

图 11.4　教练员站系统的操作流程

3. 系统界面设计

教练员站系统界面由 CWinApp、CFrameWnd、CView（CListView）和 CDocument 这 4 个类或其派生类构成（图 11.5）。教练员站系统界面实现类及其接口如图 11.6 所示。

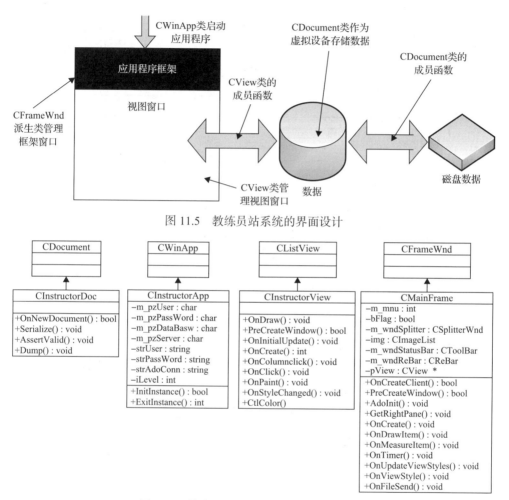

图 11.5　教练员站系统的界面设计

图 11.6　教练员站系统界面实现类及其接口

4. 创建联邦

联邦在整套水下应急维修半物理仿真系统中是一个非常重要的概念，在联邦中的系统才可以作为信息的发布端或者订阅端，教练员站作为系统的一个联邦，在功能上要实现发布海况信息和跳跃阶段指令，本系统的联邦成员如表 11.1 所示。

教练员站系统创建联邦过程如图 11.7 所示。

表 11.1　联邦成员划分表

编号	联邦成员名称	对应节点	成员功能描述
1	教练员站中央控制成员	教练员站	全局控制(初始化、时间管理等)
2	吊机仿真子系统成员	吊机子系统	设备下放/回收
3	绞车仿真子系统成员	绞车子系统	设备下放/回收
4	ROV 仿真子系统成员	ROV 子系统	维修操控
5	作业场景仿真成员	图形工作站	水下维修场景渲染
6	扩展成员		扩展
7	扩展成员		扩展

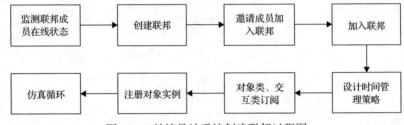

图 11.7　教练员站系统创建联邦过程图

5. 虚拟场景初始化

系统视景仿真参数配置实现方法如下所示，ACF 中工机具、生产系统等的参数存储数据结构为树结构，设计一个类 CACFConfigure，来配置初始的 ACF 中的参数，如图 11.8 所示。类 CACFConfigure 的设计示意图如图 11.9 所示。

ACF 中数据的存放方式：

```
<vpVortex:VxMechanism name="manifold">
<vp:setPosition>
<vp:x>-6</vp:x>
<vp:y>-1.44</vp:y>
<vp:z>-50</vp:z>
</vp:setPosition>
<vp:setOrientation>
<vp:h>-0</vp:h>
<vp:p>0</vp:p>
<vp:r>0.715585</vp:r>
</vp:setOrientation>
</vpVortex:VxMechanism>
```

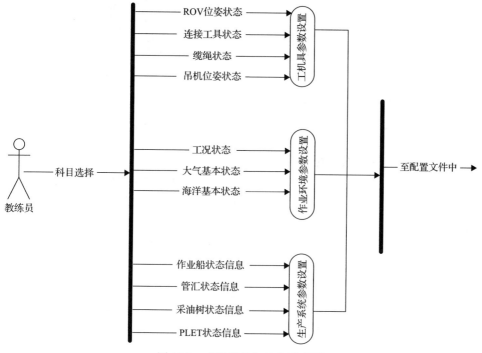

图 11.8　虚拟场景初始化示意图

CACFConfigure
−mydoc : TiXmlDocument *
−fileName : char
−strText : char
−attVale : char
−sttrPoint : char *
+CACFConfugure ()
+~CACFConfugure ()
+GetNodePointerByName ()
+readParentACFFile ()
+readChildACFFile ()
+ModifyParentNode_Text ()
+ModifyChildNode_Text ()

图 11.9　类 CACFConfigure 的设计示意图

(1)读配置文件数据接口：

```
char * readChildAcfFile(    //读取指定节点中儿子节点的数据
const char * strNodeName,    //要读取节点的名称
const char * strChildNodeName, //读取节点的儿子节点名
const char * IDAttriValue    //读取节点的属性值
```

```
);
char * readGrandsonAcfFile(    //读取指定节点中孙子节点的数据
const char * strNodeName,      //要读取节点的名称
const char * strChildNodeName, //读取节点的儿子节点名
const char * strGrandNodeName, //读取节点的孙子节点名
const char * IDAttriValue      //读取节点的属性值
);
```

(2)修改配置文件数据接口：

```
bool ModifyChildNodeText(      //修改指定节点儿子节点的数据
const char * strNodeName,      //要修改节点的名称
const char * strChildNodeName, //读取节点的儿子节点名
const char * strText,          //修改值
const char * IDAttriValue      //读取节点的属性值
);
bool ModifyGrandsonNodeText(   //修改指定节点孙子节点的数据
const char * strNodeName,      //要修改节点的名称
const char * strChildNodeName, //读取节点的儿子节点名
const char * strGrandNodeName, //读取节点的孙子节点名
const char * strText,          //修改值
const char * IDAttriValue);    //读取节点的属性值
```

6. 仿真数据分发设计

教练员站系统最基本的功能为对仿真过程的控制，控制指令的发布采用 C/S 通信模式进行数据分发，一个服务器端能够将数据分发到多个客户端(图 11.10)。

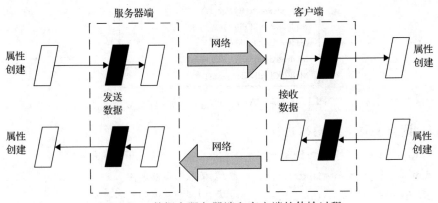

图 11.10　数据在服务器端和客户端的传输过程

11.2.2　功能

水下应急维修教练员站系统软件提供了水下应急维修培训的学习平台，提供了应急维修培训中海况突发的更改接口和跳跃阶段培训的接口，提供了启动、关闭案例，加入联邦、系统考评等功能，提供了案例视频演示功能，提供了科目的查询、删除、增加、修改等功能。该教练员站系统软件实现了对水下应急维修系统的维修方法、机具设备和工程实例的统一管理，教练员可以通过教练员站系统软件了解各个操作员站的操作反馈，控制各个案例的操作流程，对操作的每一步骤进行打分，指导操作员能够更好地完成水下应急维修方法的学习与培训。

1. 规格说明

登录系统如图 11.11 所示。

图 11.11　登录系统流程图

(1)引言：教练员进入水下应急维修教练员站。

(2)输入：用户名称、用户密码。

(3)处理：通过模型库管理子系统找到相应的信息。

(4)输出：显示登录结果。

2. 案例的查询、删除、增加、修改

(1)引言：教练员进入水下应急维修教练员站,可以初步了解课题的案例情况。

(2)输入：教练员的查询、删除、增加、修改的请求。

(3)处理：通过模型库管理子系统找到相应的信息，在数据库层面对案例进行查询、删除、增加、修改。

(4)输出：显示查询、删除、增加、修改的结果。

3. 案例、数据存储、重演的启动和关闭

(1)引言：教练员进入水下应急维修教练员站，首先与各操作员站的客户端建立 socket 通信，通过发送指令控制案例、数据存储、重演的启动与关闭。

(2)输入：教练员发出的对案例、数据存储、重演的操作指令。

(3)处理：各操作员站接收指令后，做出相应的响应。

(4)输出：操作员站对教练员发出指令的响应。

4. 仿真过程中海况的突变

(1)引言：教练员进入水下应急维修教练员站，首先与各操作员站的客户端建立 socket 通信，通过发送指令来启动案例，为模拟海上突发的海况，可通过教练员站发出模拟海况的参数信息实时改变海况。

(2)输入：教练员站发出模拟海况的参数信息。

(3)处理：数据解算与渲染主服务器订阅到来自教练员站发出模拟海况的参数信息来改变主程序的海洋参数。

(4)输出：海况会发生改变，与之相关的动力、流速等也会改变。

5. 跳跃阶段

(1)引言：教练员进入水下应急维修教练员站，首先与各操作员站的客户端建立 socket 通信，通过发送指令来启动案例，为缩短仿真时间，着重培训案例的某一部分，可通过教练员站发出跳跃阶段的信息来跳跃阶段。

(2)输入：教练员站跳跃阶段的信息。

(3)处理：数据解算与渲染主服务器订阅到来自教练员站发出跳跃阶段的信息来改变主程序的参数。

(4)输出：案例的阶段会跳跃，有利于培训的展开。

6. 启动考核评分系统

(1)引言：教练员进入水下应急维修教练员站，首先与各操作员站的客户端建立 socket 通信，通过发送指令来启动案例，为对每个培训人员进行量化考核，开发出一套考核评分系统，在教练员站预留启动接口，考核评分系统可以实时反馈各操作员的操作情况，可以获取教练员的人工评分，也会得到计算机的自主评分。

(2)输入：教练员启动考核评分系统的请求。

(3)处理：程序启动考核评分系统。

(4)输出：考核评分系统打开。

11.2.3　性能

1. 精度需求

本教练员站软件是针对水下应急维修流程控制、考核所建立的系统，可提供登录，注册，案例查询、增加、删除、修改等，案例、数据存储、重演的启动与关闭，仿真过程中海况的突变，跳跃阶段，启动考核评分等功能。

对于登录功能，教练员输入用户名称、用户密码，系统反馈登录结果。对于教练员输入的信息精度要求高，给教练员反馈的结果精度要求很高。

对于注册功能，教练员输入用户名称、用户密码，系统反馈注册结果。对于用户输入的信息精度要求高，给用户反馈的结果精度要求很高。

对于查询功能，教练员点击需要查询的内容，系统反馈相应的查询内容。对于教练员选择的信息精度要求高，给用户或管理员反馈的结果精度很高。

对于增加功能，教练员点击"增加"后，输入增加的内容，系统反馈增加结果。对于教练员输入的信息精度要求不高，给管理员反馈的结果精度很高。

对于删除功能，教练员选择删除的内容并点击"删除"后，系统反馈删除结果。对于教练员选择的信息精度要求高，给管理员反馈的结果精度很高。

对于修改功能，教练员点击"修改"后，输入修改后的内容，系统反馈修改结果。对于教练员输入的信息精度要求不高，给管理员反馈的结果精度很高。

对于案例、数据存储、重演的启动与关闭功能，教练员点击后，系统返回请求结果，对于教练员输入的信息精度要求不高，给教练员反馈的结果精度很高。

对于仿真过程中海况的突变功能，教练员点击后，系统返回请求结果，对于教练员输入的信息精度要求不高，给教练员反馈的结果精度很高。

对于跳跃阶段的功能，教练员点击后，系统返回请求结果，对于教练员输入的信息精度要求不高，给教练员反馈的结果精度很高。

对于启动考核评分的功能，教练员点击后，系统返回请求结果，对于教练员输入的信息精度要求不高，给教练员反馈的结果精度很高。

2. 时间特性

教练员站系统的响应时间、更新处理时间都很迅速，完全满足用户要求。

3. 灵活性

教练员站系统的灵活性高，主要体现在根据不同的情况、不同的用户对象、不同的要求，提供不同的功能。

本系统可在 Windows 平台下运行，不影响程序的正确性、方便性等功能。输入精度的变化对输出精度影响不大，本系统对时间的要求不高，时间变化所得结果没有影响。对于不同的变化情况，可给出足够的空间对变化情况进行改进，提供了系统的提升空间。

4. 故障处理

(1)内部故障处理。在开发阶段可以及时修改数据库里的相应内容，可以及时优化各操作员之间通信存在的问题。

(2)外部故障处理。对编辑的程序进行调试，遇到错误信息，根据错误信息修改程序再调试，直至功能实现为止。

11.2.4　输入项

(1)登录界面。

输入项目：用户名称、用户密码；

数据类型：char。

数据长度：100。

(2)窗口界面。

输入项目：选择按键。

(3)系统界面。

输入项目：选择按键。

11.2.5　输出项

(1)登录界面。

输出项目：登录结果。

(2)窗口界面。

输出项目：项目简介，选择结果。

(3)系统界面。

输出项目：系统的各个反馈。

11.2.6　算法

教练员站系统是一个 C/S 模式的管理系统，没有涉及复杂的算法。使用传统的建立 socket 通信的方法就可以在教练员站和各个操作员站之间建立连接，在更改海况和跳跃阶段实现方面，使用预留的 HLA 接口函数可实现订阅与发布，其他则通过简单的编程就能实现。

11.2.7　流程逻辑

1. 登录

1)人机界面设计

(1)系统响应时间：用户或管理员登录的响应时间应稳定在 0.1s 左右。

(2)出错信息处理：若用户或管理员未输入用户名称，系统应友好提示"请输入用户名称！"；若用户或管理员未输入用户密码，系统应友好提示"请输入用户密码！"；若用户或管理员输入的用户名称不存在，系统应友好提示"用户不存在！"；

若用户或管理员输入的用户名称和用户密码不匹配，系统应友好提示"密码错误!"。

2) 过程设计

过程设计完成盒图和判定逻辑参见图 9.13 和图 9.14。

(1) 程序描述：实现用户或管理员登录。

(2) 输入项：用字符串表示的汉字，字符串最大长度是 100。

(3) 输出项：用字符串表示的汉字，字符串最大长度是 100。

2. 增加教练员用户

1) 人机界面设计

(1) 系统响应时间：用户或管理员注册的响应时间应稳定在 0.1s 左右。

(2) 出错信息处理：若用户未输入用户名称，系统应友好提示"请输入用户名称!"；若用户未输入用户密码，系统应友好提示"请输入用户密码!"；若用户输入的用户名称已存在，系统应友好提示"用户已存在!"。

2) 过程设计

过程设计完成的盒图和判断逻辑参见图 9.15 和表 9.16。

(1) 程序描述：实现用户注册功能。

(2) 输入项：用字符串表示的汉字，字符串最大长度是 100。

(3) 输出项：用字符串表示的汉字，字符串最大长度是 100。

3. 案例查询、增加、删除、修改

(1) 程序描述：实现案例查询、增加、删除、修改，教练员进入水下应急维修教练员站，可以初步了解课题的案例情况。

(2) 输入项：选择按键。

(3) 输出项：查询、增加、删除、修改后的结果。

4. 仿真过程中海况突变

(1) 程序描述：教练员进入水下应急维修教练员站，首先与各操作员站的客户端建立 socket 通信，通过发送指令来启动案例，为模拟海上突发的海况，可通过教练员站发出模拟海况的参数信息实时改变海况。

(2) 输入项：选择按键。

(3) 输出项：海况实时改变。

5. 跳跃阶段

(1) 程序描述：教练员进入水下应急维修教练员站，首先与各操作员站的客户

端建立 socket 通信，通过发送指令来启动案例，为缩短仿真时间，着重培训案例的某一部分，可通过教练员站发出跳跃阶段的信息来跳跃阶段。

(2)输入项：选择按键。

(3)输出项：阶段发生跳跃。

6. 启动考核评分系统

(1)程序描述：教练员进入水下应急维修教练员站，首先与各操作员站的客户端建立 socket 通信，通过发送指令来启动案例，为对每个培训人员进行量化考核，开发出一套考核评分系统，在教练员站预留启动接口，考核评分系统可以实时反馈各操作员的操作情况，获取教练员的人工评分，也会得到计算机的自主评分。

(2)输入项：选择按键。

(3)输出项：考核评分系统启动。

11.2.8　接口

(1)外部接口。按照 Windows 应用软件用户界面规范进行设计，使用以对话框为主的用户界面，便于用户使用。

(2)内部接口。界面间接口采用数据耦合方式，通过参数表传送数据，交换信息。

(3)用户接口。用户一般需要通过终端操作，进入主界面后点击相应的窗口，分别进入相对应的界面。用户对程序的维护，最好要有备份。

11.2.9　注释设计

本程序将在以下情形添加注释。

(1)在模块首部添加注释。

(2)在各分支点处添加注释。

(3)对各变量的功能、范围、缺省条件等添加注释。

(4)对使用的逻辑添加注释等。

11.2.10　限制条件

(1)技术约束。本程序的设计在汉语程序设计语言的条件下进行，技术设计采用软硬一体化的设计方法。

(2)环境约束。运行该软件所适用的具体设备必须是酷睿 i7、内存 512MB 以上的计算机。

(3)标准约束。该软件的开发完全按照企业标准开发，包括硬件、软件和文档规格。

(4)硬件限制。酷睿 i7、内存 512MB 以上 PC 满足输入端条件。

11.2.11　测试计划

1. 测试方案

采用黑盒测试方法，整个过程采用自底向上、逐个集成的办法，依次进行单元测试、组装测试等。

2. 测试项目

1) 系统操作登录测试

目的：测试登录功能。

内容：用户名称输入，用户密码输入，合理性检查，合法性检查，系统操作界面显示控制。

2) 系统操作注册测试

目的：测试注册功能。

内容：用户名称输入，用户密码输入，合理性检查，合法性检查，系统操作界面显示控制。

3) 案例查询、增加、删除、修改测试

目的：测试案例查询、增加、删除、修改功能。

内容：合理性检查，合法性检查，系统操作界面显示控制。

4) 仿真过程中海况突变测试

目的：测试仿真过程中海况突变功能。

内容：任意改变海况参数的值发布到 HLA 中等。

5) 跳跃阶段测试

目的：测试跳跃阶段功能。

内容：可进入任意阶段的起点，开始新的仿真。

6) 启动考核评分测试

目的：测试考核评分功能。

内容：在仿真任意阶段启动考核评分。

第12章 水下应急维修半物理仿真的应用

12.1 水下应急维修半物理仿真系统主场景配置

主场景有多个。进入虚拟仿真系统界面后出现一个地图，重点是包括中国海洋石油公司的各个油田，各油田近似按深度划分为500m、1500m和3000m三类，主场景也按照这个标准分为三类，相同类水深的油田主场景相同，具体的配置如下。

（1）主场景包括海洋、天空、白云、太阳、月亮、风浪、雨雪等。

（2）天气分为良好、一般、恶劣三个等级（每个等级分别对应两种工况）。

（3）作业水深分为500m、1000m、1500m（随着水深增加，光线逐渐变暗，海水颜色变深）。

（4）根据风、浪、流以及温度等条件将作业工况设定为6个等级，各等级相应参数如表12.1所示。案例类型共计15种，如表12.2所示。

表12.1 作业工况

工况	有效波高/m	波浪周期/s	风速/(m/s)	流速/(m/s)	环境温度/℃	海水温度/℃
工况1	0.06	—	0.5	0.1	10～22	10～22
工况2	0.12	—	2.0	0.5	10～22	10～22
工况3	0.18	7.5	5.0	0.8	10～22	10～22
工况4	0.27	7.5	8.5	1	10～22	10～22
工况5	1.22	8.8	15.0	1.5	10～22	10～22
工况6	2.13	9.7	20.0	2	10～22	10～22

表12.2 案例类型

序号	案例类型	序号	案例类型
1	海底管道法兰连接修复	9	柔性跨接管破坏的应急处理与抢修
2	海底管道点泄漏的夹具快速止漏	10	立管点泄漏的夹具快速止漏
3	海底管道破损段的跨接管替换	11	立管断裂应急处理抢修
4	海底管道破损段的不停产抢修	12	水下采油树SCM失效的快速置换
5	海底管道破损段的紧急封堵	13	水下采油树帽密封失效的快速置换
6	海底管道漏油应急收集	14	水下采油树顶部阻塞器结构失效的快速置换
7	水下管汇密封泄漏的应急维修	15	水下采油树底部密封失效应急维修
8	刚性跨接管破坏的应急处理与抢修		

12.2　海底管道破损段的不停产抢修的仿真实施

12.2.1　主场景配置

事故油田：南海 LW3-1 气田。

水深：1500m。

作业时间：白天。

作业工况：工况 2(有效波高 0.12m，风速 2.0m/s，流速 0.5m/s)。

事故类型：海底管道破损段的不停产抢修。

所需工机具：海底管道破损段维修工机具一套。

12.2.2　仿真所需模型

仿真实施要加载几何模型，根据维修案例中所需的模型，以 Multigen Creator 三维建模软件建立与实际模型所对应的几何模型，格式以.flt 为主。每完成一个几何模型的建立，需要导入 Vortex Editor 建立相应的物理模型，并且设置相应的碰撞检测和运动约束关系，最后输出完成的.vxm 文件。仿真所需模型如表 12.3 所示。

表 12.3　仿真所需模型明细表

序号	名称	要求	数目
1	工程船	以 286 深水作业船为原型，吊机、绞车可操作	1
2	ROV	包含吊笼、电缆、本体、机械手；能够对水下三通、封堵机、管道工具等各种设备和工机具进行操作，具有液压动力输出的快速接头，带照明设备，配备视频采集设备，配备声呐避碰系统，可以利用另外的机械手或者动力进行定位，配备操作各种工机具设备的工具	1
3	提管架	ROV 对其操作的接口(控制夹具开合和提升、下放，定位握点)；吊放的吊钩	2
4	去涂层和打磨工具	能够去除管道表层涂层及焊缝	1
5	破损管段	需要维修的管段，破损口有漏油现象(明确使用管道尺寸)	1
6	管段测量工具	直度和椭圆度测量工具；ROV 对其操作的接口(握持、测量)；不用时放在吊篮	1
7	测距工具	测量切除破损段后两管端距离；由两个 ROV 操作完成(测量)	1
8	提管索具	提升切除管段、下放预制管段；ROV 操作(握持、剪断)	1
9	机械三通/旁路三通	连接原管道和旁路管道	4
10	开孔机	与三通设备相配套(明确使用管道尺寸)	1
11	封堵机	与三通设备相配套(明确使用管道尺寸)	2
12	旁路管道	预制三种以上长度尺寸的旁路管道用来选择，同时安装与旁路三通连接的接头	3
13	切管工具	切管直径范围 1″~22″	1
14	法兰连接器	根据待维修管道尺寸预制	2
15	预制管段	长度及两端的连接器由法兰连接器而定	1
16	氮气置换装置	将破损段的原油导出，置换为氮气	1

12.2.3 作业工序

经过主场景配置进入作业海域场景后,场景中呈现安装船到达指定作业海域,包括指定海况对应的作业环境(如天空、波浪等)。等待教练员发出指令,开始维修作业。主场景背景图如图12.1所示。

图 12.1 主场景背景图

作业工序分三部分:第一部分为 ROV 下放及观察操作;第二部分为吊机/绞车的操作;第三部分为维修工序操作。

1. ROV 下放及观察操作

1) ROV 下放

ROV 下放有两种形式:月池下水和舷侧下水。286 深水作业船上所使用的是舷侧下水,如图12.2所示。

图 12.2 ROV 下放

(1)ROV 下放前的初始状态。

①286 深水作业船上的 ROV 下放系统的吊机通过钢丝绳与 ROV 相连。

②ROV 模拟器显示其工作状态(状态指示灯)。

③ROV 吊篮的工具信息(包含去涂层和打磨工具、管段测量工具、机械三通、旁路三通、开孔机、封堵机、法兰连接器等)。

④A 吊模拟器(操作按钮状态)。

(2)ROV 下放过程。

①显示 A 吊模拟器下放的控制参数(下放速度等)。

②显示刚入水时的水花效果。

③入水后,显示 ROV 观察到海流的效果。

④ROV 模拟器显示其工作状态(深度等)。

⑤操作 ROV 出笼并到达指定位置,显示升沉、水平面移动等位置变化。

2)ROV 观察和操作

在 ROV 上摄像机的位置设置 Camera,将观察到的视景发送给 ROV 模拟器上的显示器。对于海底管道破损段的替换维修主要操作如下。

(1)握持机械手抓住下放物辅助定位。

(2)对提管架、开孔机、封堵机进行操作(拨动开关、插拔接头等)。

(3)使用 ROV 测量工具测量(长度、直度、椭圆度测量等)。

3)具体仿真要求

(1)操作 A 吊模拟器旋转 A 吊至一定角度,如图 12.2 所示,以 0.2m/s 的放缆速度下放 ROV。

(2)在 ROV 底端距离水面 2m 时,暂停,当波浪为波谷时快速通过,直到 ROV 顶端距离(运输监控系统顶端)水面 20m 时,ROV 顶端与 A 吊脱离,ROV 启动自航系统,ROV 自行下潜,速度为 2m/s。

(3)ROV 接近海底 15m 时逐渐减速至 0.1m/s,ROV 观察降落位置,与海底接触。

(4)ROV 与维修工具箱脱离。

2. 吊机/绞车的操作

1)吊机/绞车下放的初始状态

(1)吊放物放置在吊机下方(船上或者托运驳船上)。

(2)吊钩与吊放物已经连接好等待下放。

(3)在吊机/绞车操作室(图 12.3)可以看到各个部分的状态指示灯和监控器。

图 12.3 吊机/绞车操作室

2) 吊机/绞车的下放状态

(1) 吊机/绞车控制台显示下放的控制参数(速度等)。

(2) 下放入水时水面显示水花的效果。

(3) 入水后显示海流的作用效果(轻微摆动)。

(4) 监控器显示下放信息(深度等)。

(5) 下放到一定深度时,显示与 ROV 互相配合下放过程(配合效果展示)。

(6) 下放到指定位置时,显示浑浊效果。

3) 吊机/绞车的提升状态

(1) 显示吊物的出水效果。

(2) 提升吊物到水面以上某一位置(1m)作为提升过程终点。

3. 维修工序操作

1) 下放提管架

(1) 初始状态为吊机吊钩已经与提管架连接。

(2) 操作吊机控制台将提管架以 0.5m/s 速度吊起至甲板以上 5m 左右,吊臂以 1°/s 的旋转速度带动提管架逆时针旋转 90°,将提管架转移到船体一侧。

(3) 以 0.5m/s 的下放速度将提管架下放至水面 2m 时,暂停,待波浪为波谷时,快速通过飞溅区(有水花效果),下放至海面以下 50m,调整吊机下放速度至 5m/s。

(4) 下放至距离海底 15m 处,开启 AHC 装置,调整吊机下放速度为 1m/s,由

ROV辅助定位下放至预定位置(一般在维修管段破损处2m左右),回收吊放索具,完成一个提管架的下放,如图12.4所示。

图12.4　下放提管架(文后附彩图)

(5)另一个提管架的下放执行相同操作。

2)海床基础处理

(1)ROV 打开维修工具箱,取出液压快速接头,并将液压快速接头插入提管架控制面板的 HS 插孔中,完成液压油源的接入。

(2)接入液压油源后,操作 ROV 机械臂将提管架控制面板的旋转接口 DT 从 S 状态旋转至 O 状态,提管架机械手张开。

(3)操作 ROV 机械臂将提管架控制面板的旋转接口 DC 从 S 状态旋转至 O 状态,提管架机械手旋转 90°,与管道垂直。

(4)操作 ROV 机械臂将提管架控制面板的旋转接口 DS 从 S 状态旋转至 O 状态,提管架机械手以 0.1m/s 速度向下运动,通过碰撞检测,直到机械手碰到管道停止。

(5)操作 ROV 机械臂将提管架控制面板的旋转接口 DT 从 O 状态旋转至 S 状态,提管架机械手闭合,提管架完成夹取动作。

(6)操作 ROV 机械臂将提管架控制面板的旋转接口 DS 从 O 状态旋转至 S 状态,提管架机械手以 0.1m/s 速度向上运动,将管道提升到作业空间所需要的位置(海床以上 0.5m),如图12.5所示。

3)管道表面处理

ROV 从吊篮中取出涂层焊缝去除机(图12.6),清除海底管道混凝土层及管线表面的防腐层(图12.7),然后取出打磨工具对管线表面进行打磨处理,使表面平整光滑,便于密封。

图 12.5　提升管道（文后附彩图）

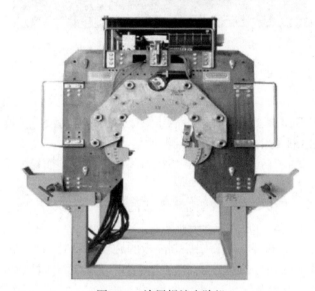

图 12.6　涂层焊缝去除机

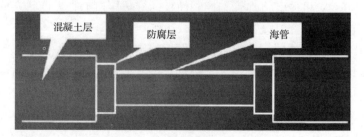

图 12.7　海管结构示意图

4）安装机械三通并开孔

（1）ROV 携带测量装置在已清理的海管表面进行海管直度、椭圆度和 UT 壁厚测量，若不满足要求，则需使用修正设备进行校正。

（2）满足要求后，将机械三通吊放至海管的一端（破损段左边 1.5m 处）附近（下放过程同提管架下放过程操作），由 ROV 辅助安装到已处理的管道上，操作机械三通锁紧并做好密封，如图 12.8 所示。

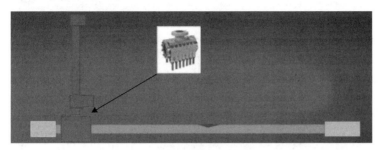

图 12.8　安装机械三通

（3）ROV 从吊篮中取出三明治阀安装到机械三通上，开启三明治阀。

（4）吊放开孔机（下放过程同提管架下放过程操作）至机械三通附近，ROV 辅助将开孔机安装到三明治阀上（图 12.9）。操作 ROV 打开三明治阀，开启开孔机进行开孔。开完孔后收回开孔机，关闭三明治阀。

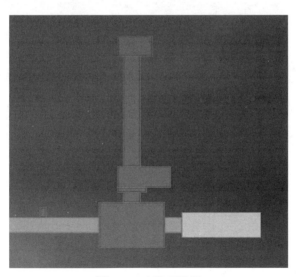

图 12.9　安装开孔机

（5）最后在另一端安装另一个机械三通、三明治阀及开孔机，执行以上相同操作。

5）水下安装封堵机和旁路三通

吊机将封堵机吊放至机械三通附近（下放过程同提管架下放过程操作），ROV

辅助将封堵机安装到机械三通上，然后将旁路三通安装到封堵机上，如图 12.10 所示。

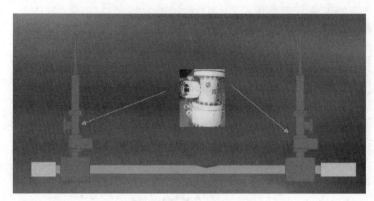

图 12.10　安装封堵机和旁路三通

6) 安装旁路管线

吊机将预制好的旁路管线吊放至旁路三通附近(下放过程同提管架下放过程操作)，在 ROV 辅助下与旁路三通通过法兰连接，如图 12.11 所示。

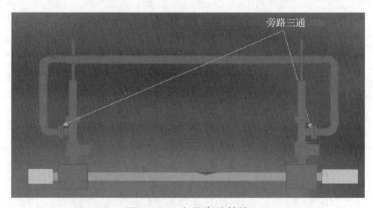

图 12.11　安装旁路管线

7) 封堵破损管段

ROV 打开三明治阀，操作封堵机堵住需更换的管线(图 12.12)，使原油从旁路通过。用封堵机将堵塞送入封堵孔，按封堵规程操作进行封堵；封堵时先封堵上游，后封堵下游。

8) 破损管段泄压

(1)ROV 控制封堵机将需更换的管线泄压，并检查封堵的密封度。利用平衡阀连接钢管至安全处，缓慢打开球阀，将封堵隔离段的管线压力降到 0.5MPa，关闭阀门，观察 30min，确认封堵严密后进行后续作业。

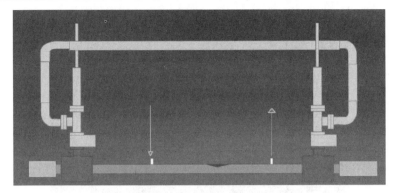

图 12.12　封堵破损管段

(2)下放氮气置换装置(下放过程同提管架下放过程操作),在需切除的管道上开两个孔(图 12.13),用氮气将需更换管段处的原油进行置换。

切除破损管道

图 12.13　破损管段泄压

(3)完成以后,回收氮气置换装置。

9)切管操作

ROV 从吊篮中取出冷切割锯,将需更换的管段切除,如图 12.14 所示。

10)更换破损管段

(1)吊机将两个法兰连接器吊放至管段切割端(下放过程同提管架下放过程操作),在 ROV 辅助下分别与管段切割段相连接(图 12.15)。

(2)ROV 操作长度和角度测量装置测量两个法兰之间的长度,按此长度预制带球形法兰的管段(图 12.16)。

(3)吊机将预制好的带球形法兰的管段下放(下放过程同提管架下放过程操作),ROV 辅助两端与带有法兰连接器接头的管端连接(图 12.17)。

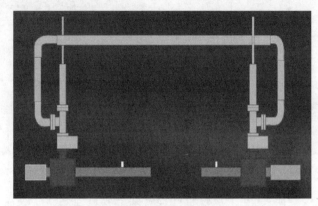

图 12.14 切除破损管段

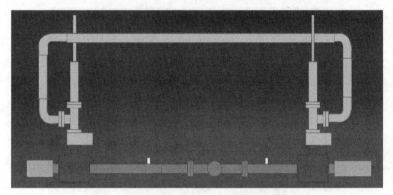

图 12.15 安装法兰接头

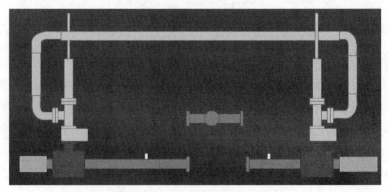

图 12.16 预制带球形法兰的管段

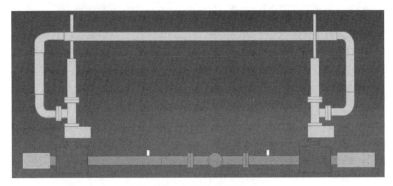

图 12.17　更换破损管段

11）封堵旁路管线

ROV 操作将封堵头打开，并关闭三明治阀（图 12.18）。

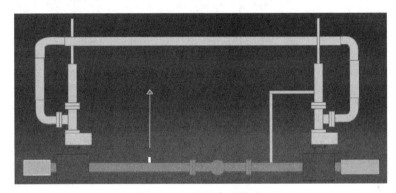

图 12.18　封堵旁路管线

12）去除旁路管线

（1）下放氮气置换装置（下放过程同提管架下放过程操作），在旁路管线上开两个孔，用氮气将需更换管段处的原油进行置换（此步骤与破损段管段泄压步骤类似）。

（2）ROV 操作旁路三通与旁路管线连接法兰，去除旁通管线（图 12.19）。ROV 操作吊索与旁路管线连接，由吊机回收。

13）回收封堵机

（1）ROV 先关闭下游平衡阀及三明治阀，解除下游封堵机，然后关闭上游平衡阀及三明治阀，解除上游封堵机。

（2）关闭三明治阀，拆除封堵机（图 12.20）。

（3）ROV 操作吊索与封堵机连接，由吊机收回。

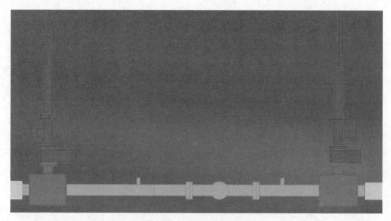

图 12.19　去除旁路管线

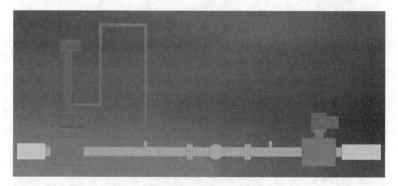

图 12.20　拆除封堵机

14) 管道整体试压

(1) 操作 ROV 放入内锁塞柄，封好盲板(图 12.21)。

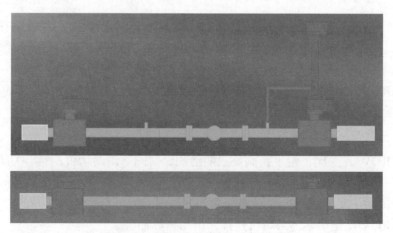

图 12.21　放入内锁塞柄，封好盲板

（2）在管线修复工作完成以后，要进行管线修复后的整体试压工作，以生产压力进行压力试验，且稳压 24h。

15) 提管架回收

ROV 操作吊索与提管架上端连接，吊机收缆，提管架以 5m/s 速度回收至距离海面 20m 处，吊机减速，以 0.1m/s 速度吊出水面，吊机速度增大到 0.5m/s，将提管架提升至甲板以上 5m 处，旋转吊机角度，以 1°/s 角速度顺时针旋转 90°，吊机放缆，速度为 0.1m/s，直至提管架平稳着陆在甲板上。

16) ROV 回收

ROV 携带维修工具箱，以 5m/s 速度上浮至海面以下 20m 左右时，开启 A 吊，将 ROV 回收至船侧存储室中。

12.3　水下采油树底部密封失效应急维修的仿真实施

12.3.1　主场景配置

事故油田：南海 LW3-1 气田。

水深：1500m。

作业时间：白天。

作业工况：工况 2（有效波高 0.12m、风速 2.0m/s，流速 0.5m/s）。

事故类型：水下采油树底部密封失效应急维修。

所需工机具：密封圈更换器一套。

海底生产系统场景如图 12.22 所示。

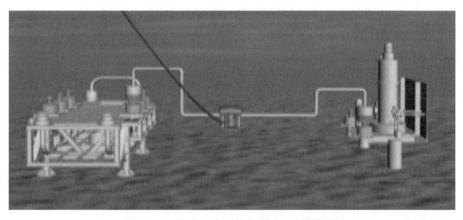

图 12.22　海底生产系统场景（文后附彩图）

12.3.2　仿真所需模型

仿真实施[65]要加载几何模型，根据维修案例中所需的模型，以 Multigen Creator 三维建模软件建立与实际模型所对应的几何模型，格式以.flt 为主。每完成一个几何模型的建立，需要导入 Vortex Editor 建立相应的物理模型，并且设置相应的碰撞检测和运动约束关系，最后输出完成的.vxm 文件。仿真所需模型明细表如表12.4所示。

表 12.4　仿真所需模型明细表

序号	名称	要求	数目
1	工程船	以286深水作业船为原型，吊机、绞车可操作	1
2	ROV	包含吊笼、电缆、本体、机械臂；能够对密封圈更换器等各种设备和工机具进行操作，带照明设备，配备视频采集设备，配备声呐避碰系统，可以利用另外的机械臂或者动力进行定位；能携带密封圈	1
3	连接器安装工具	能够锁紧和打开密封圈失效所对应的采油树的连接器	1
4	密封圈更换器	可实现快速更换密封圈	1
5	密封圈	可替代失效的密封圈	1
6	管汇	可连接六个生产井，需要可操作控制面板	1
7	采油树	密封圈失效的待维修采油树，其余为正常工作的采油树	6
8	连接器	管汇连接器和采油树连接器	12
9	跨接管	连接管汇与采油树	12

12.3.3　作业工序

经过主场景配置进入作业海域场景后，场景中呈现安装船到达指定作业海域，包括指定海况对应的作业环境（如天空、波浪等）。等待教练员发出指令，开始维修作业。主场景背景图如图12.1所示。

作业工序分三部分：第一部分为 ROV 下放及观察操作；第二部分为吊机/绞车的操作；第三部分为维修工序操作。

1. ROV 下放及观察操作

1）ROV 下放

ROV 的下放有两种形式：月池下水和舷侧下水。286 深水作业船上所使用的是舷侧下水，如图12.2所示。

（1）ROV 下放前的初始状态。

①286 深水作业船上的 ROV 下放系统的吊机通过钢丝绳与 ROV 相连。

②ROV 模拟器显示其工作状态（状态指示灯）。

③ROV 携带的工具箱内工具信息包含密封圈一套、密封圈更换器一套。

④A 吊显示操作按钮状态。

（2）ROV 下放过程。

①显示 A 吊模拟器下放的控制参数（下放速度等）。

②显示刚入水时水花的效果（ROV 深度处于 0～50m，下放速度为 1m/s）。

③入水后，显示 ROV 观察到海流的效果（ROV 深度处于 50～1485m，ROV 保持自航，下放速度为 5m/s）。

④ROV 模拟器显示其工作状态（深度等）。

⑤ROV 到达指定位置，显示升沉、水平面移动等位置变化。

2）ROV 观察和操作

在 ROV 上摄像机的位置设置 Camera，将观察到的视景发送给 ROV 模拟器上的显示器。对于水下采油树底部密封失效应急维修主要操作如下。

（1）观察事故情况。

（2）机械臂握持采油树和管汇从而辅助定位。

（3）对管汇和采油树控制面板、连接器安装工具、密封圈更换装置进行操作（拨动旋钮开关、插拔接头等）。

3）ROV 下放仿真要求

（1）操作 A 吊模拟器旋转 A 吊至一定角度，以 0.2m/s 的放缆速度下放 ROV。

（2）在 ROV 底端距离水面 2m 时，暂停，当波浪为波谷时快速通过，直到 ROV 顶端距离（运输监控系统顶端）水面 20m 时，ROV 顶端与 A 吊脱离，ROV 启动自航系统，ROV 自行下潜，速度为 2m/s。

（3）ROV 接近海底 15m 时逐渐减速至 0.1m/s，ROV 观察降落位置，与海底接触。

（4）ROV 与维修工具箱脱离。

2. 吊机/绞车的操作

1）吊机/绞车下放的初始状态

（1）吊放物放置在吊机下方（船上或者托运驳船上）。

（2）吊钩与吊放物已经连接好等待下放。

（3）在吊机/绞车操作室可以看到各个部分的状态指示灯和监控器。

2）吊机/绞车的下放状态

（1）吊机/绞车控制台对下放的控制（速度等）。

（2）下放入水时水面显示水花的效果。

(3) 入水后海流的作用效果(轻微摆动)。

(4) 监控器显示下放信息(深度等)。

(5) 下放到一定深度时，显示与 ROV 互相配合下放过程(配合效果展示)。

(6) 下放到指定位置时刻，显示效果(浑浊)。

3) 吊机/绞车的提升状态

(1) 显示吊物出水效果。

(2) 显示吊物提升到水面以上某一位置(1m)作为提升过程终点。

3. 维修工序操作

1) ROV 关闭生产阀门

(1) 关闭管汇生产主阀。管汇生产阀门的控制面板应与 ROV 的机械臂存在碰撞检测，管汇生产主阀的旋钮存在自由度(degree of freedom，DOF)设置，并且设置为铰链约束。ROV 的机械臂应具备夹持管汇的生产主阀旋钮的功能，ROV 操作员操作机械臂以 1°/s 的角速度旋转 90°，如图 12.23 所示。

图 12.23　关闭管汇生产阀门

(2) 关闭采油树生产主阀。首先需要使发生密封圈失效对应的采油树停止生产，采油树生产主阀的控制面板应与 ROV 的机械臂存在碰撞检测，采油树生产主阀的旋钮应存在 DOF 设置，并且设置为铰链约束。ROV 操作员操作 ROV 的机械臂应具备夹持采油树的生产阀旋钮的功能，并以 30°/s 的角速度旋转 90°，如图 12.24 所示。

(3) 关闭采油树生产翼阀。密封圈失效的采油树生产主阀关闭后，需要关闭对应的采油树生产翼阀，对生产翼阀的仿真要求与生产主阀的要求一样，如图 12.24 所示。

图 12.24　关闭采油树生产主阀和生产翼阀(文后附彩图)

2) 下放连接器安装工具(简称 CI 工具，图 12.25)

下放连接器安装工具的具体仿真要求：

(1)吊机收缆使下放物与甲板距离为 5m 左右。

(2)吊机带着下放物逆时针旋转 90°，旋转速度为 0.95°/s。

(3)吊机吊臂在竖直方向由 80°下降至 30°，速度为 1°/s，使吊机端部距离船侧距离变长，防止物体与船发生碰撞。

(4)吊机卷缆盘启动，放缆，物体下降，速度为 0.15m/s。

(5)在物体底端距离水面以上 2m 时，暂停，观察海面波浪情况，在物体下放波浪处于波谷时，快速启动吊机，以 1m/s 的速度快速通过飞溅区(有水花效果)。

(6)保持吊机速度为 1m/s，直到物体顶端距离水面以下 15m，逐渐减小下放速度直到 0.2m/s，继续下放。

(7)当物体距离海底 15m 时，开启吊机模拟器上的 AHC 按钮，速度减至 0.08m/s。当 CI 底端距离采油树连接器对中装置顶端 10m 时，操作 ROV，ROV 向 CI 运动，接近 CI 时 ROV 左右臂分别夹住连接器的两个导线杆，并随 CI 以同一速度下降(在 CI 底端距离连接器垂直距离为 9m 之前必须完成此操作)。

(8)ROV 夹住 CI 导向杆后，左右调整 CI 喇叭口与连接器对中装置使其同轴心，同时旋转使 CI 喇叭口与跨接管无碰撞穿过。

(9)当 CI 底端与连接器底端接触时认为 CI 的对中安装成功，此时 ROV 两只机械手松开，然后 ROV 后退，离开 CI 一定距离(0.2m 左右)，速度为 0.1m/s。

(10)连接器安装工具与采油树连接器的定位应尽可能安全和稳定，确保连接器安装工具不能损坏生产设施，所以安装工具与采油树连接器之间也需要设置碰撞检测。连接器安装工具与连接器定位时，主要利用连接器安装工具的喇叭口与连接器对中装置相配合实现对中定位(图 12.26)。

图 12.25　下放连接器安装工具

图 12.26　对中定位

3) 打开连接器

（1）ROV 右臂从 ROV 上拔出一根快插接头，并向 CI 控制面板方向运动。

（2）ROV 左臂夹住 CI 控制面板旁边的钢柱，右臂将快接插头插入 CI 的 HS1 口中，完成液压油源的接入，如图 12.27 所示。

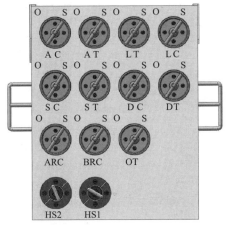

图 12.27　接入液压油源

（3）ROV 右臂松开，左臂保持不动，然后右臂移向控制面板控制旋钮，依次将 DT、DC 和 LT 由 S 态旋转至 O 态。新增一个视景小窗口，用于显示上部环板、驱动板、卡扣等整体下移过程，如图 12.28 所示。

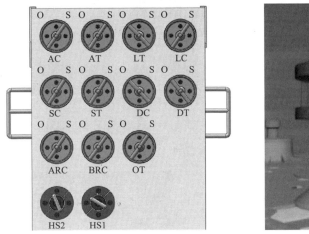

图 12.28　上部环板、驱动板、卡扣整体下移

（4）ROV 右臂依次将 AT 由 S 状态旋转至 O 状态，将 DC 由 O 状态旋转至 S 状态，然后右臂离开控制面板 0.05m（小窗口显示驱动环下移），如图 12.29 所示。

（5）驱动板与驱动环实现限位工作（图 12.30）后，操作 ROV 机械臂将旋转接口 OT 从 S 状态旋转至 O 状态，将旋转接口 DT 从 O 状态旋转至 S 状态，将旋转接口 DC 从 S 状态旋转至 O 状态，将旋转接口 AT 从 O 状态旋转至 S 状态，最后将旋转接口 AC 从 S 状态旋转至 O 状态，驱动板液压缸到达预定位置，完成驱动板带动驱动环上移，打开卡爪，右臂离开控制面板 0.05m，如图 12.31 所示（小窗口显示驱动环上移）。

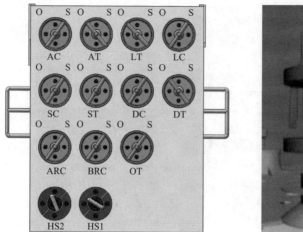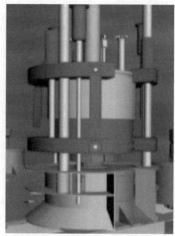

图 12.29 驱动板下移

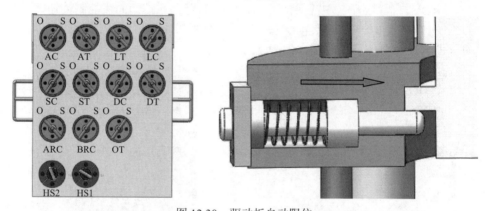

图 12.30 驱动板自动限位

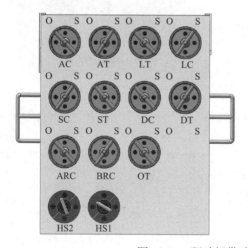

图 12.31 驱动板带动驱动环上移

(6)打开卡爪以后,操作 ROV 机械臂将旋转接口 DC 从 O 状态旋转至 S 状态,将接口 LT 从 O 状态旋转至 S 状态,将旋转接口 LC 从 S 状态旋转至 O 状态,完成整体上移,最终实现采油树连接器的解锁工作,如图 12.32 所示。右臂离开控制面板 0.05m(小窗口显示整体上移)。

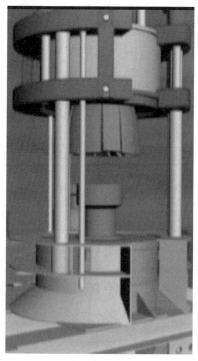

图 12.32　连接器打开

(7)操作 ROV 机械右臂将接口 OT 从 O 状态旋转至 S 状态,将接口 AC 从 O 状态旋转至 S 状态,将接口 LC 从 O 状态旋转至 S 状态完成复位操作。ROV 机械臂松开,离开控制面板 1m。

(8)连接器主体整体上移,此时斜插钉将卡紧失效的密封件随连接器主体一起上移至一定高度,之后停止上移,如图 12.33 所示。

4)更换采油树密封圈

(1)ROV 右臂从工具篮中取出密封圈更换工具,移动至连接器毂座旁(0.15m)。

(2)ROV 右臂夹持着密封圈更换工具缓慢下放,直至密封圈与毂座上台阶面完成配合接触,ROV 离开,如图 12.34 所示。

(3)ROV 移向 CI 控制面板,左臂夹住 CI 旁边钢柱,右臂依次将 DT、DC 和 LT 由 S 状态旋转至 O 状态。新增一个视景小窗口显示驱动板、卡扣等整体下移。ROV 随着整体下移。

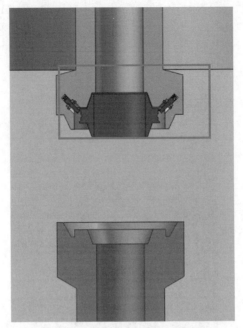

图 12.33　斜插钉带动失效密封件上移

图 12.34　密封圈更换工具配合

(4) ROV 右臂将 DT、DC 和 LT 从 O 状态旋转至 S 状态,ROV 离开 CI 1m,运动速度为 0.1m/s,小窗口显示 CI 整体上移过程。密封圈更换成功,如图 12.35 所示。

图 12.35　密封圈更换成功

（5）ROV 移向密封圈更换工具处，右臂夹持密封圈更换工具，然后携带密封圈更换工具离开 CI，运动速度为 0.1m/s。

（6）ROV 离开 CI 1m 后，ROV 右臂将密封圈更换工具放入 ROV 下端的工具篮中。

5）锁紧连接器

（1）ROV 以 0.1m/s 的速度向 CI 控制面板运动，ROV 左臂夹持面板旁的铁柱，右臂依次将旋转接口 DT 从 S 状态旋转至 O 状态，将旋转接口 DC 从 S 状态旋转至 O 状态，将旋转接口 LT 从 S 状态旋转至 O 状态，软着陆液压缸到达预定位置，开始工作，推动上部环板、连接器、驱动环、卡扣杆整体向下运动，如图 12.36 所示。新增一个视景小窗口显示驱动板、卡扣等整体下移。ROV 随着整体下移。

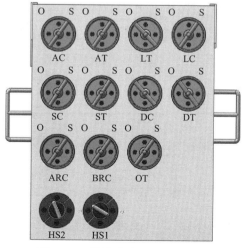

图 12.36　软着陆液压缸开始工作

(2)通过连接器末端法兰和毂座法兰上的止口结构，实现连接器安装的精对中，如图 12.37 所示。

图 12.37　精对中的止口结构

(3)锁紧卡爪：精对中完成后，操作 ROV 右臂将旋转接口 AT 从 S 状态旋转至 O 状态，再将旋转接口 DC 从 O 状态旋转至 S 状态，驱动环液压缸到达预定位置，完成驱动板下移过程，如图 12.38 所示。然后右臂离开控制面板 0.05m，小窗口显示驱动环下移。

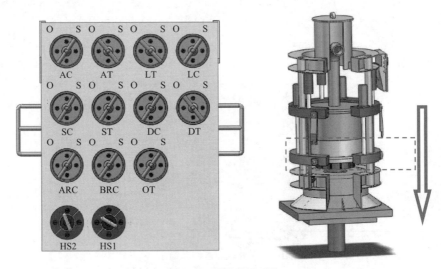

图 12.38　驱动板下移

(4)驱动板带动驱动环下移，驱动环带动卡爪运动，卡爪将连接器法兰和毂座法兰锁紧，如图 12.39 所示。

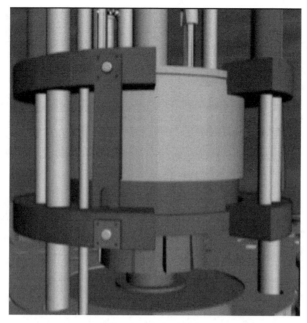

图 12.39　卡爪锁紧

6)回收连接器安装工具

(1)连接器锁紧操作完成后，操作 ROV 机械右臂将旋转接口 ST 从 S 状态旋转至 O 状态，再将旋转接口 ARC 从 S 状态旋转至 O 状态，驱动环限位液压缸到达预定位置，完成驱动环解除限位过程，如图 12.40～图 12.42 所示。然后右臂离开控制面板 0.05m，小窗口显示驱动环解除限位过程。

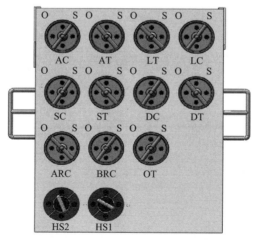

图 12.40　驱动环限位液压缸工作

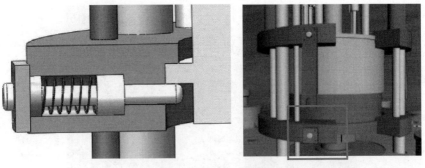

图 12.41　驱动环液压开关

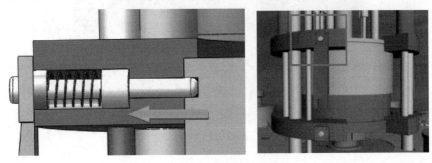

图 12.42　上部挡环液压开关

（2）驱动板解除限位完成后，操作 ROV 机械右臂将旋转接口 OT 从 S 状态旋转至 O 状态，将旋转接口 DT 从 O 状态旋转至 S 状态，将旋转接口 DC 从 S 状态旋转至 O 状态，将旋转接口 AT 从 O 状态旋转至 S 状态，将旋转接口 AC 从 S 状态旋转至 O 状态，驱动环液压缸到达预定位置，完成驱动环上移过程，如图 12.43 所示。然后右臂离开控制面板 0.05m，小窗口显示驱动环上移。

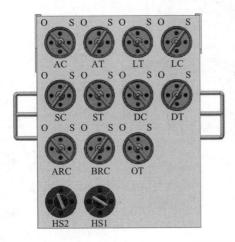

图 12.43　驱动环上移

(3)撤离驱动环。当驱动环上液压开关外面的凸起部分卡在上方槽内时，驱动液压缸和液压开关停止工作，如图 12.44 所示。

图 12.44　驱动环撤离位置

(4)撤离上部挡环。顶端环板解除限位过程完成后，操作 ROV 机械臂将旋转接口 DC 从 O 状态旋转至 S 状态，将旋转接口 LT 从 O 状态旋转至 S 状态，将旋转接口 LC 从 S 状态旋转至 O 状态，软着陆液压缸到达预定位置，完成软着陆液压缸上移过程，带动上部挡环、驱动环、卡扣杆向上运动，如图 12.45 所示。然后右臂离开控制面板 0.05m，小窗口显示整体上移。

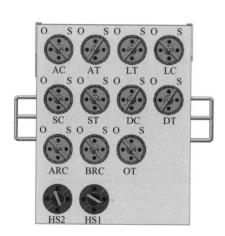

图 12.45　软着陆液压缸上移

(5)操作 ROV 机械右臂将旋转接口 OT 从 O 状态旋转至 S 状态，将旋转接口 AC 从 O 状态旋转至 S 状态，将旋转接口 LC 从 S 状态旋转至 O 状态，使连接器安装工具恢复到初始位置。

(6)操作 ROV 机械右臂将液压快接插头拔出，如图 12.46 所示，切断液压动力源，右臂松开，左臂松开，然后 ROV 离开控制面板 0.5m，ROV 向 CI 导向柱运动。

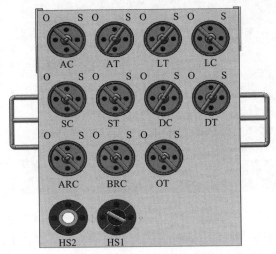

图 12.46　切断液压动力源

7)回收连接器安装工具

(1)ROV 移向 CI，左右臂夹持 ROV 导向柱，吊机收缆，ROV 辅助 CI 回收，上升速度为 0.08m/s。

(2)CI 距离连接器底端 10m 后，ROV 左右机械臂松开，ROV 移动至采油树控制模块附近停止，吊机收缆速度增大为 0.2m/s。

(3)当 CI 距离海面 5m 时，减速为 0.08m/s，CI 离开海面 2m 时开始加速为 0.1m/s。

(4)当 CI 距离吊机端部距离 3m 时停止收缆。

(5)吊机吊臂俯仰角由 30°升为 80°，速度为 1°/s。

(6)吊机顺时针方向旋转 90°，速度为 0.95°/s。

(7)吊机放缆，速度为 0.08m/s，直到 CI 安全放置在甲板上为止，安装工具完成收回，如图 12.47 所示。

8)ROV 开启生产阀门

(1)ROV 右臂开启采油树生产翼阀，然后开启采油树生产主阀，如图 12.48 所示。ROV 右臂松开，向管汇控制面板运动，速度为 0.1m/s。

(2)ROV 运动至管汇控制面板处，右臂开启生产阀，如图 12.49 所示，然后右臂松开，ROV 离开管汇。

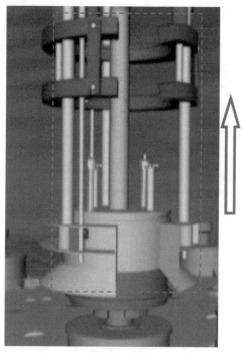

图 12.47　回收连接器安装工具

图 12.48　开启采油树生产翼阀和生产主阀

图 12.49　开启管汇生产阀

9) 回收 ROV 及工具篮

（1）ROV 上浮，上浮速度为 0.2m/s。

（2）ROV 运动至运输监控系统处停止，一起与运输监控系统由缆绳拉着上浮，上浮速度为 0.2m/s。

第13章 水下应急维修半物理仿真测试

13.1 系统集成测试

系统测试科目需要反映系统在对不同水深及各种维修任务进行仿真时的参数和性能，基于系统的总体需求，以"水下采油树连接器密封圈更换"作为典型案例，系统测试的总体方案如图13.1所示，包括系统功能测试、系统仿真精度测试、系统时空一致性测试、系统实时性测试、系统稳定性测试。对上述各项测试进行分析研究，得到能反映系统总体性能的测试脚本，并基于该脚本编制测试软件。

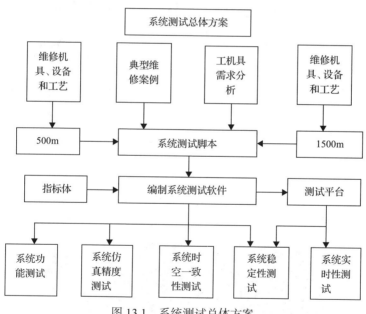

图 13.1 系统测试总体方案

13.1.1 系统测试所用的设备

系统测试由自行设计的水下应急维修半物理仿真系统专用测试台完成。

水下应急维修半物理仿真系统专用测试台的设计思路如下所示。

(1)采用纯物理方式模拟人工操作，最大限度降低对被测系统的介入。

系统实时性测试采用介入式测量方式时，测试系统的硬件环境相对简单，但对被测系统的运行产生一定的干扰，并且这种方式的缺点是无法模拟物理操作中机械部分的间隙所引起的延迟量。采用纯物理方式模拟人工操作时，控制信号由模拟器的操作单元(手柄、按钮等)产生，优点：①机械部分的间隙所引起的延迟量被纳入测试结果；②对被测系统的介入程度低，测试结果更加真实可靠。

(2)步进电机驱动模拟人工操作手柄，电磁铁模拟人工操作按钮。

以步进电机驱动模拟人工操作手柄，可以实现模拟量的进程控制，便于观察以不同速度控制手柄时被操作物体的物理量变化。电磁铁则用以模拟开关量。

(3)具备继电器干接点输出，便于拓展测试功能。

提供一组与测试台在电气上完全隔离的干接点输出，便于在其他测试要求时拓展测试台的测试功能。

(4)与 PC 通信，实现可编程测试。

PC 是连接测试台和被测系统的中枢，其作用是向测试台发送用户设定的操作指令，同时接收来自被测系统的回馈信息，并完成相应的计算分析，输出测试结果。

水下应急维修半物理仿真系统专用测试台原理如图 13.2 所示。

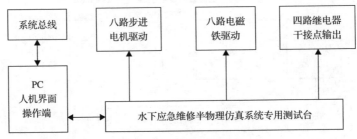

图 13.2　测试台原理图

测试台研制初期，需先完成电路设计验证板及步进电机模拟人工操作手柄，并完成电磁铁模拟人工操作按钮验证，如图 13.3 和图 13.4 所示。

图 13.3　电路设计验证板及步进电机模拟人工操作手柄

图 13.4　电磁铁模拟人工操作按钮

　　开发完成的水下应急维修半物理仿真系统专用测试台，如图 13.5 和图 13.6 所示。

图 13.5　水下应急维修半物理仿真系统专用测试台外观

图 13.6　水下应急维修半物理仿真系统专用测试台内部

水下应急维修半物理仿真系统专用测试台软件开发的基本思路如下所示。

(1)采用可编程界面,通过测试台向各操作机构(步进电机、电磁铁或继电器)发送操作指令。采用可编程方式,便于用户现场实现对不同测试的调整,使测试台能适应各类测试要求。

(2)通过母线接收来自系统的反馈信号。只接收来自被测系统的回馈信号,不向被测系统发送信号,降低对被测系统的介入程度。

(3)由软件执行各类运算,输出测试结果。能自行完成测试结果的计算和输出。

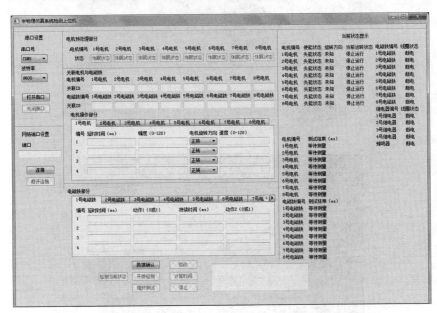

图 13.7　水下应急维修半物理仿真系统专用测试台软件人机界面

水下应急维修半物理仿真系统专用测试台主要功能和特点如下。

(1)可同时接收和计算多个参量。

(2)用户可设置发送命令的先后顺序。

(3)可任意设置电机的推动杆位移量,范围为 0~127。

(4)可任意设置电机的旋转速度,范围为 0~127。

(5)可设置电磁铁动作的持续时间[单位为毫秒(ms)],主要作用是模拟人对模拟器上按钮的操作。

(6)具备循环测试功能,可无限循环发送用户输入的命令,此功能主要测试仿真系统长时间运行后的参量变化。

测试台软件人机界面如图 13.8 所示,使用说明如下。

①号区域为串口设置区,主要作用为设置与测试台的串口通信参数。这里只提供串口号及波特率给用户设置,其余的参数,如停止位、校验位等,在通信

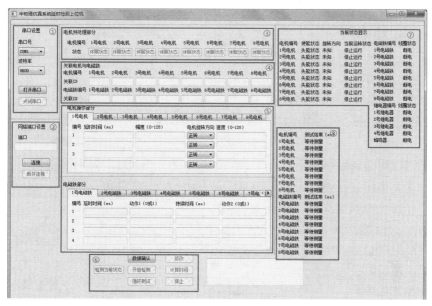

图 13.8 人机界面区域图

协议中已经固定模式，故不提供给用户设置，以免发生错误，直接在程序内部将其设置完毕。用户设置完毕后，需要单击"打开串口"按钮，才能进行通信，通信完毕后，可通过单击"关闭串口"按钮以释放占用的串口。

②号区域为网络端口设置，主要作用为设置计算机接收服务器通过 UDP 发送的数据包的端口号，而其 IP 地址在计算机的网络属性中可以设置。输入端口号后，单击"连接"按钮即可开始监听网络。

③号区域为电机预处理部分，主要作用为对电机进行预处理。在串口打开成功后，才可以单击改变状态的按钮。8 个电机分别只有休眠状态和就绪状态两个状态。在休眠状态下，电机对接收的指令不会生效，电机会进入休眠状态。只有在就绪状态下，电机才能对接收到的指令做出相应的动作。

④号区域为电机与电磁铁的关联 ID 设置，主要作用是区分从服务器接收到的数据是由哪一个电机或电磁铁的动作而产生的，便于同时计算多个延时时间（服务器发出的数据包格式为一个 int 类型的 ID 号和一个 double 类型的数值，表示的意思是 ID 为××的对象产生的数值为××的改变，这里填写的 ID 号就是这个 int 类型的 ID，用来区分是哪个电机或电磁铁的动作而产生的数值）。

⑤号区域为电机和电磁铁的操作设置，主要作用是填写对电机或电磁铁的命令。首先是电机操作部分。电机操作部分有 8 个选项卡，对应 8 个电机，每一个选项卡下有 4 条可输入的指令。每一条指令包含以下 4 种数据。

延时时间：设置该条指令在单击"开始检测"按钮后，延时多长时间再发送此条命令(单位为毫秒)。主要作用是能对发送的命令产生先后顺序,不是同时发送,当此栏不填或填 0 时,此条命令无效。

幅度:设置电机的推动杆位移量,范围为 0~127,值越大,位移量越大。

电机旋转方向:设置电机的正反转方向。

速度:设置电机的旋转速度,范围在 0~127,值越大,速度越快。

下面是电磁铁部分,电磁铁部分有 12 个选项卡,对应 8 个电磁铁和 4 个继电器,每个选项卡下有 4 条可输入的指令。每一条指令包含如下 4 种数据。

延时时间:设置该条指令在单击"开始检测"按钮后,延时多长时间再发送此条命令,单位为毫秒。主要作用是能对发送的命令产生先后顺序,不是同时发送,当此栏不填或填 0 时,此条命令无效。

动作 1:设置电磁铁的第一个动作,1 为闭合,0 为断开。

持续时间:设置电磁铁第一个动作的持续时间,单位为毫秒,主要作用是模拟人对模拟器上按钮的操作。

动作 2:设置电磁铁的第二个动作,1 为闭合,0 为断开。

⑥号区域为功能按钮。

"数据确认"按钮作用为确定要发送的数据,单击此按钮后,所有用户输入区域成为锁定状态,不可改变输入的数据,整个测试程序进入就绪状态。

"修改"按钮作用为对用户输入的数据进行修改。单击此按钮后,被锁定的用户输入区域改为未锁定状态,用户此时可以修改需要发送的命令。此时程序从就绪状态退出。

"开始检测"按钮作用为整个测试程序开始测试。所有命令只发生一次。

"计算时间"按钮作用为计算延时的时间,计算出的延时时间显示在⑧区域。

"循环测试"按钮作用为无限循环发送用户输入的命令,此功能主要测试长时间运行仿真系统后的延时时间。在循环发送命令的时候可以单击"计算时间"按钮来计算延时时间。

"停止"按钮作用为停止循环测试。

"检测当前状态"按钮作用为立即检测当前的电机和电磁铁运行状态。

⑦号区域为当前状态显示区,该区域能实时显示当前电机、电磁铁和继电器的各个状态。

⑧号区域为测试的延时时间显示(单位为毫秒),单击"计算时间"按钮后,测试结果显示在此处。

13.1.2 系统测试科目及技术指标

系统测试科目及技术指标如表 13.1 所示。

表 13.1　系统测试科目及技术指标

序号	科目	技术指标
1	系统功能测试	系统各项功能,包括吊机俯仰、旋转、收放缆等,以及俯仰速度、旋转角速度、收放缆绳速度等的控制,紧急释放,过限报警,监控参数显示,监控指示灯正确显示,水下定位及水动力响应等功能,正确率100%
2	系统实时性测试	进行各操作单元(手柄和按钮)的操作时,系统响应的延迟量不大于500ms
3	系统时空一致性测试	各时间节点上主服务器和ROV、连接器安装工具等子服务器对动体描述的空间坐标差≤10cm
4	系统仿真精度测试	在相同输入参数下(船、吊机、缆绳、ROV、流体结构及属性参数等),系统的解算结果与SESAM的解算结果进行比较,误差不大于15%
5	系统稳定性测试	系统运行6h达到热稳定状态后,运行典型案例时整体运行流畅,无卡顿或迟滞现象。最低帧速率、手柄和按钮操作实时性测试指标平均值的劣化率不大于10%

13.1.3　系统运行检测

作为系统测试前的必要步骤,以"水下采油树连接器密封圈更换"作为典型案例,检查系统能否流畅完成各项维修过程。

13.1.4　系统功能测试

系统功能测试的目的是检测模拟器的各项操作功能是否正常。系统的吊机模拟器是根据 286 深水作业船实际吊机控制台及仿真模拟的需要进行设计的,其控制功能包括系统开关控制、吊臂回转提升控制、吊钩控制、手动/自动模式控制、TUGGER 控制、重量传感器控制、紧急释放控制、指示报警功能和灯光控制。

吊机模拟器控制面板如图 13.9 所示。

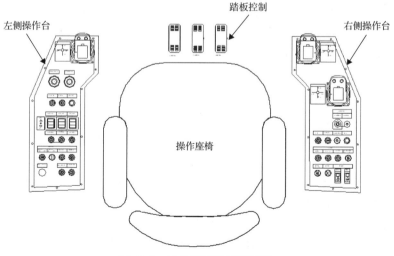

图 13.9　吊机模拟器控制面板

13.1.5 系统实时性测试

当操作员通过模拟器改变仿真对象的某些运动参数时，系统的实时性表现为仿真对象运动的响应延迟。延迟过大则操作感和仿真度都会降低。

仿真系统由物理操作至视景输出流程如图 13.10 所示，操作员在模拟器上操作相应的按钮、开关、手柄，并通过模拟器上的仪表实时掌握虚拟仿真对象的工作状况，PLC 模块将培训人员的操作信号通过 AI、DI 采集卡采集后存储在实时数据库服务器中。吊机模拟器、ROV 仿真模拟器等物理操作指令通过 PLC 进入相应的仿真服务器，实时数据库服务器通过 DP 总线技术与 PLC 模块进行通信，获得操作人员的实时操作信息，并存储到历史数据库与实时数据库中。在模型解算服务器中，读取数据库服务器中的数据，根据操作人员的操作信息，进行虚拟吊机动态模型的解算，动态模拟吊机的张力、长度、角度等信息，并通过视景仿真和实时参数显示来模拟现场情况。

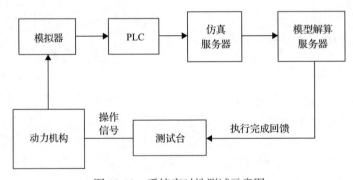

图 13.10　系统实时性测试示意图

操作员在模拟器上的操作需经过 PLC、仿真服务器、模型解算服务器后送至视景仿真系统，仿真对象运动的响应延迟是 PLC、仿真服务器、网络传输和模型解算服务器延迟量的总和，因此系统实时性测试的信号起始点应为模拟器上的操纵杆或按钮。信号终点则为模型解算服务器输出端，如图 13.10 所示。系统的实时性测试在测试台进行。

系统的人工操作部分共计 37 个操作单元，其中左侧操作台 18 个，右侧操作台 16 个，踏板 3 个。这些操作单元分为两类：一是模拟控制器(手柄和踏板)；二是开关控制器(各种按钮)。

系统的运行实时性取决于 PLC、仿真服务器、网络传输和模型解算服务器是否延迟，同类控制过程的延迟量可以类比，只需分别检测一个模拟控制器和一个开关控制器，本测试选取吊杆控制手柄恒张力激活按钮作为测试对象。

测试方法：由测试台通过动力机构向指定的操作单元发送指令，并通过 PC

接收来自被测系统的反馈信号，得到测试结果。为保证测试结果的准确性，重复测试次数不少于 10 次。技术指标：平均延迟量≤500ms。

13.1.6　系统时空一致性测试

分布式仿真系统由于有多个子系统参与仿真，时间信息和空间信息紧密耦合，各仿真节点的时钟不同步导致对时间的观测不一致，进而导致仿真体空间位置的不一致，系统存在严重的时空不一致时对仿真精度将产生较大影响。对于水下应急维修半物理仿真系统而言，时空一致性差容易造成水下运动物体的操作困难、难以定位或碰撞次数增多，因此时空一致是分布式仿真系统的基本要求。

水下应急维修半物理仿真系统由主解算服务器和从属渲染子服务器组成。系统底层硬件操作产生的数据遵循 OPC 协议传到实时数据库中，视景仿真系统通过 HLA 协议将场景数据传输到仿真子系统及操作员站中进行场景显示。仿真系统采用公用坐标系以保证空间描述一致性，同时为保证系统运行的时钟一致，主系统和子系统之间的时钟还采用了软同步方式，以主系统作为时钟基准，当检测到子系统的时钟与自身的时钟误差时，主系统通过数据端口重写子系统的时钟使其与主系统一致。仿真系统时空一致性检测可通过观测在一系列时间节点上主服务器和子服务器对运动物体（ROV、286 深水作业船和连接器安装工具等）位置描述的差异得到，如图 13.11 所示。

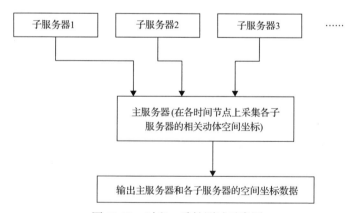

图 13.11　时空一致性测试示意图

测试方法：在主服务器中加入测试软件，仿真系统运行典型案例"水下采油树连接器密封圈更换"，检测各时间节点上主服务器和 ROV、286 深水作业船、连接器安装工具等子服务器上动体的空间坐标差异。技术指标：位置差≤10cm。

13.1.7　系统仿真精度测试

常用的仿真计算软件有 Vortex、MATLAB、Fluent 等。其中 Vortex 主要用于多体动力学模拟仿真系统。

CM-LABS 公司开发的多体动力学虚拟仿真系统 Vortex 强调准确性和实时性并重。Vortex 通过建立优化的数学模型和优秀的计算方法，不仅追求形似，也能获得较高的计算精度和计算速度。

Vortex 可以处理多刚体系统动力学、碰撞干涉、干涉响应等高度真实的车辆动力学问题。Vortex 的常用工具箱可以产生多个模拟器来实现运动和环境仿真。它可以利用实测的或设想的地形数据来建立各种战场的环境，考虑不同的地形、地貌，考虑各种各样的路面条件，如硬路面、雪地、沼泽地、沙地及水潭等。利用 Vortex 可以在一个真实环境的所有目标上，加载精确真实的物理过程，并产生一个交互式的仿真操作环境。

Vortex 自身还带有高级流体分析功能，可考虑车辆、船舶、机械手等在水域中的运动等，是唯一可以同时考虑车辆在陆地和水上运动的仿真平台，利用 Vortex 可以有效进行应急维修仿真系统船-缆-体的多体运动耦合分析计算。

水下应急维修半物理仿真系统采用了 Vortex 动力学仿真计算，其原理框图如图 13.12 所示。

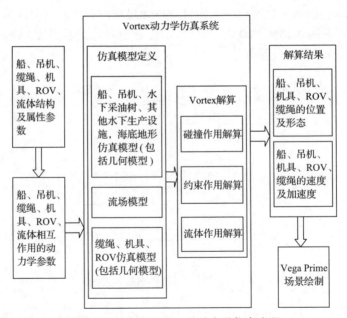

图 13.12 采用 Vortex 的动力学仿真流程

测试方法：仿真精度测试目标是检测系统运行维修过程中各类工机具的操作精度，而目前对于水动力的多体动力学计算业内公认的是有限元计算软件 SESAM，因此系统的仿真精度测试以 SESAM 的解算结果作为参照，即在相同输入参数下（船、吊机、缆绳、机具、ROV、流体结构及属性参数等）将系统的解算结果与 SESAM

的解算结果进行比较，如图 13.13 所示。

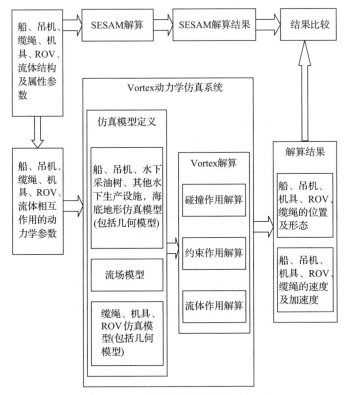

图 13.13　系统仿真精度测试示意图

进行维修作业仿真，最明显的视觉误差是进行各类工机具操作时工机具的位置误差，系统的仿真精度测试则以下放连接器安装机具时，比较 SESAM 的解算结果与系统结果之间的误差。仿真测试实例如下。

1. SESAM 仿真解算

（1）下放机具：连接器安装机具。

（2）下放深度：1500m。

（3）下放方式：以 0.8m/s 的速度下放至距离海底 50m；剩下的 50m，下放速度为 0.1m/s。

（4）仿真过程：以 0.8m/s 的速度下放至距离海底 50m；剩下的 50m，下放速度为 0.1m/s；到达 1500m 深度后停止下放，继续仿真一段时间，得到水下下放物体稳定的运动响应。

（5）仿真解算的坐标系选取：x 轴沿水流方向。

（6）提取进行比较的仿真结果为 x 方向位移值。

(7)仿真工况：4 种仿真工况如表 13.2 所示。

表 13.2　SESAM 仿真工况

	工况 1	工况 2	工况 3	工况 4
作业水深/m	1500	1500	1500	1500
有效波高/m	0.18	0.27	1.22	2.13
波浪周期/s	7.5	7.5	8.8	9.7
风速/(m/s)	5.0	8.5	15.0	20.0
流速/(m/s)	0.8	1.0	1.5	2.0
环境温度/℃	10～22	10～22	10～22	10～22
海水温度/℃	10～22	10～22	10～22	10～22

(8)下放机具动力学参数如表 13.3 所示。SESAM 仿真解算结果如图 13.14 所示。

表 13.3　下放机具动力学参数

质量/kg	$I_{xx}/(\mathrm{kg \cdot m^2})$	$I_{yx}/(\mathrm{kg \cdot m^2})$	$I_{yy}/(\mathrm{kg \cdot m^2})$	$I_{zx}/(\mathrm{kg \cdot m^2})$	$I_{zy}/(\mathrm{kg \cdot m^2})$	$I_{zz}/(\mathrm{kg \cdot m^2})$
10000	2×10^7	0.00	2×10^7	0.00	0.00	2×10^7

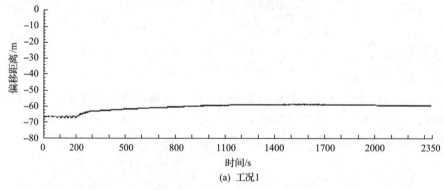

(a) 工况1

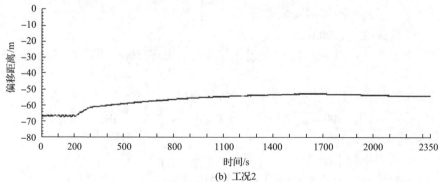

(b) 工况2

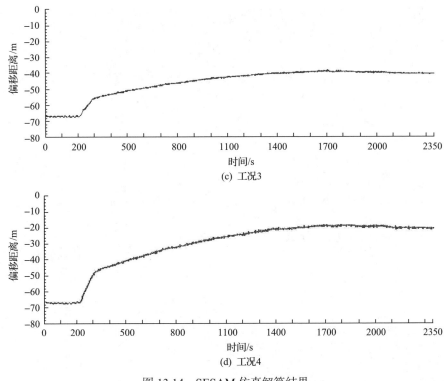

图 13.14　SESAM 仿真解算结果

2. 水下应急维修半物理仿真系统数据提取

水下应急维修半物理仿真系统的仿真参数按以下方式提取。

（1）水下应急维修半物理仿真系统的初始参数分别设为工况 1、工况 2、工况 3、工况 4，在各工况下运行连接器安装机具下放仿真过程。

（2）直接在屏幕上读取下放机具的坐标值获得位置参数。

（3）在下放到 500m、750m、1000m、1250m 和 1500m 五个深度时读取下放机具的坐标值，如图 13.15 所示。

仿真精度测试记录如表 13.4～表 13.7 所示。

13.1.8　系统稳定性测试

稳定性指系统经过长时间连续运行后，数据处理能力下降，导致系统的相应指标降低。

仿真系统的数据处理量很大，系统的稳定性差体现在以下两个方面。

（1）帧速率降低，在绘制复杂画面时出现不流畅、卡顿或迟滞现象。

（2）各操作单元（手柄和按钮）的操作实时性变差，迟滞明显。

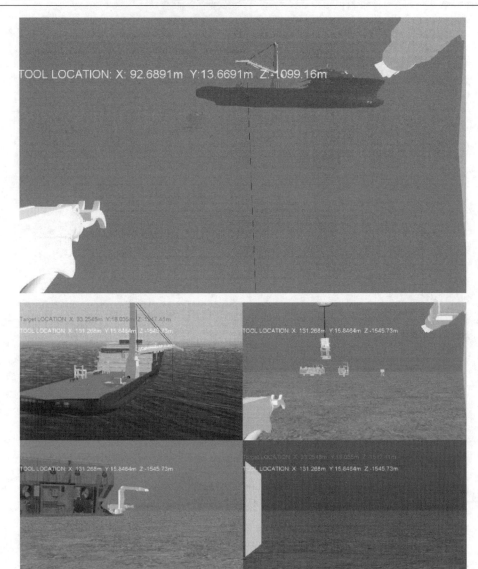

图 13.15　机具下放及坐标读取示意图

表 13.4　仿真精度测试记录表（工况 1）

下放深度/m	SESAM 仿真精度/m	水下应急维修半物理仿真系统仿真精度/m	相对误差/%
500	5.36	5.92	10.45
750	6.77	7.25	7.09
1000	7.67	8.63	12.52
1250	7.89	8.84	12.04
1500	7.24	8.21	13.40

表 13.5　仿真精度测试记录表 (工况 2)

下放深度/m	SESAM 仿真精度/m	水下应急维修半物理仿真系统仿真精度/m	相对误差/%
500	9.01	9.87	9.55
750	11.29	12.54	11.07
1000	13.58	15.12	11.34
1250	13.84	15.17	9.61
1500	12.63	14.22	12.59

表 13.6　仿真精度测试记录表 (工况 3)

下放深度/m	SESAM 仿真精度/m	水下应急维修半物理仿真系统仿真精度/m	相对误差/%
500	17.49	19.45	11.21
750	21.86	24.14	10.43
1000	24.85	28.02	12.76
1250	26.68	29.56	10.79
1500	25.76	28.32	9.94

表 13.7　仿真精度测试记录表 (工况 4)

下放深度/m	SESAM 仿真精度/m	水下应急维修半物理仿真系统仿真精度/m	相对误差/%
500	29.49	32.55	10.38
750	37.67	41.87	11.15
1000	43.05	47.23	9.71
1250	46.11	52.4	13.64
1500	45.76	51.12	11.71

测试方法:系统连续运行 6h 后,由红外测温仪 (Fluke 59 Mini IR Thermometer) 将服务器机箱温度稳定在 41℃, 在此状态下:①由测试台测试吊杆控制手柄和左绞车恒张力激活按钮的实时性指标。为保证测试结果的准确性, 重复测试次数不少于 10 次。②运行典型案例 "水下采油树连接器密封圈更换", 由帧速率测试软件测试系统在运行案例时的最低帧速率。技术指标: 系统运行 6h 后各测试指标平均值的劣化率不超过 10%。

13.2　系统评价指标体系

13.2.1　指标体系的建立遵循的原则

本指标体系的建立主要遵循如下原则。

(1)目的性原则。指标体系是对水下应急维修半物理仿真系统的结构及其构成要素的客观描述,并为测评的目的服务,为测评结果的判定提供依据。

(2)科学性原则。指标体系围绕水下应急维修半物理仿真系统测评目的,指标概念正确,含义清晰,指向性明确。

(3)系统性原则。指标体系在遵循现有国家或行业相关标准的基础上,针对水下应急维修半物理仿真系统的各个要素和整体情况,从中抓住主要要素,以保证综合测评的全面性和可信度。

(4)有效性原则。指标体系合理构造层次数量和指标数量,能准确反映水下应急维修半物理仿真系统的测评要求。

(5)实用性原则。指标体系的设计考虑了现实可操作性,指标的数量尽可能少而精,测试方法以简便为优,数据资料容易获得。

(6)可比性原则。各测评指标具有可比性,便于与其他类似系统进行比较。

13.2.2 指标体系架构及系统总体评价方法

水下应急维修半物理仿真系统的指标体系架构如图 13.16 所示,其中系统评价和单元评价作为两个平行的评价系列,指标体系分为 4 层,最下一层为单元部分的各项具体评价,包括最大可视角评价、边缘融合性评价、几何校正评价、亮度评价、亮度均匀性评价、色度偏差评价、对比度评价、像素缺陷评价、刷新率评价、帧速率评价、稳态声场均匀度评价、传声增益评价、传输频率特性评价、最大声压级评价、软件功能评价、软件界面评价、软件安全性评价、网络连通性评价、丢包率评价、吞吐量评价、动态指标评价、兼容性评价等。

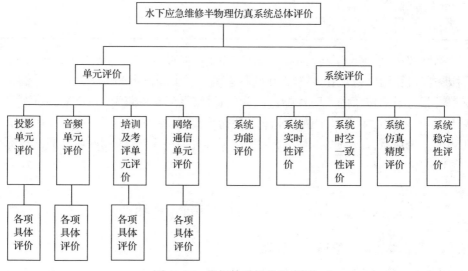

图 13.16 指标体系架构示意图

各参与评价项以分项系数计权的方式，得到系统的最终评价，分项系数依据该项对系统的影响程度来确定。

单元评价和系统评价作为两个平行的评价系列，对仿真系统整体运行的影响程度相同，仿真系统的总体评价为

$$S = \frac{1}{2}(S_1 + S_2) \tag{13.1}$$

式中，S_1 为单元评价分，取值为 0～100 分；S_2 为系统评价分，取值为 0～100 分。

仿真系统的总体评分按其总得分可分为四级：优（90～100 分），良（80～89分），中（70～79 分），差（70 分以下）。

13.2.3　单元评价体系

单元评价由投影单元评价、音频单元评价、培训及考评单元评价、网络通信单元评价四部分组成，其评价体系如图 13.17 所示。按对系统运行的影响程度，投影单元和网络通信单元的权重应大于音频单元和培训及考评单元，因此单元评价分取为

$$S_1 = \gamma_A \sum S_A + \gamma_B \sum S_B + \gamma_C \sum S_C + \gamma_D \sum S_D \tag{13.2}$$

式中，S_A 为投影单元评价分，取值为 0～100 分；γ_A 为投影单元评价分项系数，$\gamma_A=0.3$；S_B 为音频单元评价分，取值为 0～100 分；γ_B 为音频单元评价分项系数，$\gamma_B=0.2$；S_C 为培训及考评单元评价分，取值为 0～100 分；γ_C 为培训及考评单元评价分项系数，$\gamma_C=0.2$；S_D 为网络通信单元评价分，取值为 0～100 分；γ_D 为网络通信单元评价分项系数，$\gamma_D=0.3$。

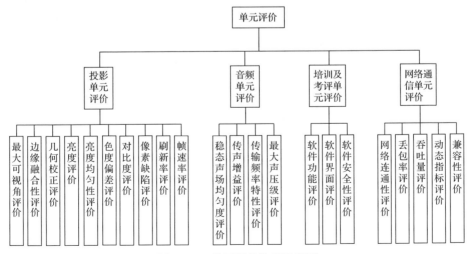

图 13.17　单元评价体系示意图

1. 投影单元评价方法

投影单元的评价项较多,按其对视觉的影响,帧速率最大,因为帧速率过低视觉会产生不连续,像素缺陷影响最低,投影单元评价分 S_A 取为

$$S_A = \sum_{i=1}^{10} \alpha_i s_{Ai} \tag{13.3}$$

式中,α_i 为投影单元分项评价系数。

$\alpha_1=0.1$,为最大可视角评价分项系数,s_{A1} 为最大可视角评价分,分为优(100分)、良(85分)、中(70分)、差(50分)四级。

$\alpha_2=0.1$,为边缘融合性评价分项系数,s_{A2} 为边缘融合性评价分,分为优(100分)、良(85分)、中(70分)、差(50分)四级。

$\alpha_3=0.1$,为几何校正评价分项系数,s_{A3} 为几何校正评价分,分为优(100分)、良(85分)、中(70分)、差(50分)四级。

$\alpha_4=0.1$,为亮度评价分项系数,s_{A4} 为亮度评价分,分为优(100分)、良(85分)、中(70分)、差(50分)四级。

$\alpha_5=0.1$,为亮度均匀性评价分项系数,s_{A5} 为亮度均匀性评价分,分为优(100分)、良(85分)、中(70分)、差(50分)四级。

$\alpha_6=0.1$,为色度偏差评价分项系数,s_{A6} 为色度偏差评价分,分为优(100分)、良(85分)、中(70分)、差(50分)四级。

$\alpha_7=0.1$,为对比度评价分项系数,s_{A7} 为对比度评价分,分为优(100分)、良(85分)、中(70分)、差(50分)四级。

$\alpha_8=0.05$,为像素缺陷评价分项系数,s_{A8} 为像素缺陷评价分,分为优(100分)、良(85分)、中(70分)、差(50分)四级。

$\alpha_9=0.1$,为刷新率评价分项系数,s_{A9} 为刷新率评价分,分为优(100分)、良(85分)、中(70分)、差(50分)四级。

$\alpha_{10}=0.15$,为帧速率评价分项系数,s_{A10} 为帧速率评价分,分为优(100分)、良(85分)、中(70分)、差(50分)四级。

投影单元以各项指标为基准,差值低于指标 10% 为良(85分),差值低于指标 20% 为中(70分),差值低于指标 30% 为差(50分)。

2. 音频单元评价方法

音频单元各部分按其对听觉的影响和使用频度,稳态声场均匀度评价最大,传声增益影响最低,音频单元评价分 S_B 取为

$$S_{\mathrm{B}} = \sum_{i=1}^{4} \beta_i s_{\mathrm{B}i} \tag{13.4}$$

式中，β_i 为音频单元评价分项系数。

$\beta_1=0.3$，为稳态声场均匀度评价分项系数，s_{B1} 为稳态声场均匀度评价分，分为优（100 分）、良（85 分）、中（70 分）、差（50 分）四级。

$\beta_2=0.2$，为传声增益评价分项系数，s_{B2} 为传声增益评价分，分为优（100 分）、良（85 分）、中（70 分）、差（50 分）四级。

$\beta_3=0.25$，为传输频率特性评价分项系数，s_{B3} 为传输频率特性评价分，分为优（100 分）、良（85 分）、中（70 分）、差（50 分）四级。

$\beta_4=0.25$，为最大声压级评价分项系数，s_{B4} 为最大声压级评价分，分为优（100 分）、良（85 分）、中（70 分）、差（50 分）四级。

音频单元以各项指标为基准，差值低于指标 10%为良（85 分），差值低于指标 20%为中（70 分），差值低于指标 30%为差（50 分）。

3. 培训及考评单元评价方法

培训及考评单元各部分按其对系统实用性的影响，软件功能和安全性的要求要强于软件界面评价，培训及考评单元评价分 S_{C} 取为

$$S_{\mathrm{C}} = \sum_{i=1}^{3} \lambda_i s_{\mathrm{C}i} \tag{13.5}$$

式中，λ_i 为培训及考评单元评价分项系数。

$\lambda_1=0.4$，为软件功能评价分项系数，s_{C1} 为软件功能评价分，分为优（100 分）、良（85 分）、中（70 分）、差（50 分）四级。

$\lambda_2=0.2$，为软件界面评价分项系数，s_{C2} 为软件界面评价分，分为优（100 分）、良（85 分）、中（70 分）、差（50 分）四级。

$\lambda_3=0.4$，为软件安全性评价分项系数，s_{C3} 为软件安全性评价分，分为优（100 分）、良（85 分）、中（70 分）、差（50 分）四级。

4. 网络通信单元评价方法

网络通信单元按其对系统的影响，网络连通性和丢包率影响较大，兼容性影响较小，投影单元评价分 S_{D} 取为

$$S_{\mathrm{D}} = \sum_{i=1}^{5} \eta_i s_{\mathrm{D}i} \tag{13.6}$$

式中，η_i 为网络通信单元评价分项系数。

η_1=0.25，为网络连通性评价分项系数，s_{D1} 为网络连通性评价分，分为优（100 分）、差（50 分）两级。网络连通性要求同一网段，不同网段、不同路径、不同流量、不同速率时 99% 以上的路径连通，低于 99% 将影响系统运行。

η_2=0.25，为丢包率评价分项系数，s_{D2} 为丢包率评价分，分为优（100 分）、差（50 分）两级。丢包率评价要求 99% 以上的路径丢包率小于 1%，高于 1% 将影响系统运行。

η_3=0.2，为吞吐量评价分项系数，s_{D3} 为吞吐量评价分，分为优（100 分）、良（85 分）、中（70 分）、差（50 分）四级。吞吐量要求有 95% 以上路径的吞吐量大于100M，达到 90% 以上路径为良（85 分），达到 80% 以上路径为中（70 分），达到 70%以上路径为差（50 分）。

η_4=0.2，为动态指标评价分项系数，s_{D4} 为动态指标评价分，分为优（100 分）、良（85 分）、中（70 分）、差（50 分）四级。要求在不同流量下网络传输错误率小于1%。网络传输错误率小于 1.5% 为良（85 分），小于 2% 为中（70 分），大于 2% 为差。

η_5=0.1，为兼容性评价分项系数，s_{D5} 为兼容性评价分，分为优（100 分）、良（85 分）、中（70 分）、差（50 分）四级。

13.2.4　系统评价体系

系统评价包含系统功能评价、系统实时性评价、系统时空一致性评价、系统仿真精度评价、系统稳定性评价，其评价体系如图 13.18 所示。

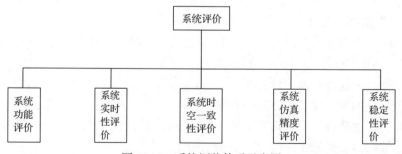

图 13.18　系统评价体系示意图

按对系统运行的影响程度，系统功能（各操作单元功能）决定了系统能否运行，因此系统评价分取为

$$S_2 = \gamma_0(\gamma_E S_E + \gamma_G S_G + \gamma_H S_H + \gamma_K S_K) \tag{13.7}$$

式中，γ_0 为系统功能评价系数，各操作单元（手柄和按钮）均正常时，γ_0=1，有任何操作单元不正常时，γ_0=0；S_E 为系统实时性评价分，取值为 0~100 分；γ_E 为系

统实时性评价分项系数，$\gamma_E=0.3$；S_G 为系统时空一致性评价分，取值为 0～100 分；γ_G 为系统时空一致性评价分项系数，$\gamma_G=0.25$；S_H 为系统仿真精度评价分，取值为 0～100 分；γ_H 为系统仿真精度评价分项系数，$\gamma_H=0.25$；S_K 为系统稳定性评价分，取值为 0～100 分；γ_K 为系统稳定性评价分项系数，$\gamma_K=0.2$。

1. 系统实时性评价方法

系统实时性测试要求各操作单元(手柄和按钮)的操作延迟量＜500ms，该项评分为优(100 分)、良(85 分)、中(70 分)、差(50 分)四级，按以下方式进行评分。

优(100 分)：各操作单元的操作延迟量达到技术要求。

良(85 分)：有一个或数个操作单元的操作延迟量超过技术要求的 5%。

中(70 分)：有一个或数个操作单元的操作延迟量超过技术要求的 10%。

差(50 分)：有一个或数个操作单元的操作延迟量超过技术要求的 20%。

2. 系统时空一致性评价方法

系统时空一致性测试要求在各时间节点上主系统和子系统对动体位置描述的差异≤10cm，该项评分为优(100 分)、良(85 分)、中(70 分)、差(50 分)四级，按以下方式进行评分。

优(100 分)：位置差达到技术要求。

良(85 分)：位置差超过技术要求的 10%。

中(70 分)：位置差超过技术要求的 20%。

差(50 分)：位置差超过技术要求的 40%。

3. 系统仿真精度评价方法

系统仿真精度测试要求以 SESAM 的解算结果作为参照，即在相同输入参数下(船、吊机、缆绳、机具、ROV、流体结构及属性参数等)将系统的解算结果与 SESAM 的解算结果进行比较，误差不大于 15%，该项评分为优(100 分)、良(85 分)、中(70 分)、差(50 分)四级，按以下方式进行评分。

优(100 分)：误差≤15%。

良(85 分)：15%＜误差≤20%。

中(70 分)：20%＜误差≤25%。

差(50 分)：误差＞25%。

4. 系统稳定性评价方法

系统稳定性测试要求系统连续运行 6h 后，手柄和按钮的实时性劣化率、运行典型案例时的最低帧速劣化率不大于 10%，该项评分为优(100 分)、良(85 分)、中(70 分)、差(50 分)四级，按以下方式进行评分。

优(100 分)：劣化率≤10%。

良(85 分)：10%＜劣化率≤20%。

中(70 分)：20%＜劣化率≤30%。

差(50 分)：劣化率＞30%。

参 考 文 献

[1] 谢彬, 张爱霞, 段梦兰. 中国南海深水油气田开发工程模式及平台选型. 石油学报, 2007, 28(1): 115-118.

[2] 王莹莹, 王德国, 段梦兰, 等. 水下生产系统典型布局形式的适应性研究. 石油机械, 2012, 40(4): 58-63, 86.

[3] Duan M, Saevik S, Low Y M, et al. ISSC V.8 Committee Report: Subsea technology//Proceedings of the 20th International Ship and Offshore Structures Congress, Amsterdam, 2018.

[4] Duan M L. Proceedings of 2012 SUT International Conference on Subsea Technologies and Deepwater Engineering. Beijing: Petroleum Industry Press, 2012.

[5] Duan M L. Proceedings of SUTTC 2014 on Subsea Engineering. Beijing: Science Press, 2015.

[6] Duan M L, Wang Y Y. Proceedings of SUTTC 2016 on Subsea Engineering. Beijing: Electronic Industry Press, 2016.

[7] 徐炜华, 肖刚. "海洋之殇"——深水地平线事件引发的思考. 中国海洋平台, 2011, 26(6): 6-8, 42.

[8] 叶永彪, 黄佳瀚, 齐兵兵, 等. 水下应急维修相关设备和技术研究. 机械工程师, 2015(8): 167-169.

[9] 李丽娜. 水下应急维修资源配备研究. 石油和化工设备, 2017, 20(5): 134-136.

[10] 张人公, 王伟. 1500m 内不同水深应急维修工机具简介. 机械工程师, 2015(7): 192-195.

[11] 晏勇, 马培荪, 王道炎, 等. 深海 ROV 及其作业系统综述. 机器人, 2005, 27(1): 82-89.

[12] 刘峰. 深海载人潜水器的现状与展望. 工程研究——跨学科视野中的工程, 2016, 8(2): 172-178.

[13] 杨青松, 胡勇, 崔维成. 国内外常压潜水装具发展及应用. 中国造船, 2015, 56(3): 183-191.

[14] 牛华伟, 薄玉宝. 深水关键海工装备综述. 海洋石油, 2013, 33(1): 100-105.

[15] 陈谊, 赵敏哲, 梁炳成. 分布式虚拟现实及其在仿真中的应用. 计算机仿真, 2002, 19(1): 9-13.

[16] Yu Y, Mao D F, Yin H J, et al. Simulated training system for undersea oil spill emergency response. Aquatic Procedia, 2015, 3: 173-179.

[17] Tramberend H. Avocado: A distributed virtual reality framework. Proceedings IEEE Virtual Reality, Houston, 1999.

[18] 纪连恩. 基于分布式结构的实时仿真支撑环境研究. 北京: 华北电力大学, 2001.

[19] 杨克俭. 基于分布式虚拟现实技术的船舶航行协同仿真系统研究. 交通与计算机, 2000(5): 29-32.

[20] 杜彪. 分布式虚拟现实平台关键技术研究与实现. 成都: 电子科技大学, 2014.

[21] Kipouridis O, Roidl M, Röschinger M, et al. Collaborative design of material handling systems using distributed virtual reality environments. International Conference on Virtual, Augmented and Mixed Reality, Toronto, 2016.

[22] Andersen S A W, Konge L, Sørensen M S. The effect of distributed virtual reality simulation training on cognitive load during subsequent dissection training. Medical Teacher, 2018, 40(7): 684-689.

[23] 周柏贾. 分布式虚拟仿真地震应急演练技术研究. 北京: 中国地质大学(北京), 2013.

[24] Yu Y, Duan M L, Sun C G, et al. A virtual reality simulation for coordination and interaction based on dynamics calculation. Ships and Offshore Structures, 2017, 12(6): 873-884.

[25] Carlsson C, Hagsand O. DIVE A multi-user virtual reality system. Proceedings of IEEE Virtual Reality Annual International Symposium, Seattle, 1993.

[26] Gross M, Wuermlin S, Naef M, et al. Blue-c: A spatially immersive display and 3D video portal for telepresence. ACM Transactions on Graphics, 2003, 22(3): 819-827.

[27] Tramberend H. Avocado: A distributed virtual reality framework. Proceedings IEEE Virtual Reality, Houston, 2003.

[28] Burns D, Osfield R. Tutorial: Open scene graph A: Introduction tutorial: Open scene graph B: Examples and applications. IEEE Virtual Reality 2004, Chicago, 2004.

[29] 赵沁平. DVENET 分布式虚拟现实应用系统运行平台与开发工具. 北京: 科学出版社, 2005.

[30] Amann S, Streit C, Bieri H. BOOGA: A component-oriented framework for computer graphics. Proceedings of Graphicon '97, Moscow, 1997.

[31] 杨菲. 基于 HLA 大规模仿真系统的并行绘制技术研究. 长沙: 国防科学技术大学, 2005.

[32] Dahmann J S. High level architecture for simulation. International Workshop on Distributed Interactive Simulation & Real Time Applications, Montreal, 1997.

[33] Dahmann J S, Morse K L. High level architecture for simulation: An update. Proceedings of the 2nd International Workshop on Distributed Interactive Simulation and Real Time Applications, Montreal, 1998.

[34] Dahmann J S. The high level architecture and beyond: Technology challenges. Proceedings of the Thirteenth Workshop on Parallel and Distributed Simulation, Atlanta, 1999.

[35] 徐宝昌, 蔡胜清, 何宁强. 水下应急维修用吊机仿真模拟器设计与实现. 自动化与仪表, 2014, 29(12): 53-56, 65.

[36] Burdea G C, Coiffet P. Virtual Reality Technology. New York: John Wiley & Sons, 2003.

[37] Biocca F, Delaney B. Immersive virtual reality technology. Communication in the Age of Virtual Reality, 1995, 15: 32.

[38] 张占龙, 罗辞勇, 何为. 虚拟现实技术概述. 计算机仿真, 2005, 22(3): 1-3, 7.

[39] 赵沁平. 虚拟现实综述. 中国科学(F 辑: 信息科学), 2009, 39(1): 2-46.

[40] Anthes C, García-Hernández R J, Wiedemann M, et al. State of the art of virtual reality technology. 2016 IEEE Aerospace Conference, Big Sky, 2016.

[41] 慕竞玮. 增强现实技术发展分析及预测. 软件导刊, 2018, 17(3): 4-6.

[42] Graf H, Stork A. Virtual reality based interactive conceptual simulations. International Conference on Virtual, Augmented and Mixed Reality, 2013.

[43] van Krevelen D W F, Poelman R. A survey of augmented reality technologies, applications and limitations. International Journal of Virtual Reality, 2010, 9(2): 1-20.

[44] Hamacher A, Kim S J, Cho S T, et al. Application of virtual, augmented, and mixed reality to urology. International Neurourology Journal, 2016, 20(3): 172-181.

[45] Hur P, Yang J, Han S, et al. An underwater vehicle simulator with immersive interface using X3D and HLA. Simulation, 2009, 85(1): 33-44.

[46] Azimi A, Hirschkorn M, Ghotbi B, et al. Terrain modelling in simulation-based performance evaluation of rovers. Canadian Aeronautics and Space Journal, 2011, 57(1): 24-33.

[47] 纪连恩, 孙晓宇, 郭文生. 基于 Vortex 的水下实时动力学虚拟仿真环境研究. 系统仿真学报, 2013, 25(9): 2020-2026.

[48] 孙瑞生. 基于脚本的水下应急维修作业流程建模与仿真研究. 北京: 中国石油大学(北京), 2016.

[49] 纪连恩, 孙瑞生, 栾琪. 一种支持水下虚拟维修的高层仿真描述模型. 系统仿真学报, 2016, 28(10): 2415-2422.

[50] 刘嘉. 基于 HLA 深水水下应急维修分布式动力学仿真. 北京: 中国石油大学(北京), 2016.

[51] Sun C G, Mao D F, Zhao T F, et al. Investigate deepwater pipeline oil spill emergency repair methods. Aquatic Procedia, 2015, 3: 191-196.

[52] 张新虎, 何宁强, 段梦兰, 等. 海底管道损坏的跨接管替换维修方法研究. Proceedings of the Society for Underwater Technology Technical Conference, Shanghai, 2013.

[53] Mao D, Chu G, Yang L, et al. Deepwater pipeline damage and research on countermeasure. Aquatic Procedia, 2015, 3: 180-190.

[54] 彭飞, 段梦兰, 范嘉堃, 等. 深水连接器锁紧机构的设计及仿真. 机械设计与制造, 2014, 1: 37-39, 43.

[55] 王莹莹, 段梦兰, 冯玮, 等. 深水管汇安装方法及其在南海荔湾 3-1 气田中应用研究. 海洋工程, 2011, 29(3): 23-30.

[56] 何同, 李婷婷, 段梦兰, 等. 深水刚性跨接管设计的主要影响因素分析. 中国海洋平台, 2012, 27(4): 50-56.

[57] 朱高磊, 赵宏林, 段梦兰, 等. 水下采油树控制模块设计要素分析. 石油矿场机械, 2013, 42(10): 1-6.

[58] 龚铭煊, 刘再生, 段梦兰, 等. 深海水下采油树下放安装过程分析与研究. 石油机械, 2013, 41(4): 50-54.

[59] 杨磊, 于爽, 段梦兰. 基于复合形法的提管架夹紧机构优化设计. 石油矿场机械, 2014, 43(3): 37-42.

[60] Zhang X H, Duan M L, Mao D F, et al. A mathematical model of virtual simulation for deepwater installation of subsea production facilities. Ships and Offshore Structures, 2017, 12(2): 182-195.

[61] 毛东风, 余阳, 孙成功, 等. 基于水动力学与虚拟现实的深水水下应急维修仿真系统. 中国石油大学学报(自然科学版), 2019, 43(1): 125-130.

[62] Daqaq M F. Virtual reality simulation of ships and ship-mounted cranes. Virginia: Virginia Polytechnic Institute and State University, 2003.

[63] 邢传胜, 段梦兰, 付剑波, 等. 基于 MultiGen Creator 和 Vega 的水下生产设施安装视景仿真系统开发. Proceedings of the Society for Underwater Technology Technical Conference, Shanghai, 2013.

[64] 邢传胜, 苏锋, 付剑波, 等. 水下作业培训用绞车模拟控制系统设计. 石油矿场机械, 2014, 43(11): 36-39.

[65] 栾琪. 基于模型驱动的海洋油气作业虚拟仿真开发方法研究. 北京: 中国石油大学(北京), 2017.

彩　　图

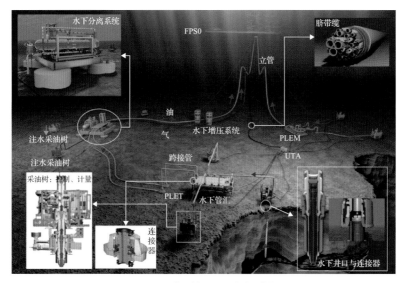

图 1.1　典型的水下生产系统

PLET：管道终端；PLEM：管汇终端；UTA：脐带缆终端；FPSO：浮式生产储油轮

图 4.19　Vega Prime Marine 示例图

图 4.20　海洋水体光学效果

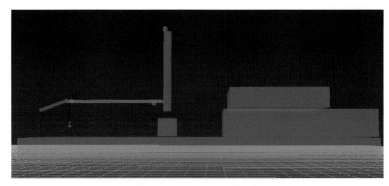

图 4.38　286 深水作业船物理模型

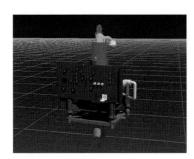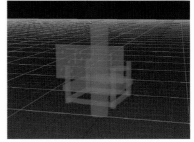

图 4.39　水下采油树的几何模型和物理模型

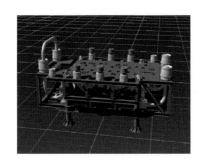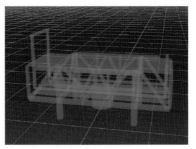

图 4.40　水下管汇的几何模型和物理模型

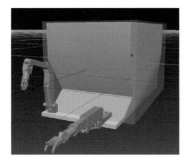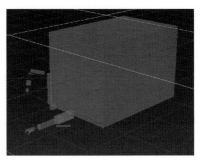

图 4.41　ROV 的三维几何模型和物理模型

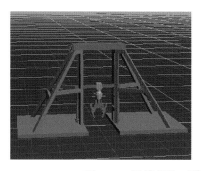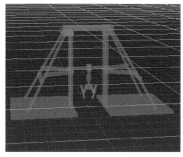

图 4.42   提管架的三维几何模型和物理模型

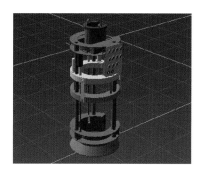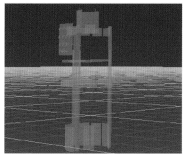

图 4.44   连接器安装工具的几何模型与物理模型

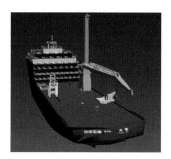

图 4.49   母船作业场景搭建

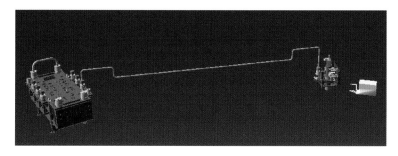

图 4.50   水下作业场景搭建

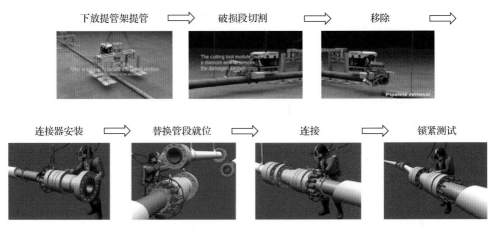

图 6.4　法兰连接修复流程

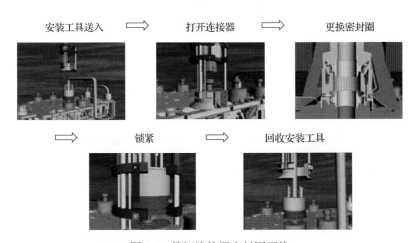

图 6.5　管汇连接器密封圈更换

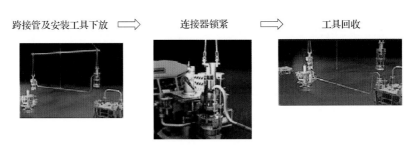

图 6.6　刚性跨接管的安装过程

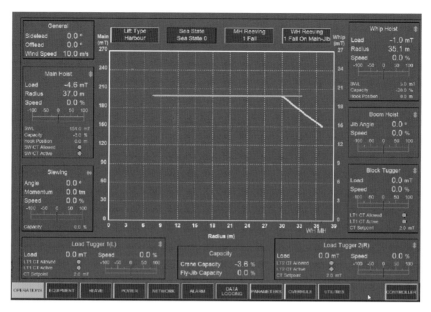

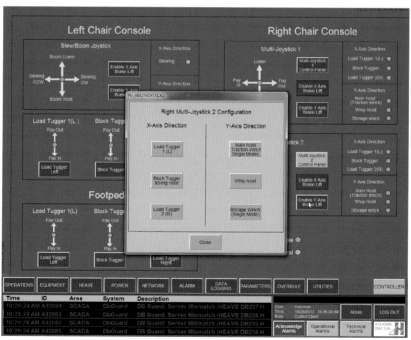

图 8.8　吊机仿真模拟器组态监控设计图

图 8.20　绞车模拟器成品图

图 8.22　一种工作于水下的极限作业机器人

图 8.24　ROV 的悬停

图 8.25 ROV 的前进、后退

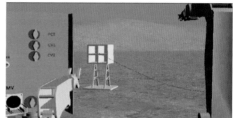

图 8.26 ROV 的左右转向

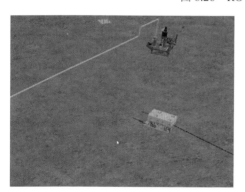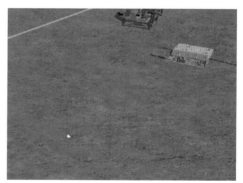

图 8.27 ROV 的左右平移

图 8.28 ROV 的自动平衡

图 12.4　下放提管架

图 12.5　提升管道

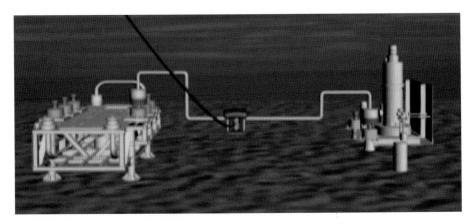
图 12.22　海底生产系统场景

图 12.24　关闭采油树生产主阀和生产翼阀